# ENGINEERING ADHESIVES

# 工程胶黏剂
## 及其应用 »

翟海潮　编著

化学工业出版社
·北京·

本书对工程胶黏剂的定义、分类、发展历史进行了简单介绍，重点阐述了工程胶黏剂的配方与生产工艺、施工工艺、涂胶与固化设备以及工程胶黏剂在建筑、交通运输、机械设备制造与维修、电子电器制造、新能源设备制造、航空航天、军工及医疗等领域中的应用。

　　本书是作者多年来从事工程胶黏剂研究、生产、应用工作的结晶，适用于从事胶黏剂研制、生产、应用等相关工作的技术人员参考，特别适合从事工程胶黏剂研究、推广、应用等相关工作的人员参考。

**图书在版编目（CIP）数据**

工程胶黏剂及其应用/翟海潮编著. —北京：化学
工业出版社，2017.4
ISBN 978-7-122-29284-1

Ⅰ.①工… Ⅱ.①翟… Ⅲ.①胶粘剂 Ⅳ.①TQ430.7

中国版本图书馆 CIP 数据核字（2017）第 050606 号

责任编辑：张　艳　刘　军　　　　　　　装帧设计：王晓宇
责任校对：王　静

出版发行：化学工业出版社（北京市东城区青年湖南街 13 号　邮政编码 100011）
印　　刷：北京永鑫印刷有限责任公司
装　　订：三河市宇新装订厂
710mm×1000mm　1/16　印张 17½　字数 330 千字　2017 年 4 月北京第 1 版第 1 次印刷

购书咨询：010-64518888（传真：010-64519686）　售后服务：010-64518899
网　　址：http://www.cip.com.cn
凡购买本书，如有缺损质量问题，本社销售中心负责调换。

定　　价：88.00 元　　　　　　　　　　　　　版权所有　违者必究

# 前言

　　工程胶黏剂是指无溶剂的液态反应型胶黏剂，用于粘接耐久的基材。目前公认的工程胶黏剂有 6 类，包括环氧胶黏剂、反应型丙烯酸酯胶黏剂、厌氧胶黏剂、氰基丙烯酸酯胶黏剂、有机硅胶黏剂、反应型聚氨酯胶黏剂。自20 世纪 40 年代以来，工程胶黏剂取得了突飞猛进的发展，目前已成为建筑、汽车、机械、电子电器、新能源设备、船舶、航空航天、医疗等领域不可缺少的专门技术之一。虽然工程胶黏剂用量只占世界胶黏剂总用量的 10％左右，但工程胶黏剂在整个胶黏剂行业有着举足轻重的地位，是胶黏剂的精华和技术关键所在。

　　自 21 世纪初中国加入 WTO 以来，中国逐步成为全球第一制造业大国。房地产、汽车、工程机械、高速铁路、电子电器、新能源设备等行业的迅速崛起，带动了工程胶黏剂行业的快速发展，工程胶黏剂在中国的应用越来越广泛。同时，随着中国工程胶黏剂企业研发投入的不断增大，产品性能与质量和国际知名胶黏剂企业的差距越来越小，个别品种已处于世界领先地位。但是，行业内产品同质化现象越来越严重，低价竞争严重影响行业的健康发展。目前我国正处于经济结构转型期，胶黏剂行业也不例外，兼并重组是胶黏剂企业未来的发展趋势。规模化、专业化是中国胶黏剂企业发展的必经之路。胶黏剂企业必须明确自己的发展战略，发挥各自优势，聚焦市场，持续创新。只有这样，才能在激烈的市场竞争中立于不败之地。希望本书的出版能对工程胶黏剂行业的发展有所裨益。

　　本书从实用的观点出发，系统地介绍了工程胶黏剂的发展历史、配方与生产工艺、施工工艺与涂胶设备以及工程胶黏剂在建筑、交通运输、机械设备、电子电器、新能源设备、航空航天、军工及医疗等领域的应用。

　　笔者现任北京天山新材料技术有限公司副总裁，是我国工业修补剂的发明人。曾在德国做访问学者，曾任中国胶粘剂和胶粘带工业协会副理事长、工程用胶专业委员会主任，任北京粘接学会副理事长、《中国胶粘剂》、《化学与粘合》、《粘接》杂志编委。先后在大学、胶黏剂生产企业从事工程胶黏剂研究、生产、应用工作近 30 年。多次主持和参加国际国内粘接技术研讨会，发表论文 30 余篇。出版《粘接与表面粘涂技术》（1993 年）、《实用胶黏剂配方手册》（1997 年）、《胶黏剂的妙用》（1997 年）、《建筑黏合与防水材料应用手册》（2000 年）、《实用胶黏剂配方与生产技术》(2000年)、《工程胶黏剂》(2005年)6部胶黏剂与粘接技术图书。1997年、2000年曾两次被评为北京市优秀青年工程师,2002年被评为北京市第五届"科技之光"优秀企业家。

《工程胶黏剂及其应用》是在笔者所编著的《工程胶黏剂》(化学工业出版社,2005年6月)一书的基础上编著而成的。书中特别补充了2005年以来工程胶黏剂的最新研究与应用进展。本书是笔者多年来从事工程胶黏剂研究、生产、应用工作的结晶。

工程胶黏剂和粘接技术是一门跨学科的边缘科学,涉及高分子化学、材料学、力学等诸多学科,近些年发展十分迅速,应用领域不断拓展。本书只是工程胶黏剂及其应用的一个概况,不可能面面俱到,限于笔者目前水平,本书难免会有疏漏和不足之处,恳请读者批评指正!

编著者
**2017年1月**

# 目 录

CONTENTS

# 第3章　工程胶黏剂的施工／102

# 第 1 章 概述

## 1.1 工程胶黏剂的定义和分类

### 1.1.1 胶黏剂的概念和分类

#### 1.1.1.1 概念

胶黏剂（Adhesive）是一种起连接作用的物质，它将材料粘合在一起。

#### 1.1.1.2 分类

胶黏剂有多种分类方法，一般按化学成分、形态、工艺、用途等进行分类。

（1）按化学成分分类　胶黏剂按化学成分可分为无机胶黏剂和有机胶黏剂两大类。

① 无机胶黏剂。硅酸盐、磷酸盐、硫酸盐、低熔点金属等。

② 有机胶黏剂。有机胶黏剂种类繁多，可分为天然胶黏剂和合成胶黏剂两类，详细的分类见表 1-1。

表 1-1　有机胶黏剂分类

| 天然胶黏剂 | 动物性 | | 皮胶、骨胶、虫胶、酪素胶、血蛋白胶、鱼胶等 |
|---|---|---|---|
| | 植物性 | | 淀粉、糊精、松香、阿拉伯树胶、天然树胶、天然橡胶等 |
| | 矿物性 | | 矿物蜡、沥青等 |
| 合成胶黏剂 | 合成树脂型 | 热塑性 | 聚醋酸乙烯、聚乙烯醇、乙烯-醋酸乙烯共聚物、聚乙烯醇缩醛类、过氯乙烯、聚异丁烯、饱和聚酯类、聚酰胺类、聚丙烯酸酯类、热塑性聚氨酯等 |
| | | 热固性 | 酚醛树脂、脲醛树脂、三聚氰胺-甲醛树脂、环氧树脂、有机硅树脂、不饱和聚酯树脂、丙烯酸酯树脂、聚酰亚胺、聚苯并咪唑、酚醛聚酰胺、酚醛环氧树脂、环氧聚酰胺、环氧有机硅树脂等 |
| | 合成橡胶型 | | 氯丁胶、丁苯橡胶、丁基橡胶、丁腈橡胶、异戊橡胶、聚硫橡胶、聚氨酯橡胶、硅橡胶、氯磺化聚乙烯、SBS、SIS 等 |
| | 树脂橡胶复合型 | | 酚醛-丁腈、酚醛-氯丁、酚醛-聚氨酯、环氧-丁腈、环氧-聚氨酯、环氧-聚硫等 |

（2）按形态分类　胶黏剂按形态可分为液体胶（俗称胶水，如水溶液胶、乳胶、溶剂型液体胶、无溶剂液体胶等）、固体胶（如胶粉、胶块、胶棒、胶带、胶

膜等）以及膏状/糊状胶等。

（3）按固化工艺分类　胶黏剂按固化工艺可分为室温固化胶、热固性胶、厌氧胶、湿固化胶、光固化胶、电子束固化胶、热熔胶、压敏胶等。

（4）按用途分类　胶黏剂按用途一般可分为结构胶黏剂、非结构胶黏剂和特种胶黏剂。

① 结构胶黏剂。能长期承受大负荷、良好的耐久性。

② 非结构胶黏剂。有一定的粘接强度和耐久性。

③ 特种胶黏剂。特殊用途如密封胶、导电胶、导热胶、应变胶、水下胶、高温胶等。

另外，胶黏剂按用途还可以分为工业用胶黏剂和家用胶黏剂。

① 工业用胶黏剂（Industrial Adhesives）。主要用于工业领域的制造、装配、维修等，如工程胶黏剂、建筑胶黏剂、汽车胶黏剂、电子胶黏剂、鞋用胶黏剂、包装胶黏剂、医用胶黏剂等。

② 家用胶黏剂。主要用于家庭装修、日常维修及手工制作等，国外称为 DIY 用胶。

## 1.1.2　胶黏剂的固化机理

### 1.1.2.1　形成永久粘接力的两个条件

形成永久粘接力应具备如下两个条件：

① 胶黏剂必须以液状或膏状的形式涂于被粘物表面；

② 胶黏剂必须固化。

### 1.1.2.2　胶黏剂的固化

胶黏剂的固化机理一般分为以下几种。

（1）热塑性高分子的冷却　如热熔胶等。

（2）溶剂或载体的散逸　如溶剂型胶、水溶液胶、乳液胶等。

（3）现场聚合反应

① 混合后反应固化。如双组分环氧胶、双组分聚氨酯胶、第二代丙烯酸酯胶等。

② 吸收潮气固化。如室温固化硅橡胶、单组分湿固化聚氨酯胶、氰基丙烯酸酯胶等。

③ 厌氧固化。如厌氧胶。

④ 辐射固化。如紫外线（UV）固化胶、电子束（EB）固化胶等。

⑤ 加热反应固化。如单组分环氧胶等。

另外，还有非固化型胶黏剂，如压敏胶等。

### 1.1.3 工程胶黏剂的定义和分类

#### 1.1.3.1 定义

工程胶黏剂（Engineering Adhesive）是指无溶剂的液态反应型胶黏剂，用于粘合耐久的基材。它是按用途来分的一类胶黏剂，广泛用于建筑、汽车、机械、电子电器、船舶、轨道交通、航空航天、光伏发电、风能发电、医疗等工程领域，是合成胶黏剂中增长较快的一类胶黏剂。

#### 1.1.3.2 分类

目前国际上公认的工程胶黏剂有以下 6 类。

（1）环氧胶黏剂（Epoxy Adhesive） 分为单组分环氧胶、双组分环氧胶等，广泛用于建筑、机械、汽车、电子电器、风能发电等领域。

（2）反应型丙烯酸酯胶黏剂（Acrylate Adhesive） 分为第二代丙烯酸酯胶（SGA）和紫外线固化胶（UV 胶）等，广泛用于机械、汽车、电子电器、医疗、DIY 等领域。

（3）厌氧胶黏剂（Anaerobic Adhesive） 分为一般厌氧胶黏剂（AN）和预涂微胶囊型厌氧胶（Encapsulating）等，用于汽车、工程机械、通用机械、航空航天等领域。

（4）氰基丙烯酸酯胶黏剂（Cyanoacrylate Adhesive） 俗称瞬干胶，广泛用于机械、电子电器、轻工、医疗、DIY 等领域。

严格来说，反应型丙烯酸酯胶黏剂、厌氧胶黏剂、氰基丙烯酸酯胶黏剂都归属于丙烯酸酯胶黏剂大类。

（5）有机硅胶黏剂（Silicone Adhesive） 分单组分胶黏剂 RTV-1、双组分胶黏剂 RTV-2 等，包括室温固化有机硅密封胶，广泛用于建筑、电子电器、光伏发电、汽车、机械、航空航天等领域。

（6）反应型聚氨酯胶黏剂（Polyurethane Adhesive） 分为单组分聚氨酯胶黏剂、双组分聚氨酯胶黏剂等，包括单组分湿固化聚氨酯密封胶，广泛用于建筑、汽车、电子电器、轨道交通等领域。

## 1.2 工程胶黏剂的历史、化学、应用概述

自 20 世纪 40 年代以来，工程胶黏剂取得了突飞猛进的发展。

20 世纪 40 年代，环氧胶黏剂问世并开始应用。

20 世纪 50 年代，氰基丙烯酸酯瞬干胶问世；厌氧胶用于机械设备、汽车、飞机密封、锁固；室温固化有机硅密封胶用于建筑门窗密封。

20世纪60年代，室温固化有机硅密封胶开始在汽车制造中应用。

20世纪70年代，单组分湿固化聚氨酯胶黏剂用于车体密封和汽车风挡玻璃粘接。

20世纪80年代，单组分环氧胶用于电子行业SMT（表面组装技术）贴片、COB（板上芯片）包封等。

20世纪90年代，紫外线固化胶用于电子（如DVD/LCD）、光学领域的制造装配。

2000年以后，环氧结构胶用于风能发电设备装配、有机硅胶黏剂用于光伏发电设备制造，各类工程胶黏剂在工业制造与维修中的应用越来越广泛。

工程胶黏剂在工程应用中起到粘接、密封、防松、止漏、防潮、绝缘等作用，是胶黏剂中的精华和技术关键所在，在胶黏剂行业有着举足轻重的地位，它已成为建筑、汽车、电子电器、机械、船舶、轨道交通、航空航天、光伏发电、风能发电、医疗等领域不可缺少的专门技术之一。

无论是在交通运输，还是在电子电器，或是在建筑等领域，工程胶黏剂正发挥着越来越重要的作用。

## 1.2.1 环氧胶黏剂

### 1.2.1.1 历史

20世纪40年代，Ciba、Shell、Dow生产环氧树脂，环氧胶黏剂问世。

20世纪50年代，环氧结构胶问世，环氧胶黏剂用于汽车、拖拉机修理和制造以及电机、机械、电器装配等。

20世纪60年代，中国沈阳、上海开始生产环氧树脂，环氧胶黏剂在中国开始应用。

20世纪70年代，中国开始生产多种环氧胶，研制与生产单位有中国科学院化学所、北京航空材料研究院、黑龙江石油化学研究院、上海合成树脂研究所、中国科学院大连化学物理研究所、天津合成材料研究所、天津延安化工厂等。

20世纪80年代，单组分环氧SMT贴片胶开始应用，生产厂家有Loctite（Chipbonder系列）、Heraeus（贺利士PD系列）、Ciba（汽巴Epibond系列）等。

20世纪90年代，北京天山新材料技术有限公司开始生产多种环氧修补剂。

2000年以后，Hexion（瀚森）、上海康达化工新材料有限公司等将环氧结构胶应用于风能发电风机叶片的结构粘接。

### 1.2.1.2 组成与固化机理

（1）双组分环氧胶黏剂

① 组成。A组分为环氧树脂、增韧剂、填料等；B组分为胺/聚硫醇/酸酐固化剂、偶联剂等。

② 固化机理。环氧树脂与胺/聚硫醇/酸酐类固化剂开环聚合反应，反应过程如图 1-1 所示。

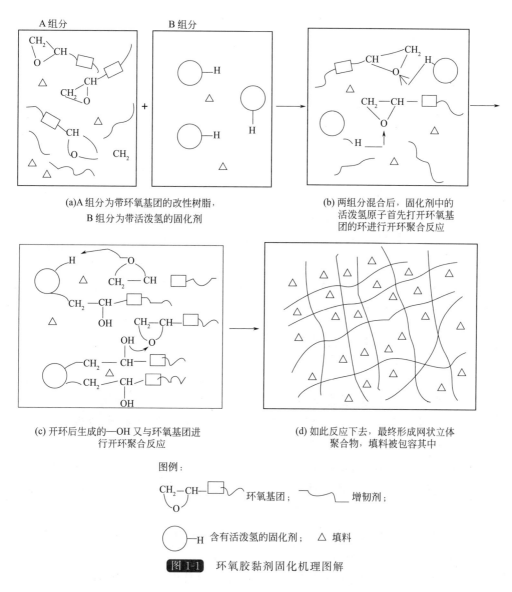

(a)A组分为带环氧基团的改性树脂，
B组分为带活泼氢的固化剂

(b) 两组分混合后，固化剂中的
活泼氢原子首先打开环氧基
团的环进行开环聚合反应

(c) 开环后生成的—OH 又与环氧基团进
行开环聚合反应

(d) 如此反应下去，最终形成网状立体
聚合物，填料被包容其中

图例：

CH₂—CH—□ 环氧基团；  增韧剂；

含有活泼氢的固化剂；  △ 填料

**图 1-1** 环氧胶黏剂固化机理图解

（2）单组分环氧胶

① 组成。环氧树脂、潜伏型固化剂（咪唑类、双氰胺、酸酐类、酰肼类）、促进剂、填料、触变剂等。

② 固化机理。高温下环氧树脂与固化剂加成反应，参见双组分环氧胶黏剂固化机理。

（3）工业修补剂

① 组成。A组分为环氧树脂、增韧剂、填料等；B组分为胺类、聚硫醇等固化剂、偶联剂等。

② 固化机理。环氧树脂与固化剂加成反应，同双组分环氧胶黏剂固化机理。

### 1.2.1.3 应用

环氧胶黏剂的应用见表1-2。

表 1-2　环氧胶黏剂的应用

| 建筑行业 | 新能源 | 交通运输/机械设备 | 电子电器 | 航空航天 |
|---|---|---|---|---|
| 建筑物的梁、柱加固；桥梁、水坝、码头等混凝土结构件加固；混凝土制件缺陷修补；混凝土结构裂纹修补等 | 风能发电风机叶片的结构粘接；光伏行业硅棒切割粘接定位 | 单组分环氧胶：汽车的车门、发动机罩盖、行李箱盖板、侧围等部位折边处密封、粘接；汽车车身焊缝密封防腐<br>双组分环氧胶：零件结构粘接<br>工业修补剂：修复磨损的轴、松动的轴承座、研伤的活塞杆、研伤的机床导轨、渗漏的管路与箱体；修复铸造缺陷、冲蚀的泵体和叶轮、腐蚀的热交换器 | 单组分环氧胶：SMT贴片、COB包封；磁芯粘接；磁钢粘接；器件灌封<br>双组分环氧胶：元器件灌封；元器件粘接 | 金属结构件的粘接：飞机垂直尾翼、方向舵、升降舵、外翼、中外翼、外副翼粘接<br>蜂窝夹层结构的粘接：飞机、火箭蜂窝夹层结构的粘接<br>火箭、导弹热防护层粘接与防热密封粘接 |

## 1.2.2　反应型丙烯酸酯胶黏剂

### 1.2.2.1　历史

（1）第一代丙烯酸酯胶黏剂（FGA）　20世纪50年代，美国开发出MMA-BPO-AM体系的丙烯酸酯胶黏剂，被称为第一代丙烯酸酯胶黏剂（FGA），由于固化慢、脆性大、强度低，应用并不广泛。

（2）第二代丙烯酸酯胶黏剂（SGA）　1975年美国Du Pont公司用氯磺化聚乙烯橡胶对第一代丙烯酸酯胶进行了改性，率先生产出第二代丙烯酸酯胶黏剂（SGA）。

1975年后，日本电器化学、英国Bostic、德国Henkel等多家公司发表过第二代丙烯酸酯胶黏剂的专利或产品广告。

1980年前后，黑龙江石油化学研究院陆企亭等首先在中国研制出第二代丙烯酸酯胶黏剂。之后上海康达化工新材料有限公司等几家公司开始生产销售第二代丙烯酸酯胶黏剂。

1990年后国内生产第二代丙烯酸酯胶黏剂的有几十家。

2000年后，ITW、北京天山新材料技术有限公司等研制生产出热固化丙烯酸酯胶黏剂，快速固化，用于笔记本等结构件粘接。

（3）第三代丙烯酸酯胶黏剂（TGA，紫外线固化胶/UV胶）　20世纪50年代，美国首先把紫外光固化技术应用于感光树脂印刷版的制造。

1968 年德国拜耳公司开发出不饱和聚酯光固化涂料，UV 涂料开始广泛使用。

20 世纪 80 年代，美国 Loctite 公司开发出紫外光固胶黏剂，之后美国 Dymax、日本 ThreeBond 等多家公司开始生产 UV 胶。

20 世纪 90 年代后，中国许多单位开始生产 UV 胶，如济南五三所、北京天山新材料技术有限公司等。

### 1.2.2.2　组成与固化机理

（1）第二代丙烯酸酯胶黏剂（SGA 胶）

① 组成。由甲基丙烯酸甲酯、甲基丙烯酸、增韧橡胶（氯磺化聚乙烯、丁腈橡胶、氯丁橡胶等）、引发剂、促进剂、稳定剂等组成。

② 固化机理。自由基聚合反应，反应过程如图 1-2 所示。

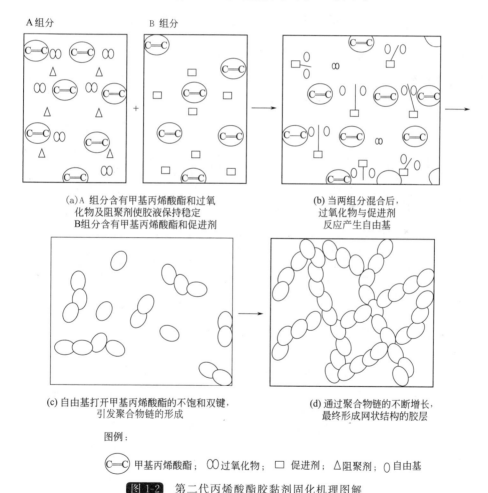

图 1-2　第二代丙烯酸酯胶黏剂固化机理图解

（2）紫外线固化胶黏剂（UV胶）

① 组成。紫外线固化胶黏剂属于光引发的固化体系，其基本组成如图1-3所示。

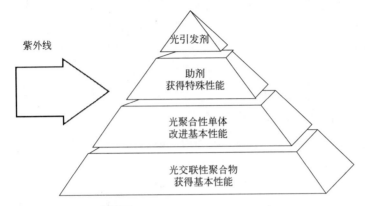

**图 1-3** 紫外线固化胶黏剂的组成

② 固化机理。在紫外线照射下，光引发剂分解产生自由基，引发聚合反应，反应过程如图1-4。

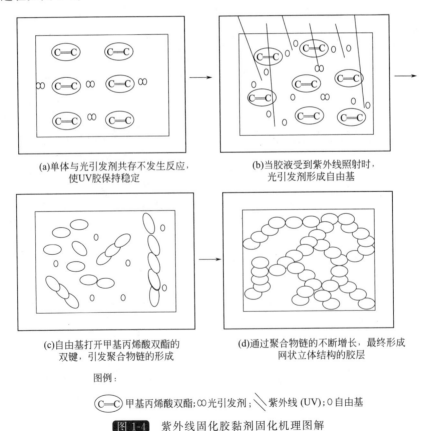

(a)单体与光引发剂共存不发生反应，
使UV胶保持稳定

(b)当胶液受到紫外线照射时，
光引发剂形成自由基

(c)自由基打开甲基丙烯酸双酯的
双键，引发聚合物链的形成

(d)通过聚合物链的不断增长，最终形成
网状立体结构的胶层

图例：

⊂C=C⊃甲基丙烯酸双酯；∞光引发剂；＼紫外线(UV)；O自由基

**图 1-4** 紫外线固化胶黏剂固化机理图解

### 1.2.2.3　应用

反应型丙烯酸酯胶黏剂的应用见表1-3。

**表1-3**　反应型丙烯酸酯胶黏剂的应用

| 胶种 | 交通运输 | 光学仪器/玻璃 | 电子/电器 | 医疗及其它 |
|---|---|---|---|---|
| SGA 胶 | 汽车、车辆、飞机、卫星等塑料、复合材料与金属的粘接；结构和准结构粘接 | 珠宝、首饰粘接 | 扬声器(磁钢、夹板T铁、音圈、纸盆、弹簧板、泡沫和盆架等)；小型电机(钢铁氧体等)；电子元件；电路板上集成电路块粘接；线圈导线端子；笔记本电脑、PAD结构件粘接 | 塑料玩具；日常修理 |
| UV 胶 | 汽车车灯装配、倒车镜的粘接；气袋部件的粘接和燃油喷射系统粘接 | 透镜器件；手表；仪表；珠宝；水晶工艺品；玻璃家具 | DVD、LCD、触摸屏装配；电子元件灌封、包封；智能卡；粘贴表面元件；接线柱、继电器、电容器和微开关的密封；印刷电路板(PCB)覆膜 | 一次性针头；氧气导管；氧气面罩；导尿管；医用过滤器；齿科补牙 |

## 1.2.3　厌氧胶黏剂

### 1.2.3.1　历史

20世纪40年代末，GE公司研究人员首先发现了厌氧胶黏剂（厌氧胶），R. E. Burnett发表了厌氧固化机理并获得专利。

1953年V. K. Krieble制得可供使用的厌氧胶，并创办Loctite公司把厌氧胶黏剂投入规模化生产，1956～1970年间Loctite产品从A级到C级（低强度）再到D级（高黏度）。

20世纪60年代，日本Three Bond及欧洲一些厂家开始生产厌氧胶黏剂。

20世纪70年代，中国开始研制厌氧胶黏剂，参与研制的单位有中科院大连化学物理研究所、中科院广州化学所、北京大学、济南五三所、天津合成材料研究所等，杨颖泰等做出了突出贡献。

20世纪80年代，大连第二有机化工厂、上海新光化工厂、广州坚红化工厂等单位生产厌氧胶黏剂；Loctite研制出预涂型厌氧胶、浸渗胶。

20世纪90年代，北京天山新材料技术有限公司、烟台德邦科技有限公司、上海康达新材料有限公司、湖北回天胶业有限公司等十几家单位开始规模化生产厌氧胶。

### 1.2.3.2　组成与固化机理

（1）通用型厌氧胶黏剂

① 组成。由甲基丙烯酸双酯、引发剂、促进剂、阻聚剂等组成。

② 固化机理。金属表面厌氧自由基聚合反应，如图 1-5 所示。

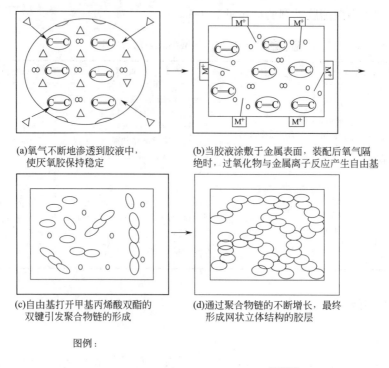

(a)氧气不断地渗透到胶液中，
使厌氧胶保持稳定

(b)当胶液涂敷于金属表面，装配后氧气隔
绝时，过氧化物与金属离子反应产生自由基

(c)自由基打开甲基丙烯酸双酯的
双键引发聚合物链的形成

(d)通过聚合物链的不断增长，最终
形成网状立体结构的胶层

图例：

$\overline{\text{C}\!=\!\!=\!\!\text{C}}$ 甲基丙烯酸双酯；∞ 过氧化物；o 自由基；▽ 氧气；$\boxed{\text{M}^+}$ 金属离子

图 1-5　厌氧胶黏剂固化机理图解

（2）预涂型厌氧胶

① 组成。A 组分主剂由甲基丙烯酸双酯、丙烯酸乳液、促进剂、阻聚剂等组成。B 组分微胶囊为尿醛树脂包囊的过氧化二苯甲酰引发剂。

② 固化机理。使用时主剂和微胶囊按比例混合均匀，涂敷到螺栓上，在 70～80℃烘干 10～20min，冷却至室温后即可使用。当装配时，螺栓与螺母接触时微胶囊被压破，被包囊的过氧化物释放出来，引发厌氧胶固化，使螺母和螺栓在半小时内固化并增强。

（3）浸渗胶

① 组成。由甲基丙烯酸双酯、引发剂、促进剂、阻聚剂等组成。

② 固化机理。浸渗到零件后，当零件加热到 88～90℃时，引发自由基聚合反应固化。

1.2.3.3　应用

厌氧胶黏剂的应用见表 1-4。

表 1-4    厌氧胶的应用

| 交通运输行业 | 各类机械设备 | 电子/电器行业 | 航空航天 |
|---|---|---|---|
| 螺纹锁固:螺栓、螺母、螺钉<br>圆柱件固持:轴承、轴套、键、齿轮<br>平面密封:法兰盘、箱体配合面<br>管路密封:管路接头 | 螺纹锁固:螺栓、螺母、螺钉<br>圆柱件固持:轴承、轴套、键、齿轮<br>平面密封:法兰盘、箱体配合面<br>管路密封:管路接头 | 结构件粘接:微电机磁钢粘接;扬声器部件的粘接<br>螺纹锁固:螺栓、螺母、螺钉<br>平面密封:箱体配合面<br>管路密封:管路接头 | 飞机机械部位的密封、锁固;发动机减速器密封;发动机内压气机机匣与燃烧室匣的结合面密封;螺栓紧固密封;管路接头螺纹密封 |

## 1.2.4    α-氰基丙烯酸酯胶黏剂

### 1.2.4.1    历史

1949 年 A. E. Ardis 首先合成了 α-氰基丙烯酸酯。

1956 年 H. W. Coover 在鉴定氰基丙烯酸酯单体时,不小心把 Abbe 折光仪的棱镜粘在一起后,发现了它的粘接性。

1958 年 Eastman Kodak 正式推出了第一个 α-氰基丙烯酸酯胶 Eastman910,一种令人感兴趣的、神奇的、昂贵的珍品。20 世纪 60 年代中期,中国开始研究 α-氰基丙烯酸酯胶,最早开展研究的是中国科学院化学所,研制出 KH-501 胶、KH-502 胶,KH 意思是科化,即中国科学院化学所,葛增蓓等做出了突出贡献。

20 世纪 70 年代后期,502 胶投入工业化生产,生产 502 胶的主要厂家有辽宁盖县化工厂、上海珊瑚化工厂、黄岩有机化工厂、北京化工厂、西安化工研究所等,502 胶成为家喻户晓的产品。

20 世纪 80 年代,Loctite、Permerbond、日本东亚合成、Alpha Techno(安特固)、中国台湾同升等开始生产销售 α-氰基丙烯酸酯胶。

20 世纪 90 年代,Loctite 研制成功多种耐高温 α-胶、耐冲击 α-胶、无白化 α-胶等高性能产品,以满足工程应用的需求。

2000 年后,中国有几十家公司生产销售 α-氰基丙烯酸酯胶,中国成为全球最大的 α-氰基丙烯酸酯胶生产和消费国。

### 1.2.4.2    组成与固化机理

(1)组成    此胶由氰基丙烯酸酯、增韧剂、催化剂、稳定剂等组成。氰基丙烯酸酯有氰乙酸甲酯、氰乙酸乙酯、氰乙酸丁酯、氰乙酸异丁酯、甲氧基氰乙酸乙酯、乙氧基氰乙酸乙酯等,各种 α-氰基丙烯酸酯胶黏剂的特性与用途见表 1-5。

表 1-5　各种 α-氰基丙烯酸酯胶黏剂的特性与用途

| 烷基 | 甲基 | 乙基 | 异丙基 | 丙烯基 | 丁基 | 异丁基 | 甲氧基乙基 | 乙氧基乙基 |
|---|---|---|---|---|---|---|---|---|
| 沸点/℃ | 约 50 | 约 55 | 约 55 | 约 80 | 约 83 | 约 72 | 约 98 | 约 102 |
| 气味 | 催泪 | 强丙烯酸嗅味,催泪 | | | 基本无嗅 | | | |
| 白化现象 | 高 | 中 | 低 | | 低白化现象 | | | |
| 韧性 | 差 | 中 | | | 好 | | | |
| 固化速度 | 快 | 中 | | | 慢 | | | |
| 强度 | 高 | 中 | | | 低 | | | |
| 用途 | 工业用 | 医用 | | | 工业用 | | | |

（2）固化机理　湿气中的—OH 基攻击单体中的碳原子产生阴离子聚合反应固化，反应过程如图 1-6 所示。

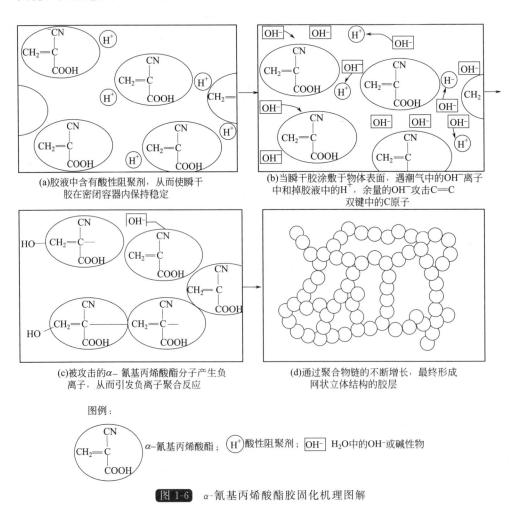

(a)胶液中含有酸性阻聚剂，从而使瞬干胶在密闭容器内保持稳定

(b)当瞬干胶涂敷于物体表面，遇潮气中的 OH⁻离子中和掉胶中的 H⁺，余量的 OH⁻攻击 C=C 双键中的 C 原子

(c)被攻击的 α-氰基丙烯酸酯分子产生负离子，从而引发负离子聚合反应

(d)通过聚合物链的不断增长，最终形成网状立体结构的胶层

图例：

$CH_2$=$C$ α-氰基丙烯酸酯；　$H^+$ 酸性阻聚剂；　$OH^-$ $H_2O$ 中的 OH 或碱性物

图 1-6　α-氰基丙烯酸酯胶固化机理图解

### 1.2.4.3 应用

$\alpha$-氰基丙烯酸酯胶黏剂的应用见表1-6。

**表 1-6**　$\alpha$-氰基丙烯酸酯胶黏剂的应用

| 交通运输行业 | 精密机械 | 电子/电器行业 | 医疗及其它 |
|---|---|---|---|
| 汽车颠簧器垫装配；密封圈、橡胶垫圈制作；汽车装饰、门窗密封条粘接；塑料标志、装饰条粘贴；橡胶印模、防振橡胶粘贴 | 照相机、光学透镜、手表、医疗器械装配；轴承制造；量具制造；设备的铭牌粘贴；工艺性暂时粘接 | 计算器、计算机装配；导线粘接；线圈粘接；导电性粘接；电子部件、显微加工器、助听器、小型电动机、扬声器磁网、电动剃刀、吸尘器等装配 | 手术缝合；乐器、家具、工艺品、玩具、各种钢笔、运动器材装配 |

## 1.2.5 有机硅胶黏剂

### 1.2.5.1 历史

1943 年 Dow Corning 开始生产有机硅树脂，1945 年 E. G. Rochow 开发出硅橡胶。

20 世纪 50 年代，Dow Corning 开始生产室温固化有机硅密封胶，用于建筑门窗密封。

1963 年室温固化有机硅密封胶开始在汽车制造中应用。

20 世纪 60 年代后期，GE、WAKER、信越等生产室温固化有机硅密封胶。

1970 年前后，中国开始研制室温固化有机硅密封胶，参与研制的单位有沈阳化工研究院、中科院化学所、成都有机硅中心等，黄文润等做出了突出贡献。

20 世纪 80 年代，广东嘉美公司灌装和生产脱酸型室温固化有机硅密封胶。

20 世纪 90 年代，有机硅胶黏剂在中国开始用于玻璃幕墙装配。

1993 年中国台湾互力与北京化工七厂合资成立北京丹灵公司，生产脱肟型室温固化有机硅密封胶。中国众多厂家开始生产室温固化有机硅密封胶，如生产建筑硅胶的有广州白云、广州新展、杭州之江、杭州陵志、郑州中原等；生产机械密封硅胶的有北京天山、湖北回天、上海康达、广州机床所等；生产电子硅胶的有北京天山、上海回天、广州白云等。

2000 年后，北京天山新材料技术有限公司把有机硅胶黏剂用于光伏发电设备装配。

### 1.2.5.2 组成与固化机理

（1）单组分室温固化有机硅密封胶（RTV-1）

① 组成。主要由端羟基聚二甲基硅氧烷、甲基硅油、填料、交联剂、偶联剂、催化剂等组成。根据固化时放出的气体不同又分为多种类型，其特点如下。

脱酸型。透明性好，固化快，粘接强度高，醋酸味，对金属有腐蚀。

脱醇型。中型，气味芳香，中等固化速度，对金属无腐蚀，用于电子行业。

脱肟型。中型，低气味，无腐蚀（铜除外），用于建筑、机械密封。

② 固化机理。吸收空气中的潮气固化，其反应为缩聚反应，固化过程见图 1-7。

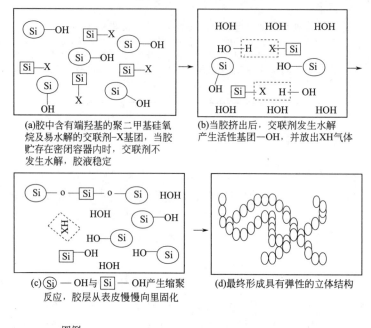

(a)胶中含有端羟基的聚二甲基硅氧烷及易水解的交联剂-X基团，当胶贮存在密闭容器内时，交联剂不发生水解，胶液稳定

(b)当胶挤出后，交联剂发生水解产生活性基团—OH，并放出XH气体

(c)Si—OH与Si—OH产生缩聚反应，胶层从表皮慢慢向里固化

(d)最终形成具有弹性的立体结构

图例：

Si—OH 端羟基聚二甲基硅氧烷；Si—X易水解的交联剂

图 1-7　单组分室温固化有机硅密封胶固化机理图解

（2）双组分室温固化有机硅密封胶（RTV-2）

① 组成。分缩合型和加成型两类。主要由端活性基聚硅氧烷、甲基硅油、填料、交联剂、偶联剂、催化剂等组成。其特点是深层固化，强度高，用于模塑材料、电子灌封等。

② 固化机理

a. 缩合型。两组分混合后发生缩聚反应，固化机理参见 RTV-1 固化机理。

b. 加成型。加成型双组分液体硅橡胶是一种以含乙烯基的聚硅氧烷为基础聚合物，以含硅氢键的低聚聚硅氧烷为硫化交联剂，在铂系催化剂的作用下，通过加成反应可形成具有网络结构弹性体的液体型硅橡胶。

### 1.2.5.3　应用

有机硅胶黏剂的应用见表 1-7。

表 1-7　有机硅胶黏剂的应用

| 建筑行业 | 汽车/机械 | 电子/电器行业 | 光伏发电 | 其它行业 |
|---|---|---|---|---|
| 玻璃幕墙、门窗玻璃密封、浴室卫生间密封；大理石干挂接缝处密封；铝塑板接缝处密封等 | 用于法兰盘、变速箱、发动机、车桥等零部件平面密封 | 单组分有机硅胶黏剂：用于冰箱接缝密封；元器件定位；线路板覆膜；电子元件灌封等　双组分有机硅胶黏剂：用于电子元件灌封；电子模块灌封 | 光伏组件边框粘接；接线盒灌封 | 单组分有机硅胶黏剂：用于集装箱密封；冷库密封　双组分有机硅胶黏剂：用于模塑材料；用于导弹热防护层的粘接与防热密封粘接 |

## 1.2.6　反应型聚氨酯胶黏剂

### 1.2.6.1　历史

1940 年德国法本公司（I. G. Farben，Bayer 公司前身）首先发现异氰酸酯具有特殊的粘合性能，之后 Bayer 公司研制出系列双组分溶剂型聚氨酯胶黏剂。

1953 年美国引进德国聚氨酯技术，同时开发出以聚醚多元醇为原料的聚氨酯胶黏剂。

1965 年上海合成树脂研究所研制出双组分溶剂型聚氨酯胶黏剂，后由上海新光化工厂生产，牌号为"铁锚" 101。

1968 年 Goodyear 开发出双组分无溶剂聚氨酯结构胶（名称 Pliogrip），成功用于汽车玻璃纤维增强塑料部件的粘接。

1978 年 Goodyear 又开发出单组分湿固化聚氨酯胶，开始在汽车工业和建筑部门应用。

1980 年后 Sika，Ems-Togo，Teeoson，Esswx（Dow），Bostic，EFA，Yomatite（日本横滨橡胶）等国外公司开始生产单组分湿固化聚氨酯胶。

20 世纪 80 年代，洛阳黎明化工研究院开发出单组分湿固化聚氨酯密封胶。

1993 年山东化工厂引进欧洲技术生产单组分湿固化聚氨酯密封胶。

1994 年长春科委与 Ems-Togo 合资成立长春伊多科公司，灌装单组分湿固化聚氨酯胶，后自己生产。

1998 年深圳奥博公司开始生产单组分湿固化聚氨酯胶。

2000 年后国内许多厂家生产单组分湿固化聚氨酯胶，如淄博海特曼、北京天山、杭州之江、湖北回天、东莞普赛达等。

### 1.2.6.2　组成与固化机理

（1）双组分反应型聚氨酯胶黏剂

① 组成。A 组分为 NCO 封端的预聚体，B 组分为—NH₂ 和—OH 基化合物。

② 固化机理。NCO 封端的预聚体与—NH₂／—OH 基化合物发生加成聚合反

应，反应过程如图 1-8 所示。

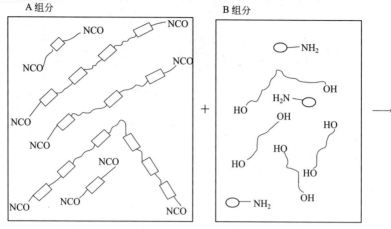

A组分

B组分

(a) A组分为聚氨酯预聚体，由硬链段与软链段两部分组成；
B 组分为软链段聚醚及胺类交联剂

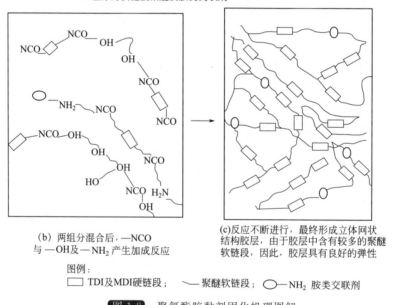

(b) 两组分混合后，—NCO
与—OH及—NH₂产生加成反应

(c)反应不断进行，最终形成立体网状
结构胶层，由于胶层中含有较多的聚醚
软链段，因此，胶层具有良好的弹性

图例：
☐ TDI及MDI硬链段；　～聚醚软链段；　○—NH₂ 胺类交联剂

**图 1-8**　聚氨酯胶黏剂固化机理图解

（2）单组分湿固化聚氨酯密封胶

① 组成。由含 NCO 封端的预聚体、增塑剂、填料、催化剂等组成。

② 固化机理。NCO—与潮气中的 OH—反应固化。

### 1.2.6.3　应用

反应型聚氨酯胶黏剂的应用见表 1-8。

表1-8 反应型聚氨酯胶黏剂的应用

| 建筑行业 | 汽车/机械行业 | 电子/电器行业 | 航空航天 |
|---|---|---|---|
| 单组分湿固化聚氨酯胶:建筑墙体密封、门窗玻璃密封、隧道密封、铝塑板接缝处密封等<br><br>双组分聚氨酯胶:门窗制造、运动跑道铺设;防水涂层 | 单组分湿固化聚氨酯胶:风挡玻璃密封/粘接;车体密封、粘接<br><br>双组分聚氨酯胶:修理破损的皮带、电缆、橡胶衬里、胶辊、橡胶叶轮;制作抗冲击、气蚀涂层 | 单组分湿固化聚氨酯胶:仪器、仪表粘接密封<br><br>双组分聚氨酯胶:电子元件灌封;线路板PCB保护涂层 | 火箭、卫星等超低温粘接与密封 |

继单组分湿固化聚氨酯密封胶、室温固化有机硅密封胶之后,近些年又开发出了硅烷改性聚醚(MS)密封胶和硅烷改性聚氨酯(SPUR)密封胶。这两类密封胶具有良好的粘接性、涂饰性、环境友好性以及对基材适应性广等特点,广泛应用于建筑、汽车制造、轨道交通、集装箱制造、设备制造、电梯、空调和通风装置等领域。

硅烷改性聚醚(MS)密封胶和硅烷改性聚氨酯(SPUR)密封胶由端硅烷基聚醚(MS)树脂或端硅烷基聚氨酯(SPUR)预聚体、增塑剂、填料、偶联剂、催化剂等组成,其固化机理与单组分RTV硅橡胶类似,属于湿气固化型。这两类密封胶与单组分湿固化聚氨酯密封胶(PU)、室温固化有机硅密封胶(SR)的特性比较见表1-9。

表1-9 几种单组分湿固化密封胶的性能比较

| 胶种 | 粘接强度 | 拉伸强度 | 弹性 | 耐高温 | 表面喷漆 | 环境保护 |
|---|---|---|---|---|---|---|
| 室温固化有机硅密封胶(SR) | 低 | 低 | 好 | 好 | 不可 | 中 |
| MS密封胶/SPUR密封胶 | 中 | 中 | 好 | 中 | 可 | 好 |
| 单组分湿固化聚氨酯密封胶(PU) | 高 | 高 | 好 | 差 | 可 | 差 |

# 第2章 工程胶黏剂配方与生产工艺

## 2.1 环氧胶黏剂

环氧胶黏剂是以环氧树脂为基料的胶黏剂的总称，它对多种材料具有良好的粘接力，具有收缩率低、粘接强度高、尺寸稳定、电性能优良、耐化学介质等优点，广泛应用于建筑、机械、汽车、船舶、轨道交通、电子电器、风能发电等领域。

### 2.1.1 配方组成及固化机理

#### 2.1.1.1 配方组成

环氧胶黏剂主要由环氧树脂和固化剂两大部分组成。为改善某些性能，满足不同用途，还可加入增韧剂、稀释剂、填料、促进剂、偶联剂等辅助材料。

(1) 环氧树脂　环氧树脂是一个分子中含有两个以上环氧基团的高分子化合物的总称，它不能单独使用，只有和固化剂混合后才能固化交联，起到粘接作用。

环氧树脂品种繁多，一般可分为缩水甘油型环氧树脂和环氧化烯烃型环氧树脂两大类。产量最大、用得最多的是双酚A型环氧树脂。常用环氧树脂有 E-51、E-44、F-44、E-20 等，使用时可根据不同的性能要求进行选取。

(2) 固化剂　环氧树脂固化剂种类也很多，有胺类（如乙二胺、三亚乙基四胺、低分子聚酰胺）及改性胺类固化剂（如593固化剂等）、酸酐类固化剂（如70酸酐等）、聚硫醇固化剂、聚合物型固化剂、潜伏型固化剂等。若按固化温度可分为室温固化剂、中温固化剂和高温固化剂。

环氧树脂固化剂分类见图 2-1。

(3) 促进剂　为了加速环氧树脂的固化反应、降低固化温度、缩短固化时间、提高固化程度，可加入促进剂。常用的促进剂有 DMP-30、苯酚、脂肪胺、2-乙基-4-甲基咪唑等，各种促进剂都有一定的适用范围，应加以选择使用。

(4) 稀释剂　稀释剂可降低胶黏剂的黏度，改善工艺性能，增加其对被粘物的浸润性，从而提高粘接强度，还可加大填料用量，延长胶黏剂的适用期等。稀释剂分活性和非活性两大类。非活性稀释剂有丙酮、甲苯、乙酸乙酯等溶剂，它

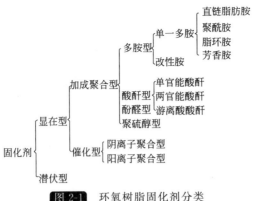

图 2-1　环氧树脂固化剂分类

们不参与固化反应，在胶黏剂固化过程中部分逸出，部分残留在胶层中，严重影响胶黏剂的性能，一般很少采用。

活性稀释剂一般是含有一个或两个环氧基的低分子化合物，它们参与固化反应，用量一般不超过环氧树脂的20%，用量过大会影响胶黏剂的性能。常用的有环氧丙烷丁基醚、环氧丙烷苯基醚、二缩水甘油醚等。

（5）增韧剂和增塑剂　为了改善环氧树脂胶黏剂的脆性，提高抗剥离强度，常加入增韧剂。但增韧剂的加入也会降低胶层的耐热性和耐介质性。

增韧剂也分活性和非活性两大类。非活性增韧剂也称增塑剂，它们不参与固化反应，只是以游离状态存在于固化的胶层中，并有从胶层中迁移出来的倾向，一般用量为环氧树脂的10%～20%，用量太大会严重降低胶层的各种性能。常用的有邻苯二甲酸二丁酯、邻苯二甲酸二辛酯、亚磷酸三苯酯等。

活性增韧剂参与固化反应，增韧效果比较显著，用量也可大些。常用的有聚硫橡胶、液体丁腈橡胶、液体端羧基丁腈橡胶、聚氨酯及低分子聚酰胺等。

（6）填料　填料不仅可以降低成本，还可改善胶黏剂的许多性能，如降低热膨胀系数和固化收缩率、提高粘接强度、耐热性和耐磨性等，同时还可增加胶液的黏度改善触变性等。表2-1列出常用填料的种类、用量及作用。

表 2-1　常用填料的种类、用量及作用

| 种类 | 用量/% | 作用 |
| --- | --- | --- |
| 石英粉、刚玉粉 | 40～100 | 提高硬度、降低收缩率和热膨胀系数 |
| 各种金属粉 | 100～300 | 提高导热性、导电性和可加工性 |
| 二硫化钼、石墨 | 30～80 | 提高耐磨性及润滑性 |
| 石棉粉、玻璃纤维 | 20～50 | 提高冲击强度和耐热性 |
| 碳酸钙、水泥、陶土、滑石粉等 | 25～100 | 降低成本、降低固化收缩率 |
| 白炭黑、改性白土 | <10 | 提高触变性、改善胶液流淌性能 |

另外，为提高粘接强度，可加入偶联剂，如 KH-550、KH-560 等；为提高胶黏剂的耐老化性，可加入稳定剂；若想使胶层具有不燃性，可加入阻燃剂，如三氧化二锑等；为适应装饰的要求，使胶层呈现出各种不同的颜色，可加入着色剂或着色填料。

### 2.1.1.2　固化机理

环氧树脂与固化剂反应，以生成三向立体结构以最终应用。固化剂在环氧树脂应用上是不可缺少的。环氧树脂虽然有许多种类，但固化剂的种类远远超过环氧树脂。由于环氧树脂对固化剂的依赖性很大，所以根据用途选择固化剂是十分重要的。如要成功地使用各种固化剂，首先必须要了解固化体系和固化反应机理。

环氧基与具有活泼氢的化合物（固化剂）按离子加成聚合反应形成固化结构，实用固化剂有多元胺、多元硫醇、多元羧酸及其酸酐等。亲质子试剂（多元胺、多元硫醇等）攻击环氧基上电子密度低的碳原子；亲电子试剂（多元羧酸）的质子攻击环氧基上电子密度高的氧原子。下面以多元胺、多元硫醇和多元羧酸及其酸酐为代表，介绍它们的固化反应和固化结构的形成。

（1）多元胺类固化剂　多元胺是一类使用最为广泛的固化剂，品种也非常多。以多元伯胺为例，其与环氧基的基本反应如下。

首先是反应性高的伯胺基与环氧基反应生成仲胺并产生一个羟基。

$$R^1-NH_2+CH_2-CH-CH_2-O-R^2 \rightarrow R^1-NH-CH_2-CH-CH_2-O-R^2$$

生成的仲胺同另外的环氧基反应生成叔胺并产生另一羟基。

$$R^1-NH-CH_2-CH-CH_2-O-R^2+CH_2-CH-CH_2-O-R^2 \longrightarrow R^1N$$

生成的羟基可以与环氧基反应参与交联结构的形成。

$$R^1-NH-CH_2-CH-CH_2-O-R^2+CH_2-CH-CH_2-O-R^2 \longrightarrow$$

反应速度取决于多元胺的化学结构。环氧基的反应初期消耗速度很快，但室温下反应不完全，途中几乎就达到平衡。环氧基反应率即使历时三周，固化程度也非常低。聚酰胺固化率仅 40%，三亚乙基四胺也仅 60% 左右，为使环氧基反应率充分提高，需加温固化和加相应的促进剂。多元胺系固化剂的反应可以用醇、酚（如DMP-30）来促进。羟基促进环氧基开环是因为环氧基的氧原子同羟基的氢原子键合。容易形成这种键合的酚类显示更强的促进作用。

（2）多元羧酸及其酸酐　酸酐作为实用固化剂使用量大，仅次于多元胺。但是多元羧酸因反应速度慢，很少单独用作固化剂。酸酐与环氧基的反应如下。

首先酸酐同体系中的微量水或羟基，或者环氧树脂中带有的羟基起反应，形成单酯或羧基。

$$\text{（benzene ring）}\begin{matrix}C\\C\end{matrix}\begin{matrix}O\\O\end{matrix}O + R^1-OH \longrightarrow \text{（benzene ring）}\begin{matrix}CO-R^1\\COOH\end{matrix}$$

环氧基同羧基反应以酯键加成，又生成羟基。

$$CH_2-CH-CH_2-O-R^2 + \text{（benzene ring）}\begin{matrix}CO-R^1\\COOH\end{matrix} \longrightarrow \text{（benzene ring）}\begin{matrix}CO-R^1\\CO-CH_2-CH-CH_2-O-R^2\\OH\end{matrix}$$

环氧基受酸催化剂的作用与生成的羟基反应，以醚键加成。

$$CH_2-CH-CH_2-O-R^2 + R^1-OH \longrightarrow R^1O-CH_2-CH-CH_2-O-R^2$$
$$\qquad\qquad\qquad\qquad\qquad\qquad\qquad OH$$

羟基除与环氧基反应外，还与被开环的羧酸起反应，形成酯键。初期固化反应速度在很大程度上取决于环氧树脂带有的羟基浓度。羟基浓度高的固态树脂反应速度快，羟基浓度低的液态树脂，若没有促进剂存在，则得不到实用价值的固化速度。一般用叔胺作促进剂，在叔胺作用下，酸酐生成羧基阴离子，羧基阴离子对环氧基进行亲核加成，然后加成物的阴离子再加成到酸酐上，生成新羧基阳离子。由此按阴离子机理交替反应而逐步固化。因此，在催化剂存在下，固化结构的键合方式全部按酯键结合。

（3）多元硫醇固化剂　多元硫醇作为固化剂很有特色，单独使用时活性差，室温下反应非常慢，但在适当的促进剂（如DMP-30）存在下形成硫离子，固化反应速度就数倍于多元胺系，可以在0℃以下固化。固化温度越低，这一特色越是发挥得明显。其固化过程如下。

首先硫醇与叔胺反应形成硫醇离子，再与环氧基反应。

$$R_3N + HS-R^1 \rightleftharpoons S-R^1 + R_3NH^+$$

$$S-R^1 + CH_2-CH-CH_2-O-R^2 \xrightarrow{R_3NH^+} R^1-S-CH_2-CH-CH_2-O-R^2 + R_3N$$
$$\qquad\qquad\qquad O \qquad\qquad\qquad\qquad\qquad\qquad\qquad OH$$

另一方面叔胺也可与环氧基反应形成环氧基阴离子，此阴离子同硫醇进行亲核反应。

$$R_3N + \underset{O}{CH_2-CH}-CH_2-O-R^2 \longrightarrow R_3N^+-CH_2-\underset{O^-}{CH}-CH_2-O-R^2$$

$$\xrightarrow{HS-R^1} R^1-S-CH_2-\underset{OH}{CH}-CH_2-O-R^2 + RN$$

## 2.1.2 典型配方分析及技术关键

### 2.1.2.1 环氧类胶黏剂典型配方分析

（1）通用型双组分环氧胶黏剂典型配方各组分作用分析　见表 2-2。

**表 2-2**　通用型双组分环氧胶黏剂典型配方各组分作用分析

| 组分 | 配方组成 | 质量份 | 各组分作用分析 | 固化性能 |
|---|---|---|---|---|
| 甲组分 | E-51 环氧树脂 | 25 | 黏料,通用环氧树脂,价格较便宜 | 甲∶乙=4∶1（重量比）;适用期 20min;25℃ 时,30min 初固化,24h 达到最高强度 |
| | 711 环氧树脂 | 50 | 黏料,活性大,适合配制快速胶黏剂 | |
| | 712 环氧树脂 | 25 | 黏料,活性大,适合配制快速胶黏剂 | |
| | 聚硫橡胶 | 20 | 增韧剂,改善胶黏剂的脆性 | |
| | 石英粉 | 75 | 填料,降低成本、降低固化收缩率和热胀系数 | |
| | 气相二氧化硅 | 5 | 触变剂,改善胶黏剂流淌性 | |
| 乙组分 | 701 固化剂 | 35 | 固化剂,改性胺,固化快 | |
| | KH-550 | 3 | 偶联剂,提高粘接强度 | |
| | DMP-30 | 2 | 促进剂,加速固化、缩短固化时间 | |
| | 石英粉 | 8 | 填料,降低成本、降低固化收缩率 | |
| | 气相二氧化硅 | 2 | 触变剂,改善胶液流淌性 | |

注:由于采用的 711、712 环氧树脂和 701 固化剂活性高,因此得到快速固化环氧胶黏剂。

（2）快固型双组分环氧胶黏剂典型配方各组分作用分析　见表 2-3。

**表 2-3**　快固型双组分环氧胶黏剂配方分析

| 组分 | 配方组成 | 质量份 | 各组分作用分析 | 固化性能 |
|---|---|---|---|---|
| 甲组分 | E-44 环氧树脂 | 50 | 黏料,通用环氧树脂 | 甲∶乙=1∶1（体积比）混合,25℃ 时,3～5min 初固,24h 后钢-钢剪切强度为>15MPa |
| | E-51 环氧树脂 | 50 | 黏料,通用环氧树脂 | |
| | 羧基丁腈橡胶(CTBN) | 20 | 增韧剂,改善胶黏剂的脆性 | |
| | 气相二氧化硅 | 5 | 触变剂,改善胶液流淌性 | |
| 乙组分 | 硫醇-环氧加成物 | 100 | 固化剂,聚硫醇 | |
| | 硅微粉 | 45 | 填料,降低成本、降低固化收缩率 | |
| | KH-550 | 1 | 偶联剂,提高粘接强度 | |
| | DMP-30 | 2 | 促进剂,加速固化、缩短固化时间 | |
| | 气相二氧化硅 | 2 | 触变剂,改善胶液流淌性 | |

注:多元硫醇与促进剂 DMP-30 配合,固化反应速度数倍于多元胺系,可以在 0℃ 以下固化。固化温度越低,这一特色越是发挥得明显。

（3）双组分环氧修补剂典型配方各组分作用分析　见表2-4。

表 2-4　双组分环氧修补剂典型配方各组分作用分析

| 组分 | 配方组成 | 质量份 | 各组分作用分析 | 固化性能 |
|---|---|---|---|---|
| 甲组分 | E-51 环氧树脂 | 100 | 黏料,通用环氧树脂 | 甲:乙=4:1(重量比);适用期 40min,25℃ 时,60min 初固化,24h 达到可用的强度 |
| | 丁腈橡胶 | 25 | 增韧剂,改善胶黏剂的脆性 | |
| | 还原铁粉 | 20 | 填料,提高胶层的耐磨性、耐温性、可加工性 | |
| | 二硫化钼 | 50 | 填料,降低胶层摩擦系数,提高胶层的耐磨性 | |
| | 气相二氧化硅 | 5 | 触变剂,改善胶黏剂流淌性 | |
| 乙组分 | 105 固化剂 | 30 | 固化剂,改性胺,固化后胶层综合性能好 | |
| | KH-550 | 3 | 偶联剂,提高粘接强度 | |
| | DMP-30 | 2 | 促进剂,加速固化、缩短固化时间 | |
| | 石英粉 | 10 | 填料,降低成本、降低固化收缩率 | |
| | 气相二氧化硅 | 5 | 触变剂,改善胶液流淌性 | |

注:由于采用的还原铁粉、二硫化钼具有耐磨性、耐温性、可加工性等机械性能,因此得到的环氧修补剂可用于机械零件的修补和尺寸恢复。

（4）单组分环氧折边胶黏剂典型配方各组分作用分析　见表2-5。

表 2-5　单组分环氧折边胶黏剂典型配方各组分作用分析

| 配方组成 | 质量份 | 各组分作用分析 | 固化性能 |
|---|---|---|---|
| E-51 环氧树脂 | 100 | 黏料,通用环氧树脂 | 加热 110℃,50min 固化,钢-钢剪切强度为>18MPa |
| 双氰胺 | 8 | 潜伏性固化剂,需加温固化 | |
| 有机脲 | 3 | 促进剂,降低固化温度,加快固化速度 | |
| 硅微粉 | 100 | 填料,降低成本、降低固化收缩率 | |
| 炭黑 | 0.5 | 颜料,着色 | |
| 气相二氧化硅 | 2 | 触变剂,改善胶液流淌性 | |

注:黑胶(冷胶),用于汽车折边、继电器密封等。

（5）单组分环氧 COB 包封胶黏剂典型配方各组分作用分析　见表2-6。

表 2-6　单组分环氧 COB 包封胶黏剂典型配方各组分作用分析

| 配方组成 | 质量份 | 各组分作用分析 | 固化性能 |
|---|---|---|---|
| E-51 | 100 | 黏料 | 加热 120℃,30min 固化,钢-钢剪切强度为>18MPa |
| 双氰胺 | 8 | 潜伏性固化剂,需加温固化 | |
| 潜伏性咪唑 | 3 | 促进剂,降低固化温度,加快固化速度 | |
| 着色炭黑 | 0.5 | 染料,着色 | |
| 填料 | 100 | 填料,降低成本、降低固化收缩率 | |
| 消泡剂 | 2 | 降低胶层气泡 | |
| 气相二氧化硅 | 2 | 触变剂,改善胶液流淌性 | |

注:单组分黑胶,用于 COB 包封或微电机磁钢粘接。

（6）单组分环氧贴片胶黏剂典型配方各组分作用分析　见表2-7。

表 2-7　单组分环氧贴片胶黏剂典型配方各组分作用分析

| 配方组成 | 质量份 | 各组分作用分析 | 固化性能 |
|---|---|---|---|
| E-51 | 100 | 黏料 | 加热 150℃,<br>2min 初固,钢-<br>钢剪切强度为<br>>10MPa |
| 聚胺类固化剂 | 40 | 潜伏性固化剂,需加温固化 | |
| 潜伏性咪唑 | 20 | 促进剂,降低固化温度,加快固化速度 | |
| 透明红 | 0.5 | 染料,着色 | |
| 填料 | 50 | 填料,降低成本,降低固化收缩率 | |
| 气相二氧化硅 | 2 | 触变剂,改善胶液流淌性 | |

注:单组分红胶,用于 SMT 贴片或其它粘接用途。

### 2.1.2.2　各类环氧类胶黏剂配方设计思路

目前使用的环氧胶黏剂品种比较多,有结构胶、非结构胶;有单组分,也有双组分;有室温固化,也有的需加温固化;按用途又可分为结构粘接用胶、修补胶、导电胶、点焊胶、耐高温胶以及水下固化胶等。

(1) 通用环氧胶黏剂　黏料一般选用 E-44、E-51 环氧树脂,增韧剂选液体聚硫橡胶、液体丁腈橡胶,固化剂选脂肪胺、芳香胺、改性胺、低分子聚酰胺等。

(2) 环氧结构胶黏剂　环氧结构胶主要有环氧-丁腈、环氧-酚醛、环氧-聚氨酯、环氧-尼龙、环氧-缩醛等类型。固化剂一般选用改性胺、双氰胺、2-乙基-4-甲基咪唑 、间苯二胺等,有室温固化的,但大都需要采用 120～150℃ 加温固化方式,以期获得较高强度。

(3) 耐温环氧胶黏剂　目前制备耐高温环氧胶黏剂的途径大致有三,一是采用耐高温树脂(如酚醛树脂、有机硅树脂、聚砜树脂等)改性环氧树脂;二是合成新型耐高温环氧树脂(如多官能能团环氧树脂、双酚 S 环氧等);三是采用耐高温固化剂。比较常用的方法是第一种。

(4) 耐低温环氧胶黏剂　一般来说,有些环氧胶由于在 −50℃ 以下出现脆性而迅速失去强度,以致无法使用,用聚氨酯、尼龙、弹性体改性可以制得耐超低温环氧胶黏剂,在 −200℃,甚至 −269℃ 均有良好的粘接性能。

(5) 水下固化环氧胶黏剂　黏料一般选用双酚 A 型环氧树脂,如 E-44、E-51等。水下环氧胶关键是固化剂的选用,能在水中固化的固化剂有酮亚胺、脂肪胺或芳香胺与环氧树脂的加成物及 810、MA 水下固化剂等。

(6) 导电型环氧树脂胶黏剂　配制导电环氧胶有两条途径,一是在树脂体系内添加一定量的导电性金属或非金属粒子,如银粉、金粉、铜粉、镍粉、导电石墨、炭黑等,属添加型导电胶;另一途径是选用具有导电性或半导电性的高分子聚合物,如聚乙炔、聚氮化硫、以 TCNQ 为基础的络合物、有机金属聚合物等。但后者尚处于研究阶段,制备工艺复杂,成本极高;添加型导电胶制备工艺简便,将导电粒子均匀混入胶黏剂内就可得到。

（7）光学环氧胶黏剂　光学胶用于粘接光学玻璃及单晶材料制件（如透镜），对接头除机械强度要求外，还要求无色透明，透光率达90%以上。

以环氧树脂为黏料的光学胶由树脂、固化剂和改性剂组成。最常用的树脂为低相对分子质量双酚A环氧树脂、脂环族缩水甘油酯环氧树脂，如四氢和六氢邻苯二甲酸双缩水甘油酯环氧树脂等。固化剂有多乙烯多胺，氢化4，4'-二氨基二苯甲烷等。改性剂有邻苯二甲酸二辛酯、末端带活性基团脂肪族聚醚等。

（8）导磁胶、导热胶　导磁胶、导热胶是在一般环氧胶中加入一些特殊填料制成，如导磁胶中加入磁性材料（羰基铁粉）、导热胶中加入导热性好的银粉、乙炔炭黑等。要求绝缘的导热胶可加入氧化铝、氧化硅、氧化锌、氮化铝、氮化硼、碳化硅等填料。

（9）耐磨胶、金属填补胶　耐磨胶、金属填补胶是在一般环氧胶中加入耐磨填料如石墨、二硫化钼等减摩材料和氧化物、碳化物、氮化物等硬质耐磨材料以及各类金属粉末（铁粉、铝粉、铜粉等）、纤维等。

（10）低温快固环氧胶　采用活性固化剂如乙二胺硫脲加成物、二亚乙基三胺环氧加成物、三氟化硼络合物、环氧硫醇加成物、多胺-硫脲缩合物来固化环氧胶，并添加适量的促进剂。

### 2.1.2.3　环氧类胶黏剂技术关键

（1）环氧树脂　环氧树脂是决定最终固化产物性能的主要因素，环氧树脂的种类很多，可根据需要选用，几种黏度不同的树脂混合使用可获得综合性能较好的胶液。

（2）添加剂　为克服环氧树脂某些缺陷、降低固化收缩率，添加某些材料非常关键，如增韧剂、增塑剂、填料等，为提高环氧胶的耐温性，环氧树脂中可混合酚醛树脂、有机硅等材料。

（3）固化剂　固化剂是决定环氧胶固化速度和固化方式的关键因素，固化剂的种类及添加量对固化物性能影响很大。

理论上只添加化学当量的固化剂反应为最佳，实验也证实最佳添加量与化学当量相近。多胺、酸酐结构明确，按当量计算能简单地求知固化剂的最佳添加量。但固化剂结构和组成不明确时，就不能计算。此外，像叔胺那样的已知结构的催化剂，也不能用计算方法求取最佳添加量。这类固化剂及催化剂的添加量，须依所固化树脂的特性来决定。

环氧当量用下式表示。

$$环氧当量(g/eq) = \frac{平均相对分子质量}{一分子中环氧基的数目}$$

因此，双酚A型环氧树脂两端各有一个环氧基，则其环氧当量应该是相对分子质量的二分之一。实验求取环氧当量有多种方法，但由于实际市售的环氧树脂，厂家已标明环氧当量，故没有实验测定环氧当量的必要。

伯胺、仲胺按下式计算添加量。

$$固化剂添加量（每100份环氧）=\frac{胺当量}{环氧当量}\times100$$

$$胺当量=\frac{胺的相对分子质量}{活泼氢数}$$

例如，二亚乙基三胺（DETA）固化环氧当量为200的环氧树脂，其添加量为10.3。

$$固化剂添加量（每100份环氧）=\frac{20.6}{200}\times100=10.3$$

但是，脂肪族伯胺、仲胺有一定的催化作用，因此用量稍小于计算量为好。芳香胺没有催化作用，应用计算量。

酸酐的添加量按下式计算。

$$固化剂添加量（每100份环氧）=C\times\frac{酸酐当量}{环氧当量}\times100$$

$$酸酐当量=\frac{酸酐的相对分子质量}{酸酐基的个数}$$

$$C=\begin{cases}0.85（大部分酸酐）\\0.06（含氯的酸酐）\\1.0（添加促进剂叔胺的场合）\end{cases}$$

例如，对于环氧当量为200的环氧树脂，PMDA的添加量是46.3（每100份环氧）。

$$PMDA的当量=\frac{PMDA的相对分子质量}{酸酐基的个数}=\frac{218}{2}=109$$

$$固化剂添加量（每100份环氧）=0.85\times\frac{109}{200}\times100=46.3$$

环氧胶黏剂常用固化剂及添加量见表2-8，可根据不同用途合理选用。

表 2-8　环氧胶黏剂常用固化剂及添加量

| 固化剂 | 相对于标准树脂的标准添加量 | 固化温度/℃ | 备注 |
|---|---|---|---|
| 二亚乙基三胺(DETA) | 8～10 | 室温～150 | 迅速固化,使用寿命短 |
| 三亚乙基四胺(TETA) | 10～13 | 室温～150 | 迅速固化,使用寿命短 |
| 二乙胺基丙胺(DEAPA) | 4～8 | 室温～150 | 中温加热,使用寿命短 |
| 氨乙基呱嗪(AEP) | 20～23 | 室温～150 | 中温加热 |
| 环氧树脂的亚乙基三胺加成物 | 20～25 | 室温～150 | 迅速固化,使用寿命短、低毒 |

| 固化剂 | 相对于标准树脂的标准添加量 | 固化温度/℃ | 备注 |
|---|---|---|---|
| 间苯二胺（MPDA） | 13～14 | 60～200 | 加热固化,耐热性好 |
| 亚甲基二胺（MDA） | 28～30 | 60～200 | 加热固化,耐热性好 |
| 二氨基二苯砜（DDS） | 20～30 | 115～150 | 加热固化,耐热性好 |
| 双氰胺（DICY） | 4～6 | 150～175 | 室温长期贮存 |
| BF$_3$-乙基胺（BF$_3$-MEA） | 2～4 | 150～175 | 室温长期贮存 |
| 聚酰胺 | 50～100 | 室温～100 | 低毒、挥发少 |
| 酰胺 | 30～70 | 室温～100 | 低黏度 |
| 多硫化物 | 50～100 | 室温～100 | 赋予可挠性,和胺并用 |
| 多硫醇 | 50～100 | 室温～75 | 和胺、聚酰胺并用,迅速固化 |

## 2.1.3 生产工艺

环氧胶黏剂有双组分的,也有单组分的。双组分胶是将环氧树脂和改性剂等作为一种组分,而固化剂和促进剂为另一组分,分两组分包装贮存,使用时再按一定的比例混合。

### 2.1.3.1 双组分环氧胶黏剂生产过程

双组分环氧胶的生产过程一般为:原材料及器具准备 → 按配方准确称量 → 混合搅拌均匀 → 检查与检验 → 包装。其生产过程如图 2-2 所示。

常用的环氧树脂一般黏度较大,在室温低于 15℃ 时很黏稠,不便于取出或与其他组分混合,可以用加热的方法降低黏度,增加流动性。但加热温度不要超过60℃。对于固体环氧树脂,可以加热熔化,或以溶剂溶解,或是研细过筛之后,再与其他组分混合。

对于填料,应在加入前于 110～150℃ 烘干,以除去水分及所吸附的气体。有的填料须在 600～900℃ 高温下进行活化。填料的干燥最好是现用现烘,也可预先干燥之后,放入密闭的容器内贮存,但放置时间也不宜太久。

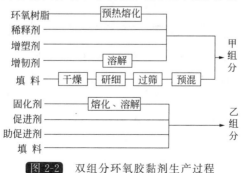

图 2-2 双组分环氧胶黏剂生产过程

对于固体固化剂，最好变成液体，其方法是加热熔化或溶剂溶解，也可制成过冷液体，如间苯二胺。若是以固态形式加入环氧树脂内，则需研细过筛（一般为 200 目以上），以利分散均匀。

配制环氧胶的反应釜或搅拌器可以是金属或搪瓷的，为了减少环氧树脂与器壁的粘连，便于清洗。配胶用的容器、搅拌器或其他辅助工具，都要求洁净干燥，无油污或脏物。取用甲、乙二组分的工具不可混用，否则造成局部混合固化，影响胶黏剂质量。

甲、乙两组分别混合均匀后，下一步就是分别包装，包装要求方便、耐用，可采用牙膏管状、注射器状、塑料桶（盒）、金属桶（盒）等形式包装。包装要密封性好，取用方便。

### 2.1.3.2 单组分加温固化环氧胶黏剂的生产过程

单组分环氧胶黏剂一般要用粉末状潜伏性固化剂，组分中既含有环氧树脂，又含有固化剂，因此配制温度不能过高，以免配制的胶液稳定性差。

配制工艺与双组分胶类似，原材料及器具准备 → 按配方准确称量 → 混合搅拌均匀 → 检查与检验 → 包装。配制成的单组分环氧胶黏剂应马上灌装，然后低温贮存，以免硬化。这里不再详细介绍。

### 2.1.3.3 一种室温固化环氧胶黏剂的生产工艺

（1）配方组成及原材料消耗定额　见表 2-9。

表 2-9　配方组成及原材料消耗定额

| 组分 | 原料 | 规格 | 消耗定额/kg |
|------|------|------|------------|
| 甲组分 | 环氧树脂 | 工业 | 100 |
|  | 聚醚树脂 | 工业 | 15～20 |
| 乙组分 | 苯酚 | 工业 | 60 |
|  | 甲醛(37%) | 工业 | 13.6 |
|  | 乙二胺 | 工业 | 70 |
|  | 2,4,6-三(二甲氨基甲基苯酚)等 | 工业 | 26 |

（2）工艺流程　生产装置如图 2-3 所示，在釜中加入聚醚和环氧树脂，开动搅拌 0.5h 左右，混合后出料装桶即得甲组分。苯酚加热熔化后投入反应釜中，开动搅拌，加入乙二胺，保持物料温度 45℃下滴加甲醛液，加完后继续反应 1h，减压脱水，放料红棕色黏稠液体。反应物 450kg 与 2，4，6-三（二甲氨基甲基）苯酚（DMP-30）等 90kg 混合均匀配成乙组分。

（3）产品性能及用途　该产品甲乙两组分按甲：乙＝（2～3）：1 质量比配

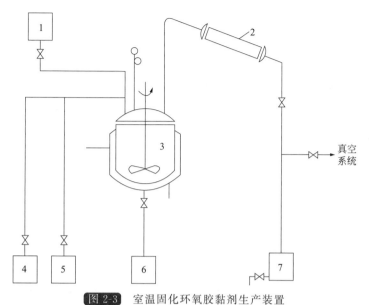

**图 2-3** 室温固化环氧胶黏剂生产装置

1—甲醛槽；2—冷凝器；3—反应釜；4—乙二胺槽；5—熔酚桶；6—固化剂贮槽；7—水贮槽

制，25℃定位时间为 20～30min，粘接铝合金剪切强度为 15MPa，耐温－60～＋80℃，两组分别贮存，贮存期＞1 年。用于粘接金属、陶瓷、玻璃钢等材料，适于快速粘接修补。

## 2.2 第二代丙烯酸酯胶黏剂

丙烯酸酯胶黏剂出现于 20 世纪 50 年代，由于固化速度慢，性能一般而发展不快。20 世纪 70 年代中期，开发出新型改性丙烯酸酯结构胶黏剂，又名第二代丙烯酸酯胶黏剂（SGA）。该胶操作方便，固化速度快，可油面粘接，耐冲击，抗剥离，粘接综合性能优良，粘接材料广泛，如金属、非金属（一般指硬材料）可自粘与互粘，因而近年来得到较快发展。

### 2.2.1 配方组成及固化机理

#### 2.2.1.1 配方组成

改性丙烯酸酯结构胶分底涂型和双主剂型两大类。底涂型有主剂和底剂两部分，主剂中包含聚合物（弹性体）、丙烯酸酯单体（低聚物）、氧化剂、稳定剂等；底剂中包含促进剂（还原剂）、助促进剂、溶剂等。双主剂型不用底剂，两个组分均为主剂，其中一个主剂中含有氧化剂，另一个主剂中含有促进剂及助促进剂。使用的氧化-还原反应体系必须匹配且具有高效，才能室温快速固化，并达到完全固化的目的。

（1）聚合物弹性体　一般用氯磺化聚乙烯、氯丁橡胶、丁腈橡胶、丙烯酸橡胶、ABS、AMBS、MBS、聚甲基丙烯酸甲酯等。主要作用是提高粘接层抗冲击、抗剥离性。

（2）丙烯酸酯单体（低聚物）　一般用甲基丙烯酸甲酯、甲基丙烯酸乙酯、甲基丙烯酸丁酯、甲基丙烯酸 2-乙基己酯、甲基丙烯酸 $\beta$-羟乙（丙）酯、甲基丙烯酸缩水甘油酯等。

（3）稳定剂　一般选用对苯二酚、对苯二酚甲醚、吩噻嗪、2,6-二叔丁基-对甲酚等。

（4）氧化剂　一般选用二酰基过氧化物（如 BPO、LPO）、异丙苯过氧化氢、叔丁基过氧化氢等过氧化氢类、过氧化铜类（如过氧化甲乙酮）、过氧化酯类等。

（5）还原剂（促进剂）　一般选用胺类（如 $N,N$-二甲基苯胺、乙二胺、三乙胺等）、硫酰胺类（如乙烯基硫脲、二苯基硫脲、四甲基硫脲、吡啶基硫脲、硫醇苯并咪唑等）及醛-胺缩合物类等。

（6）助促进剂　一般选用有机酸金属盐，如环烷酸钴、油酸铁、环烷酸锰等，也可选用钒类助促进剂。

### 2.2.1.2　固化机理

第二代丙烯酸酯主要是通过自由基聚合反应固化，固化应满足如下条件。

① 一个强有力的氧化还原引发体系（先决条件）。

② 尽量使体系的黏度增高（减少氧气的阻聚作用），引入弹性体接枝、交联反应。

③ 增加单体分子的官能度（但多官能团的小分子不能过多）。

④ 尽量提高单体纯度，少加阻聚剂。

固化反应过程分引发、链增长、链终止三个阶段。

（1）引发

$$\text{RO} \cdot + \text{CH}_2\!=\!\underset{\underset{\text{COOR}^1}{|}}{\overset{\overset{\text{CH}_3}{|}}{\text{C}}} \longrightarrow \text{ROCH}_2\!-\!\underset{\underset{\text{COOR}^1}{|}}{\overset{\overset{\text{CH}_3}{|}}{\text{C}}}\cdot$$

（2）链增长

$$\text{ROCH}_2\!-\!\underset{\underset{\text{COOR}^1}{|}}{\overset{\overset{\text{CH}_3}{|}}{\text{C}}}\cdot \ +\ \text{CH}_2\!=\!\underset{\underset{\text{COOR}^2}{|}}{\overset{\overset{\text{CH}_3}{|}}{\text{C}}} \longrightarrow \text{ROCH}_2\!-\!\underset{\underset{\text{COOR}^1}{|}}{\overset{\overset{\text{CH}_3}{|}}{\text{C}}}\!-\!\text{CH}_2\!-\!\underset{\underset{\text{COOR}^2}{|}}{\overset{\overset{\text{CH}_3}{|}}{\text{C}}}\cdot$$

$$ROCH_2-\underset{\underset{\textstyle COOR^1}{|}}{\overset{\overset{\textstyle CH^3}{|}}{C}}\cdot \quad + \quad CH_2=\underset{}{\overset{\overset{\textstyle CH^3}{|}}{C}}-COO-X-OCO-\overset{\overset{\textstyle CH_3}{|}}{C}=CH_2$$

（多官能团预聚物）

$$\longrightarrow \quad ROCH_2-\underset{\underset{\textstyle COOR^1}{|}}{\overset{\overset{\textstyle CH_3}{|}}{C}}-CH_2-\overset{\overset{\textstyle CH_3}{|}}{C}-COO-X-OCOC\overset{\overset{\textstyle CH_3}{|}}{=}CH_2 \longrightarrow 接枝或嵌段$$

（3）链终止

$$\sim\!\!\sim\!\!R\cdot + \cdot R\sim\!\!\sim \longrightarrow \sim\!\!\sim\!R-R\sim\!\!\sim （自由基的重组合）$$

$$\sim\!\!\sim\!CH_2-\underset{\underset{\textstyle COOR}{|}}{\overset{\overset{\textstyle H}{|}}{C}}\cdot + \cdot\underset{\underset{\textstyle COOR}{|}}{\overset{\overset{\textstyle H}{|}}{C}}-CH_2\sim\!\!\sim \longrightarrow \sim\!\!\sim\!CH_2-\underset{\underset{\textstyle COOR}{|}}{CH_2} + \underset{\underset{\textstyle COOR}{|}}{CH}-CH\sim\!\!\sim$$

R、R<sup>1</sup>、R<sup>2</sup> 为烷基，X 为环氧基等（自由基歧化反应）

## 2.2.2 典型配方分析及技术关键

### 2.2.2.1 典型配方分析

（1）底剂型丙烯酸酯结构胶配方分析　见表 2-10。

表 2-10　底剂型丙烯酸酯结构胶配方分析

| 组分 | 原材料名称 | 质量份 | 作用分析 | 固化性能 |
|---|---|---|---|---|
| 主剂 | 甲基丙烯酸羟乙酯 | 63 | 单体，聚合时形成固体结构 | 被粘接面喷底剂，溶剂挥发后涂主剂，然后黏合，1min 定位，24h 后，钢-钢剪切强度为 15MPa，剥离强度为 5N/min |
| | 甲基丙烯酸 | 10 | 单体，可提高固化速度 | |
| | 三缩四乙二醇二甲基丙烯酸酯 | 4 | 双酯，加速固化物的交联速度和程度 | |
| | 热塑性聚氨酯 | 20 | 弹性体增韧剂，改善固化物脆性 | |
| | 对苯二酚 | 0.01 | 稳定剂，增加胶液的贮存期 | |
| 底剂 | 2-吡啶基硫脲 | 5 | 促进剂 | |
| | 甲醇 | 50 | 溶剂 | |
| | 乙腈 | 45 | 溶剂 | |

（2）双主剂型第二代丙烯酸酯结构胶配方分析　见表 2-11。

表 2-11　双主剂型第二代丙烯酸酯结构胶配方分析

| 组分 | 原材料名称 | 质量份 | 各原料作用分析 | 固化性能 |
|---|---|---|---|---|
| 甲组分 | 甲基丙烯酸甲酯 | 60 | 单体 | |
| | 甲基丙烯酸 | 10 | 单体，提高固化速度 | |
| | 对苯二酚 | 0.01 | 稳定剂 | |
| | 抗氧剂 | 0.1 | 抗氧剂 | |

| 组分 | 原材料名称 | 质量份 | 各原料作用分析 | 固化性能 |
|---|---|---|---|---|
| 甲组分 | 乙二醇 | 0.89 | 溶剂、防冻剂 | 甲乙两组分目测1:1配比，初固时间25℃时为5min，粘接钢剪切强度＞25MPa |
| | ABS树脂 | 26 | 塑料、增强剂 | |
| | 异丙苯过氧化氢 | 5 | 引发剂 | |
| 乙组分 | 甲基丙烯酸甲酯 | 60 | 单体 | |
| | 甲基丙烯酸 | 10 | 单体、提高固化速度 | |
| | 对苯二酚 | 0.01 | 稳定剂 | |
| | 丁腈橡胶 | 25 | 增韧剂 | |
| | 胺类促进剂 | 3 | 促进剂 | |
| | 取代基硫脲 | 1.98 | 促进剂 | |
| | 钒促进剂 | 0.01 | 促进剂 | |

#### 2.2.2.2 技术关键

这类丙烯酸酯胶黏剂的组成和配制方法，多见于专利文献。虽然保密性很强，但仍不难看出其技术关键和难点如下。

（1）一个强有力的氧化还原体系　一个强有力的氧化还原体系是室温下产生活性自由基，从而引发聚合的先决条件。引发剂必须与促进剂、助促进剂有效的配合才能发挥作用。有机过氧化物与固化促进剂的组合体系见表2-12。

表 2-12　有机过氧化物和固化促进剂的组合体系

| 过氧化物 | 促进剂 | 过氧化物 | 促进剂 |
|---|---|---|---|
| 酮过氧化类<br>甲乙酮过氧化物（MEKPO）<br>环乙酮过氧化物（CYP）<br>乙酰丙酮过氧化物（AAP） | 钴、锰等金属皂类<br>环烷酸钴<br><br>辛酸钴<br><br>环烷酸锰 | 二酰基过氧化物类<br>过氧化苯酰（BPO）<br><br>过氧化月桂酰（LPO） | 叔胺<br>二甲基苯胺<br><br>二甲基对间甲苯胺 |
| 酮过氧化物类<br>甲乙酮过氧化物（MEKPO）<br>环乙酮过氧化物（CYP） | 金属皂类和叔胺类的并用 | 氢过氧化物类<br>异丙苯基过氧化氢（CHP） | 醛-胺缩合物<br>钒促进剂<br>三乙胺、取代基硫脲 |
| 酮过氧化物类 | 金属皂类和1,3-二酮类并用 | 过氧酯类<br>过辛酸叔丁酯 | 金属皂类<br>钒促进剂 |
| 酮过氧化物类 | 硫醇类 | | |

除了合理选择强有力的氧化还原体系外，过氧化物、促进剂的添加量也对胶的固化速度和机械性能有显著影响，见表2-13。

表 2-13 过氧化物、促进剂添加量对固化时间的影响

| | | | | | | | | | | | | |
|---|---|---|---|---|---|---|---|---|---|---|---|---|
| 过氧化物 | MEKPO/% | 1.0 | 1.0 | 1.0 | — | — | — | — | — | — | — | — |
| | CHP/% | — | — | — | 0.5 | 1.0 | 1.0 | 1.0 | 1.0 | 1.5 | — | — |
| | BPO/% | — | — | — | — | — | — | — | — | — | 1.5 | 1.5 |
| 促进剂 | 钒促进剂(0.2%溶液)/% | 0.25 | 0.5 | 0.7 | 0.5 | 0.25 | 0.5 | 0.75 | 1.0 | 0.5 | — | — |
| | 环烷酸钴含(6%Co)/% | — | — | — | — | — | — | — | — | — | — | — |
| | 二甲基苯胺(5%溶液) | — | — | — | — | — | — | — | — | — | 2.0 | 3.0 |
| | 固化时间/min | >270 | 153 | 77 | 20 | 36 | 21 | 19 | 17 | 20 | 51 | 27 |

注:表中所列数据是在 25℃条件下试验所得,基料为甲基丙烯酸甲酯 60 份,甲基丙烯酸 10 份,ABS 树脂 30 份。

（2）一个决定固化产物基本性能的单体组合　一般选用甲基丙烯酸甲酯、甲基丙烯酸、甲基丙烯酸羟乙酯或甲基丙烯酸羟丙酯中的一种或多种混合,添加 5%～20%的甲基丙烯酸可改善胶的固化速度;添加甲基丙烯酸双酯如三缩四乙二醇二甲基丙烯酸酯等可提高胶层的交联程度;用（甲基）丙烯酸异辛醇酯、（甲基）丙烯酸十八烷基酯等代替甲基丙烯酸甲酯,可得到基本无味的产品,但胶的固化速度和强度下降许多。

（3）嵌段、接枝共聚物或高分子弹性体的制备与选用　胶黏剂中添加弹性体如氯磺化聚乙烯、氯丁橡胶和丁腈橡胶、热塑性聚氨酯和聚合物如 ABS、SBS 等,可显著改善胶液的脆性,并且可增加胶液黏度。这样一方面可使氧气在胶液中的扩散,不断在长链自由基上进行链增长反应,结果链增长速率相对较大,自加速作用提前出现,引起聚合速率和相对分子质量迅速上升。但胶液黏度也不易过高,黏度过高不利于单体和引发剂的扩散,固化速度反而会减小。

胶液中引入弹性体的目的还在于,当分子链中存在可能参与反应的官能团或某些分子链的叔碳原子上的氢原子在活性自由基的作用下发生歧化反应时,将引起接枝反应和交联反应。

（4）胶液的快速固化与贮存稳定性矛盾的解决　在主剂中加入过氧化物引发剂,虽说在室温下活性较低,但由于其中含有易聚合的丙烯酸酯单体,一般难于达到 20℃下保存半年,这其中根本的问题在于体系中的过氧化物能否在贮存条件下不分解而稳定下来,为此用 2,6-二叔丁基-4-甲基苯酚作为高效稳定剂,既能保证贮存稳定性,又不影响固化速度。其使用量为总量的 0.01%～10%,聚合引发剂:该稳定剂＝2:1（质量比）是可取的。也有加入锌、镍、钴的乙酸盐、丙烯酸盐或加入甲酸、乙酸、甲基丙烯酸的铵盐等,可在一定程度上提高贮存稳定性。

## 2.2.3 生产工艺

### 2.2.3.1 配方组成及原材料消耗定额

第二代丙烯酸酯结构胶的配方组成及原材料消耗定额见表2-14。

表2-14 配方组成及原材料消耗定额

| 原料 | 规格 | 消耗定额/kg | 原料 | 规格 | 消耗定额/kg |
|------|------|------------|------|------|------------|
| A组分 | | | B组分 | | |
| 甲基丙烯酸甲酯 | 工业 | 180～220 | 甲基丙烯酸甲酯 | 工业 | 120～180 |
| 甲基丙烯酸羟乙酯 | 工业 | 30 | 甲基丙烯酸羟乙酯 | 工业 | 35～95 |
| ABS(固体) | 工业 | 35～50 | 丁腈橡胶(固体) | 工业 | 30～40 |
| 异丙苯过氧化氢 | 工业 | 15 | 还原剂胺 | 工业 | 15 |
| 甲基丙烯酸酯增强剂 | 自制 | 15 | 甲基丙烯酸 | 工业 | 15 |

### 2.2.3.2 工艺流程

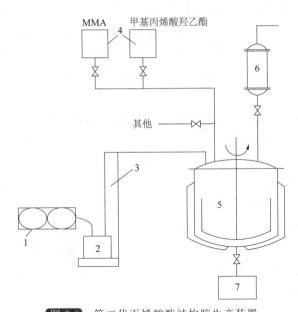

图2-4 第二代丙烯酸酯结构胶生产装置

1—混炼机；2—贮槽；3—提升机；4—高位槽；5—反应釜；6—冷凝器；7—成品槽

第二代丙烯酸酯结构胶的生产装置如图2-4所示。在配胶釜中投入甲基丙烯酸甲酯、稳定剂和颜料（红色），搅拌溶解后，依次投入甲基丙烯酸羟乙酯、增强单体、ABS，室温放置使橡胶溶胀。夹套热水加热，搅拌，保持釜内温度55～70℃，时间3～6h。待丁腈橡胶完全溶解后停止加热。冷却，加入过氧化物搅至均匀分散，出料得A组分。在配胶釜中投入甲基丙烯酸甲酯和颜料（蓝色）搅拌溶解后，依次投入甲基丙烯酸羟乙酯、增强单体、塑炼过的丁腈橡胶，室温放置使橡胶溶胀，热水夹套加热，搅拌，50～60℃投入甲基丙烯酸和还原剂，并保温搅拌6h，停止加热，冷却，加入促进剂搅匀，出料得B组分。

### 2.2.3.3 产品性能指标及用途

A和B组分1:1混合成胶，黏度3Pa·s，定位时间4～6min，固化速度（25℃）1h达70%，3h80%，24h达90%。粘接剪切强度（25℃）：45号钢20.6MPa，铝17.5MPa。粘接180°剥离强度（25℃）：铁-帆布52N/2.5cm。耐介质性能（87℃浸7d后的剪切强度保持率%）：3%NaCl溶液103.8，10#机油104.6，0#柴油95.2，蒸馏水98.1。

油面粘接性：铝片上涂一层10#机油，含0.253mg/cm²油量，粘接剪切强度与无油的试片比较仅下降5.9%。两组分贮存期都为1年。

## 2.3 厌氧胶黏剂

厌氧胶黏剂（厌氧胶）是一种单组分液体或膏状胶黏剂，它能够在氧气存在时以液体状态长期贮存，隔绝空气后可在室温固化成为不熔不溶的固体。厌氧胶用于机械制造业的装配、维修，用途是相当广泛的。它可以简化装配工艺，加速装配速度，减轻机械重量，提高产品质量，提高机械的可靠性和密封性。主要用途有螺纹锁固、平面与管路密封、圆柱零件固持、结构粘接、浸渗铸件微孔等。

### 2.3.1 配方组成及固化机理

#### 2.3.1.1 厌氧胶黏剂配方组成

厌氧胶黏剂是一种引发和阻聚共存的平衡体系。当涂于金属上后，在隔绝空气的情况下就失去了氧的阻聚作用，金属则起促进聚合作用而使之粘接牢固。厌氧胶以甲基丙烯酸双酯为主体配以改性树脂、引发剂、促进剂、阻聚剂、增稠剂、染料等组成。

（1）单体　常用的单体有各种相对分子质量的多缩乙二醇二甲基丙烯酸酯、甲基丙烯酸乙酯或羟丙酯、环氧树脂甲基丙烯酸酯、多元醇甲基丙烯酸酯及聚氨酯丙烯酸酯。由于这些单体中含有两个以上的双键能参与聚合反应，因此，可作为厌氧胶主体成分。为了改进厌氧胶的性能，还可加入一些增加粘接强度的预聚物和改变黏度的增稠剂。

（2）引发剂与促进剂　厌氧胶黏剂固化反应是自由基聚合反应，大多数使用过氧化羟基异丙苯作为引发剂，另外配以适量的糖精、叔胺等作为还原剂以促进过氧化物的分解。引发剂用量约2%～5%，促进剂为0.5%～3%。

（3）阻聚剂　为了改善胶液的贮存稳定性，常加入少量的阻聚剂如醌、酚、草酸等，用量在 0.01% 左右。

为了易于区分不同型号的胶液，常加入染料配成各种色泽，以避免用错。

以上各组分按规定的比例配合成一个单组分胶液，它既能在室温下厌氧固化，又有一定贮存期。

### 2.3.1.2 厌氧胶的固化反应

厌氧胶技术的关键是引发和阻聚的平衡，即要有一个较好的氧化还原体系，达到既能快速固化又能长期贮存的目的。

厌氧胶的固化过程通过引发、链增长、链终止阶段，通过自由基聚合，固化成不溶不熔的固体。

（1）引发与链增长

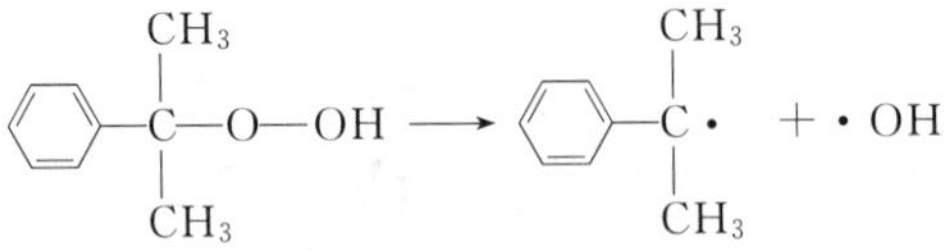

（过氧化羟基异丙苯）

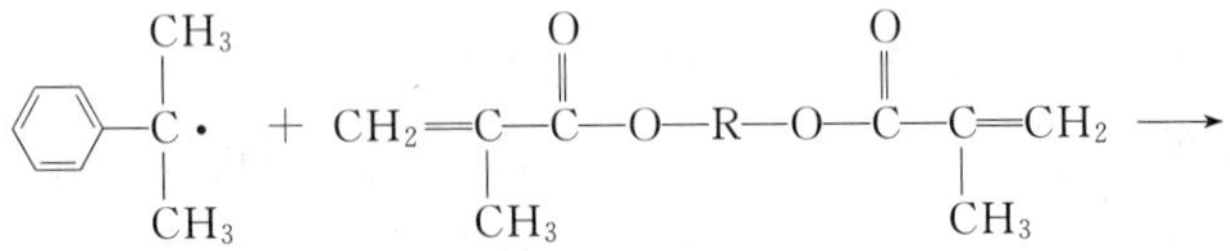

（用 M 表示）

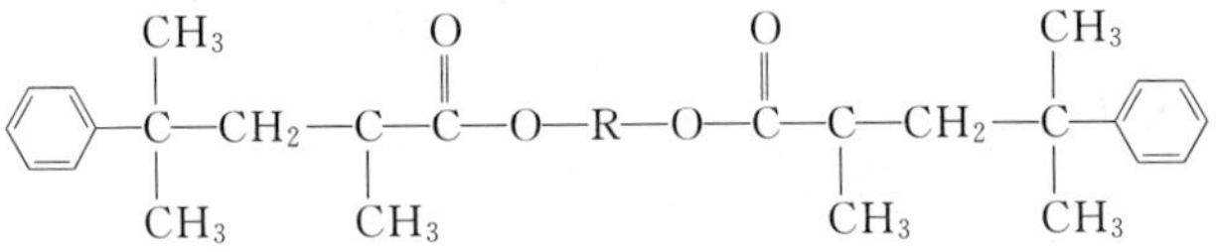

（用 $M' \cdot$ 表示）

$$M + M \cdot ' \longrightarrow M'M \cdot$$

$$\cdots\cdots$$

$$n M + M' \cdot \longrightarrow M'(M)_n M \cdot （用 M_n \cdot 表示）$$

（2）链终止

$$M'_n + \cdot M_n \longrightarrow M_n M_n$$

厌氧胶在氧气存在时可以长期贮存，主要是氧的阻聚作用，其原理如下。

$$O_2 \longrightarrow \cdot O-O \cdot$$

$$M' + \cdot O-O \cdot \longrightarrow M'-O-O \cdot$$

$$M'-O-O \cdot + M' \cdot \longrightarrow M'-O-O \cdot M'$$

氧气可以消灭已经产生的自由基，从而阻止聚合。

阻聚剂（如对苯醌）的阻聚机理与氧的阻聚机理类似，这里不再详细介绍。

另外金属对厌氧胶的聚合起促进作用，主要原因是金属能促使引发剂分解成带有活性的自由基，从而加速厌氧胶聚合。

$$Fe + 2 \ C_6H_5-\overset{\overset{\displaystyle CH_3}{|}}{\underset{\underset{\displaystyle CH_3}{|}}{C}}-O-OH \longrightarrow Fe^{2+} + 2 \ C_6H_5-\overset{\overset{\displaystyle CH_3}{|}}{\underset{\underset{\displaystyle CH_3}{|}}{C}}\cdot + 2OH^-$$

$$Fe^{2+} + C_6H_5-\overset{\overset{\displaystyle CH_3}{|}}{\underset{\underset{\displaystyle CH_3}{|}}{C}}-O-OH \longrightarrow Fe^{3+} + C_6H_5-\overset{\overset{\displaystyle CH_3}{|}}{\underset{\underset{\displaystyle CH_3}{|}}{C}}\cdot + OH^-$$

## 2.3.2 典型配方分析及技术关键

### 2.3.2.1 典型配方分析

(1) 螺纹锁固型厌氧胶典型配方分析　见表 2-15。

表 2-15　螺纹锁固型厌氧胶典型配方分析

| 配方组成 | 质量份 | 各组分作用分析 | 固化性能 |
|---|---|---|---|
| 三缩四乙二醇二甲基丙烯酸酯 | 62 | 单体,双酯 | M10 螺栓,定位时间 10～20min,破坏扭矩 25～30N·m |
| 富马酸聚酯 | 30 | 改性树脂,齐聚体 | |
| 过氧化羟基异丙苯 | 3 | 引发剂 | |
| 苯胺类促进剂 | 1 | 促进剂,加速固化反应 | |
| 糖精 | 2 | 促进剂,加速固化反应 | |
| 气相白炭黑 | 2 | 触变剂,改善胶液流淌性 | |
| 苯醌 | 0.01 | 稳定剂,提高胶液的贮存稳定性 | |
| 染料 | 0.1 | 染料,染色 | |

(2) 圆柱件固持型厌氧胶典型配方分析　见表 2-16。

表 2-16　圆柱件固持型厌氧胶典型配方分析

| 配方组成 | 质量份 | 各组分作用分析 | 固化性能 |
|---|---|---|---|
| 乙氧化双酚 A 二甲基丙烯酸酯 | 40 | 单体,双酯 | 定位时间 10～20min,压剪强度 20～25MPa |
| 甲基丙烯酸羟丙酯 | 32 | 单体,提高结合强度 | |
| 富马酸聚酯 | 20 | 改性树脂,齐聚体 | |
| 过氧化羟基异丙苯 | 3 | 引发剂 | |
| 马来酸 | 1 | 增强剂,提高结合强度 | |
| 乙酰苯肼 | 0.5 | 促进剂,加速固化反应 | |
| 糖精 | 0.5 | 促进剂,提高固化速度 | |
| 苯胺类促进剂 | 1 | 促进剂,加速固化反应 | |
| 气相白炭黑 | 2 | 触变剂,改善胶液流淌性 | |
| 苯醌 | 0.01 | 稳定剂,提高胶液的贮存稳定性 | |
| 染料 | 0.1 | 染料,染色 | |

(3) 管路密封型厌氧胶典型配方分析　见表 2-17。

表 2-17 管路密封型厌氧胶典型配方分析

| 配方组成 | 质量份 | 各组分作用分析 | 固化性能 |
|---|---|---|---|
| 聚乙二醇二甲基丙烯酸酯 | 20 | 单体,双酯 | |
| 聚乙二醇月桂酸酯 | 22 | 树脂,降低粘接强度 | |
| 富马酸聚酯 | 32 | 改性树脂,齐聚体,增加胶液黏度 | |
| 过氧化羟基异丙苯 | 2 | 引发剂 | |
| 钛白粉 | 3 | 颜料,染色 | M10 螺栓,25℃定位时间 10～20min,破坏扭矩 1～5N·m |
| 聚四氟乙烯粉 | 15 | 填料,提高密封和耐介质性 | |
| 糖精 | 2 | 促进剂,提高固化速度 | |
| 苯胺类促进剂 | 1 | 促进剂,加速固化反应 | |
| 气相白炭黑 | 3 | 触变剂,改善胶液流淌性 | |
| 苯醌 | 0.01 | 稳定剂,提高胶液的贮存稳定性 | |

（4）平面密封型厌氧胶典型配方分析　见表 2-18。

表 2-18 平面密封型厌氧胶典型配方分析

| 配方组成 | 质量份 | 各组分作用分析 | 固化性能 |
|---|---|---|---|
| 聚乙二醇二甲基丙烯酸酯 | 15 | 单体,双酯 | |
| 氨基甲酸基二甲基丙烯酸酯 | 75 | 聚氨酯甲基丙烯酸双酯,提供韧性和密封性 | |
| 过氧化羟基异丙苯 | 3.4 | 引发剂 | |
| 乙酰苯肼 | 0.5 | 促进剂,加速固化反应 | 25℃定位时间 10～20min,M10 螺栓破坏扭矩 5～10N·m |
| 糖精 | 1 | 促进剂,提高固化速度 | |
| 气相白炭黑 | 5 | 触变剂,改善胶液流淌性 | |
| 苯醌 | 0.01 | 稳定剂,提高胶液的贮存稳定性 | |
| 染料 | 0.1 | 染料,染色 | |

（5）浸渗型厌氧胶典型配方分析　见表 2-19。

表 2-19 浸渗型厌氧胶典型配方分析

| 配方组成 | 质量份 | 各组分作用分析 | 固化性能 |
|---|---|---|---|
| 二缩三乙二醇二甲基丙烯酸酯 | 75 | 单体,双酯 | |
| 甲基丙烯酸月桂酸酯 | 15 | 单体 | |
| 甲基丙烯酸羟丙酯 | 5 | 单体 | |
| 表面活性剂 | 5 | 表面活性剂,提高胶液的渗透性 | 工件在浸渗设备中加压浸渗后,放入 90℃水中固化。一般能密封的最大微气孔直径为 0.1～0.3mm,耐压最高可以达到 20MPa 以上 |
| 对苯二酚 | 0.05 | 稳定剂,提高胶液的贮存稳定性 | |
| 偶氮二异丁腈 | 0.5 | 引发剂 | |
| 双磷酸类促进剂 | 0.1 | 促进剂,加速固化反应 | |
| 染料 | 0.01 | 染料,染色 | |

## 2.3.2.2 技术关键

厌氧胶的技术关键与第二代丙烯酸酯结构胶有点类似，但由于厌氧胶为单组分，胶液中既有氧化剂，又有还原剂，稳定性更难处理，氧化还原体系必须更加精密。厌氧胶的技术难点和关键如下。

（1）一个强有力的氧化-还原引发体系　目前，市售厌氧胶大部分采用如下两种氧化还原体系。

① 异丙苯过氧化氢（或叔丁基过氧化氢）-取代肼-糖精体系；

② 异丙苯过氧化氢（或叔丁基过氧化氢）-取代胺（叔胺）-糖精体系。

这两种体系均是有效可行的体系。过氧化物引发剂与促进剂的配合是厌氧胶技术的关键。常用引发剂和促进剂的性能见表 2-20～表 2-22，供参考。

除胺类以外，酰胺、肼、腙、叠氮化合物及重氮盐也可作为促进剂使用。而且，这些化合物中有的比常用胺促进效果好，可用作单组分的快速固化厌氧胶的促进剂，其稳定性也不低于普通常用胺所配厌氧胶。

**表 2-20**　常用来配制厌氧胶的过氧化物引发剂

| 过氧化物名称 | 结构式 | 半衰期 10h 的温度/℃ | 半衰期 1min 的温度/℃ |
|---|---|---|---|
| 异丙苯过氧化氢 | 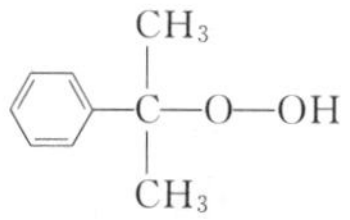 | 158 | |
| 叔丁基过氧化氢 | 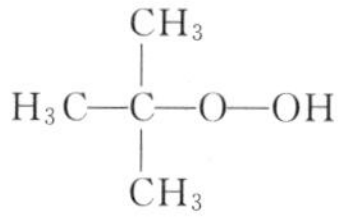 | 167 | 179 |
| 叔丁基过氧化物 | 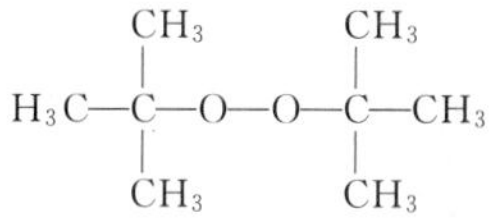 | 124 | 193 |
| 过氧化异丙苯 | 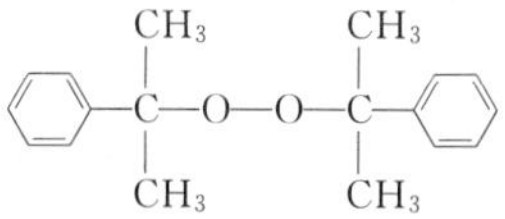 | 115 | |
| 苯甲酸过氧化叔丁酯 | 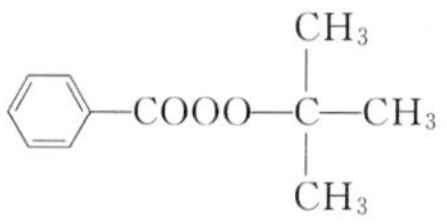 | 104 | 166 |
| 乙酸过氧化叔丁酯 | 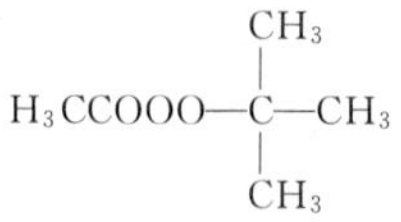 | | 160 |
| 2,5-二甲基-2,5-二过氧化氢己烷 | 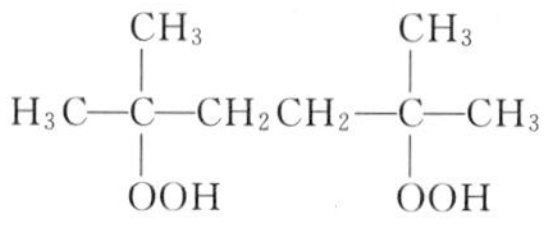 | 154 | |
| 过氧化甲乙酮 | 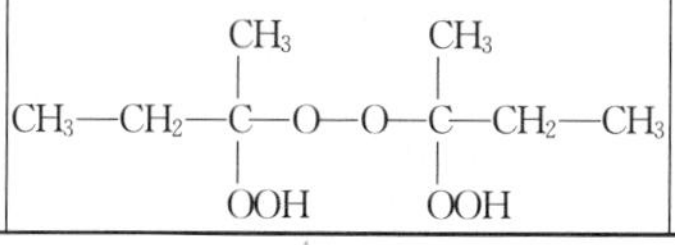 | | 171 |

表 2-21 引发剂与厌氧胶性能的关系

| 引发剂名称 | 加入量/cm³ | 贮存稳定性（82℃下的凝胶时间/min） | 牵出扭矩/N·cm | | |
| --- | --- | --- | --- | --- | --- |
| | | | 固化 10min 后 | 固化 20min 后 | 固化 30min 后 |
| 无 | — | >30 | 0 | 0 | 0 |
| 异丙苯过氧化氢 | 1 | >30 | 949.2 | 1491.6 | 2034.0 |
| 丁酮过氧化氢 | 1 | >30 | 271.2 | 1627.0 | 2034.0 |
| 二异丙苯过氧化氢 | 1 | >30 | 271.2 | 678.0 | 1356.0 |
| 叔丁基过氧化氢 | 1 | >30 | 0 | 542.4 | 813.6 |
| 2,5-二甲基己-2,5 二过氧化氢 | 1g | >30 | 0 | 0 | 678.0 |
| 苯甲酸过氧化叔丁酯 | 1 | 12 | 271.2 | 1762.8 | 2354.4 |
| 二叔丁基过氧化物 | 1 | >30 | 0 | 0 | 0 |
| 过氧化二异丙苯 | 1g | >30 | 0 | 0 | 0 |

表 2-22 常用来配制厌氧胶的促进剂

| 促进剂名称 | 结构式 | 参考用量/% | 促进剂名称 | 结构式 | 参考用量/% |
| --- | --- | --- | --- | --- | --- |
| N,N-二甲基苯胺 | | 0.5~1.0 | 三乙醇胺 | N(CH₂CH₂OH)₃ | 0.5~3.0 |
| | | | 苯肼 | | 约 1 |
| 二甲基对甲苯胺 | | 0.1~1.0 | 对甲苯腙 | | 约 1 |
| 三乙胺 | N(CH₃CH₃)₃ | 0.5~3.0 | 四甲基硫脲 | | 0.5~1.5 |
| a-氨基吡啶 | | 0.5~2.0 | 十二烷基硫醇 | H₃C(CH₂)₁₁SH | 约 0.5 |

　　助促进剂一般是亚胺和羧酸类，如邻苯磺酰亚胺（俗称糖精）、邻苯二酰亚胺；三苯基膦；抗坏血酸、甲基丙烯酸等。应用最多，效果最好的是邻苯磺酰亚胺，其次是抗坏血酸。助促进剂用量一般为0.01%～5%，助促进效果随品种而变化。特别要说明的是同一促进剂与助进剂在对不同的单体、引发剂时，促进效果是不一样的。表 2-23 列出了一些助促进剂的促进效果。

表 2-23　一些助促进剂的促进效果

| 助促进剂名称 | 使用量 | 贮存稳定性 (82℃,min) | 牵出扭矩/N·cm | | |
| --- | --- | --- | --- | --- | --- |
| | | | 固化 10min 后 | 固化 15min 后 | 固化 30min 后 |
| 无 | — | >30 | 0 | 0 | 0 |
| 邻苯磺酰亚胺 | 0.1g | >30 | 949.2 | 1491.6 | 2034.0 |
| 丁二酰亚胺 | 0.1g | >30 | 0 | 0 | 0 |
| N-乙基乙酰亚胺 | 0.1/cm³ | >30 | 0 | 0 | 0 |
| 抗坏血酸 | 0.1g | 3 | 339.0 | 542.4 | 1084.8 |

（2）一个决定固化产物基本性能的单体与齐聚体组合　要获得不同强度和不同黏度的厌氧胶，单体与齐聚体的配合是关键。单体的黏度一般较低，而齐聚体的黏度较高，调整二者的比例可获得不同性能要求的厌氧胶。

表 2-24，表 2-25 分别列出了不同单体及单体与齐聚体不同配比对厌氧粘接强度的影响供参考。

表 2-24　甲基丙烯酸羟丙酯与环氧丙烯酸酯用量对粘接强度的影响

| 环氧丙烯酸酯/甲基丙烯酸羟丙酯（质量比） | 9:1 | 8:2 | 7:3 | 6:4 | 5:5 | 4:6 | 3:7 | 2:8 | 1:9 | 0:10 |
| --- | --- | --- | --- | --- | --- | --- | --- | --- | --- | --- |
| 剪切强度/MPa | 8.3 | 10.2 | 8.9 | 9.1 | 9.2 | 9.3 | 10.8 | 11.8 | 12.2 | 14.7 |

表 2-25　单体结构对厌氧粘接接强度的影响

| 单体 | 破坏扭矩/(N·cm) | | |
| --- | --- | --- | --- |
| | 固化 10min 后 | 固化 15min 后 | 固化 20min 后 |
| 甲基丙烯酸羟丙酯 | 0 | 0 | 9.61 |
| 甲基丙烯酸乙二醇双酯 | 1.37 | 8.24 | 15.10 |
| 甲基丙烯酸二缩三乙二醇双酯 | 4.12 | 19.22 | 28.83 |
| 甲基丙烯酸三缩四乙二醇双酯 | 8.24 | 20.59 | 30.40 |
| 丙烯酸二缩三乙二醇双酯 | 20.59 | 26.09 | 27.46 |
| 1,3-丙烯酸丙二醇双酯 | 6.86 | 15.10 | 16.48 |
| 三羟甲基丙烷三甲基丙烯酯 | 11.77 | 17.85 | 38.44 |

（3）快速固化与贮存稳定性矛盾的解决　为了提高厌氧胶的贮存稳定性，加入一定的阻聚剂如对苯二酚、对苯醌等是必要的，表 2-26 列出了部分稳定剂对厌氧胶固化时间与稳定性的影响。

表 2-26 硝基化合物、金属螯合物的稳定效果

| 稳定剂 | 用量 /% | 60℃凝胶时间 | 固化时间 /min | 松动扭矩 /(N·cm) | 牵出扭矩 /(N·cm) |
|---|---|---|---|---|---|
| 无 | 无 | 0～1h | 10 | 3138.1 | 4314.9 |
| EDTA-2Na | 0.05 | 2～3d | 10 | 2991.0 | 4462.3 |
| 氢醌/EDTA-2Na | 0.01/0.05 | 7～10d | 20 | 3334.3 | 4118.8 |
| 草酸 | 0.005 | 1～2d | 15 | 2745.9 | 4020.7 |
| 氢醌/草酸 | 0.01/0.005 | 7～9d | 20 | 2942.0 | 4167.8 |
| 氢醌 | 0.01 | 0～1h | 10 | 3138.1 | 4413.0 |
| 2,4,6-三硝基苯甲酸 | 0.1 | 5～7d | 15 | 2991.0 | 4314.0 |
| 2,4,6-三硝基甲苯 | 0.1 | 6～7d | 25 | 2745.0 | 3922.7 |
| 邻二硝基苯 | 0.1 | 4～5d | 10 | 3236.2 | 4265.7 |
| 对硝基苯甲醛 | 0.1 | 5～6d | 10 | 3334.2 | 4413.0 |
| 硝基苯 | 0.1 | 5～6d | 15 | 3236.2 | 3922.7 |
| 邻硝基苯甲醚 | 0.1 | 4～5d | 20 | 3334.3 | 4265.9 |
| 苦味酸 | 0.1 | 5～6d | 10 | 3236.2 | 3383.3 |
| 氢醌/2,4,6-三硝基苯甲酸 | 0.01/0.1 | 5～7d | 20 | 3187.2 | 4314.9 |
| EDTA-2Na/2,4,6-三硝基苯甲酸 | 0.005/0.1 | >10d | 15 | 3285.2 | 4511.1 |
| 草酸/2,4,6-三硝基苯甲酸 | 0.005/0.1 | >10d | 20 | 2942.0 | 4413.0 |
| 草酸/对硝基苯甲醛 | 0.005/0.1 | >10d | 20 | 3138.1 | 4265.9 |

对于厌氧胶的配方组成来说，要获得既快速固化，又高度稳定的体系，除精选单体和齐聚体外，引发和阻聚平衡更为重要。

胶液的组成越复杂，对贮存稳定性的研究越复杂。尤其加入过氧化物后，贮存稳定性更差，由于原材料中不可避免地含有杂质，特别是过渡金属离子，它们将促进过氧化物分解。引起自由基聚合反应，促使过早凝胶。因此，对于胶液来说，为提高其贮存稳定性，仅仅加入阻聚剂是很不够的，阻聚剂只能消灭已经产生的自由基，是治标的办法。治本的办法是使胶液中的过氧化物稳定下来，即在贮存过程中不发生自由基的分解反应。

目前，厌氧胶工业生产中一般采用乙二胺四乙酸二钠盐处理丙烯酸单体和齐聚体，静置后倾出单体和齐聚体，用这样处理过的单体金属离子含量大大降低，这样就可以减少阻聚剂的添加量，可获得既快固又高度稳定的厌氧胶，取得了令人满意的效果。

### 2.3.3 生产工艺

#### 2.3.3.1 （甲基）丙烯酸双酯的合成

20世纪90年代以前，国内生产厌氧胶所用的（甲基）丙烯酸双酯的主要原材料，包括单体和齐聚体等，原来基本靠自己合成，目前这些原材料都可以在市场上买到。下面介绍几种（甲基）丙烯酸双酯的合成方法。

（1）二缩三乙二醇二甲基丙烯酸酯合成　在装有搅拌器、温度计和分水器的三颈烧瓶（2000mL）中加入二缩三乙二醇300g（2mol），甲基丙烯酸362g（2×2.2mol），浓硫酸14g，对苯二酚1.8g，甲苯约700g，加热回流，酯化脱水，至脱水基本完全（出水36mL），用10%碳酸钠溶液洗涤（约2~3次）至pH10，用10%NaCL溶液洗涤3~4次，用无水硫酸镁干燥过夜，称量并加入对苯二酚（约50mg），减压（2.67~5.33kPa，内温130℃），蒸出全部甲苯，补加对苯二酚至200mg/L，待用。

工业化生产使用相应酯化、洗涤及蒸馏装置。

（2）双酚A环氧二甲基丙烯酸酯的合成　E-44环氧465.9g（1.25mol）（如环氧值为0.45，用455.5g），甲基丙烯酸172g（2.0mol），对苯二酚127.6mg（200mg/L），三正丁胺1.92g（0.3%）。在反应开始升温时才加入三丁胺。反应在110~115℃进行，待发热不厉害时升至118~120℃进行，至酸价（以KOH计）≤10mg/g样品为完成（一般3~3.5h，时间不要过长），稍冷出料。注意环氧树脂的环氧值不能低于0.42。

（3）聚氨酯二甲基丙烯酸酯的合成

① 甲基丙烯酸271（3.15mol），二缩三乙二醇450（3.0mol），对苯二酚2.7g，浓硫酸15g，甲苯~720g。合成方法同1，但$Na_2CO_3$溶液要10%~15%，NaCl溶液要≥25%，合成后要注意无水和不吸水，得到二缩三乙二醇甲基丙烯酸酯。

② 原料组成：N220聚醚2000g（1mol），TDI 365.4g（2.1mol），浓硫酸0.6g，丙烯酸33.2g，马来酸33.2g，对苯二酚1.33g（400mg/L），二缩三乙二醇甲基丙烯酸酯959.2g（4.4mol），EDTA二钠盐0.2%。在搅拌下滴加浓硫酸于N220中（如N220质量好可不加硫酸）再加TDI，90~95℃下反应2.5h，加入二缩三乙二醇甲基丙烯酸酯及丙烯酸，110~115℃反应2.5h，加入对苯二酚及马来酸，再反应0.5h，此时马来酸全部溶解，加入EDTA，10min后停止反应，搅拌冷却至70℃放料，沉降1d后可使用。

以上介绍了甲基丙烯酸双酯单体和齐聚体的实验室制备过程，工业生产采用相应的反应釜进行，生产装置见图2-5。

### 2.3.3.2 叔丁基过氧化氢-取代肼-糖精体系厌氧胶生产工艺

（1）配方组成及原材料消耗定额　见表2-27。

表2-27　配方组成及原材料消耗定额

| 原　料 | 规　格 | 消耗定额/kg |
| --- | --- | --- |
| 二缩三乙二醇双甲基丙烯酸酯 | 工业 | 93.00 |
| 对苯二酚 | 工业 | 0.01 |

| 原　料 | 规　格 | 消耗定额/kg |
|---|---|---|
| EDTA | 工业 | 0.40 |
| 糖精 | 工业 | 1.50 |
| 乙酰苯肼 | 工业 | 1.50 |
| 亚甲蓝 | 工业 | 0.05 |
| 香草醇 | 工业 | 1.00 |
| 三正丁胺 | 工业 | 5.00 |
| 叔丁基过氧化氢 | 工业 | 2.50 |

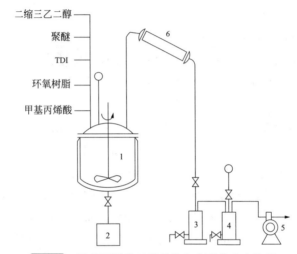

**图 2-5**　甲基丙烯酸双酯单体和齐聚体生产装置
1—反应釜；2—成品贮槽；3—水贮槽；4—缓冲罐；5—真空泵；6—冷凝器

（2）工艺流程　叔丁基过氧化氢-取代肼-糖精体系厌氧胶的生产装置如图 2-6 所示。

先将二缩三乙二醇双甲基丙烯酸酯加入反应釜加温至 $60 \sim 90\,℃$，逐步加入 EDTA，高速搅拌处理 2h 使树脂中的金属离子络合，放入贮槽静置 15h 后再吸入反应釜以去掉树脂中的 EDTA 和金属离子，再升温至 $40 \sim 50\,℃$，加入除叔丁基过氧化氢外的其余材料，混合搅拌 2h 以上至全部溶解，冷却至常温，最后加入叔丁基过氧化氢，搅拌 1h 以上至均匀即可灌装。

（3）产品性能指标及用途　该产品黏度低，约 $15 \sim 20\,mPa\cdot s$，M10 螺栓定位时间 $5 \sim 10min$，破坏扭矩 $20N\cdot m$，广泛用于螺纹锁固密封，也可渗透剂用。

### 2.3.3.3　异丙苯过氧化氢-取代胺-糖精体系厌氧胶的制备

（1）配方组成及原材料消耗定额　见表 2-28。

表 2-28　配方组成及原材料消耗定额

| 编号 | 原　　料 | 规　格 | 消耗定额/kg |
|------|---------|--------|------------|
| 1 | 三缩四乙二醇二甲基丙烯酸酯 | 工业 | 63.80 |
| 2 | 聚乙二醇-200 油酸盐 | 工业 | 25.30 |
| 3 | 萘醌 | 工业 | 0.05 |
| 4 | 3%的 EDTA-4Na 甲醇溶解 | 自制 | 1.50 |
| 5 | 邻苯磺酰亚胺(不溶糖精) | 工业 | 3.80 |
| 6 | 钛白粉 | 工业 | 0.20 |
| 7 | 透明蓝(染料) | 工业 | 0.01 |
| 8 | 荧光剂 | 工业 | 0.01 |
| 9 | N,N-二乙基对甲苯胺 | 工业 | 1.03 |
| 10 | 过氧化羟基异丙苯 | 工业 | 2.30 |
| 11 | 气相白炭黑 | 工业 | 2.00 |

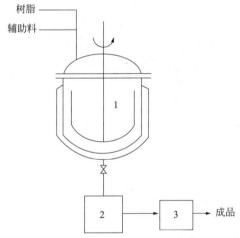

图 2-6　叔丁基过氧化氢-取代肼-糖精体系厌氧胶生产装置
1—搅拌釜；2—成品贮槽；3—包装机

（2）工艺流程　异丙苯过氧化氢-取代胺-糖精体系厌氧胶生产装置如图 2-7 所示。采用带有刮壁和高速分散的双轴搅拌机，搅拌釜采用具有加温和降温功能的加层不锈钢釜，所有与胶液接触的部位采用不锈钢制成。

先将编号为 1～6 的原材料以此加入搅拌釜，开动搅拌，以 40r/min/600r/min 转速启动搅拌，需要时进行加温，使液温保持 25～45℃。边搅拌便加入编号为 7～10 的原材料，调整转速到 50r/min/900r/min，搅 45min，使液温保持 25～45℃。再加入编号为 12 的原材料，分 3～5 次加入，以 50r/min/900r/min 搅拌 45min，使液温保持温度 25～45℃。自检工艺过程中产品的外观和黏度，记录检验结果。通过 60 目过滤网出料，灌装即可。

（3）产品性能指标及用途　　该产品为中强度螺纹锁固胶，M10 螺栓定位时间 10～15min，破坏扭矩 12～15N·m，平均拆卸力矩 4～8N·m，用于 M20 以下螺纹锁固密封。

图 2-7　异丙苯过氧化氢-取代胺-糖精体系厌氧胶生产装置
1—刮壁装置；2—高速分散轴

## 2.4　紫外线固化胶黏剂（UV 胶）

紫外线固化胶黏剂是一种高附加值的精细化学品，广泛应用于玻璃与珠宝业、玻璃家具、医疗、电子、电器、光电子、光学仪器、汽车等领域。

紫外线固化胶黏剂被称为第三代丙烯酸酯胶黏剂（TGA）。与一般胶黏剂相比，尽管 UV 胶黏剂的应用受到一定的限制，如需要 UV 固化设备、被粘物必须有一面透光等，但 UV 胶还是有着十分优越的特点，它完全符合"3E"原则，即 Energy（节能），Ecology（环保）和 Economy（高效、经济），它有着如下不可替代的优势。

① 无须混合的单组分体系；
② 固化快，可控制，以秒记；
③ 无溶剂、环保、无污染；
④ 适合高度自动化加工。

## 2.4.1 配方组成及固化机理

### 2.4.1.1 紫外线固化胶黏剂配方组成

所谓紫外光固化胶黏剂是指在光引发剂的存在下胶液经紫外光（波长 200～450nm）催化聚合固化的一种胶黏剂。紫外光胶黏剂一般由光固化预聚物、稀释单体、光引发剂组成，再根据实际应用情况，添加其它助剂。其中光聚合性预聚物是最重要的组分，最终材料的性能如黏附性、硬度、韧性、耐溶剂性等都主要取决于预聚物的种类和结构。其基本组成如下。

（1）光交联性聚合物　分子量在 1000 以上，一般在 1000～5000 之间，称为基础聚合物。如聚酯-（甲基）丙烯酸酯树脂、环氧-（甲基）丙烯酸酯树脂、氨基甲酸酯-（甲基）丙烯酸酯树脂、螺环-（甲基）丙烯酸酯树脂、聚醚-（甲基）丙烯酸酯树脂等。

（2）光聚合性单体　称为单体或活性稀释剂，指带有可自由基聚合的乙烯基官能团。如甲基丙烯酸羟乙酯、异冰片酯（甲基）丙烯酸酯、（甲基）丙烯酸十六醇酯、乙二醇双（甲基）丙烯酸酯、新戊二醇双（甲基）丙烯酸酯、丙氧基化新戊二醇双（甲基）丙烯酸酯、聚乙二醇双（甲基）丙烯酸酯、三羟甲基丙烷三（甲基）丙烯酸酯、季戊四醇四（甲基）丙烯酸酯等。

（3）助剂　如阻聚剂（或稳定剂）、着色剂、触变剂、增黏剂、填充剂、增塑剂等。

（4）光引发剂　自由基聚合光引发剂有安息香异丙醚、安息香异丁醚、二苯甲酮、联苯甲酰二甲基缩酮、苯甲酰二乙基缩醛、α-羟基-环己基苯基酮等。

正离子光引发剂有二芳基碘鎓盐（DPI）、三芳基硫鎓盐（TPS）、三芳基硒鎓盐、二烷基苯酰甲基硫鎓盐和二烷基羟苯基硫鎓盐，其中最实用的是二芳基碘鎓盐和三芳基硫鎓盐等。

### 2.4.1.2 固化机理

目前紫外线固化胶黏剂分自由基聚合光紫外线固化胶黏剂和正离子聚合光紫外线固化胶黏剂两类。

（1）自由基聚合光紫外线固化胶黏剂的固化反应　目前，大多数有工业价值的紫外固化体系均利用光引发剂的自由基聚合反应。其基本反应是：光引发剂 PI 先吸收 250～450nm 范围内的辐射而处于电子激发状态 PI＊，一般来说，激发态的光引发剂以两种方式生成引发聚合的自由基碎片，按方式①，光引发剂吸收辐射能，均裂成两个自由基单元（P·和 I·），羰基和相邻碳原子之间的均裂反应称为 Norrish 开裂；按方式②，光引发剂从配方中的其它成分（RH）抽取氢，也生成两种不同的自由基（·PIH 和 R·）。它们和不饱和聚酯或丙烯酸酯树脂反应，以不同的效率引发聚合过程，生成聚合物。最后，通过结合反应（增加分子量）、或链转移反应（降低分子量），还因和氧反应，伴生过氧化物或氢过氧化物副产物（降低分子量）而达到终止。

激发阶段

$$PI \xrightarrow{h\nu} PI^*$$

$$PI^* \longrightarrow P\cdot + I\cdot \qquad\qquad 方式①$$

$$PI^* + RH \longrightarrow HIP\cdot + R\cdot \qquad\qquad 方式②$$

引发阶段

$$P\cdot + 单体（M）\longrightarrow PM\cdot$$

$$I\cdot + 单体（M）\longrightarrow IM\cdot$$

$$HIP\cdot + 单体（M）\longrightarrow HIPM\cdot$$

$$R\cdot + 单体（M）\longrightarrow RM\cdot$$

增长阶段

$$PM\cdot + n（M）\longrightarrow 高分子（用 M_n 表示）$$

终止阶段

$$M_n\cdot + M_n\cdot \longrightarrow M_n M_n \qquad\qquad （结合反应）$$

$$M_n\cdot + RH \longrightarrow M_n H + R\cdot \qquad\qquad （链转移反应）$$

$$M_n\cdot + O_2 \longrightarrow M_n OO\cdot \qquad\qquad （和氧反应）$$

$$M_n OO\cdot + RH \longrightarrow M_n OOH + R\cdot \qquad\qquad （链转移反应）$$

（2）正离子聚合光紫外线固化胶黏剂的固化反应　用二芳基碘鎓盐和三芳基硫鎓盐进行光引发的正离子聚合时，质子酸是主要的聚合引发剂。这些盐类引发聚合的一般机理，以三芳基硫鎓盐为例，说明如下：

首先，光引发剂在紫外线作用下产生强酸 HX。

光解

$$Ar_3 S + X \xrightarrow{h\nu} Ar_2 S + Ar\cdot + HX$$

然后，单体直接质子化，生成一个以碳、氧、硫或氮原子为中心的正离子。

引发

$$M（单体）+ HX \longrightarrow HM^+ X^-$$

最后，单体逐步在正离子链末端不断加成，生成高分子。

增长

$$HM^+ X^- + nM \longrightarrow H（M）_n M^+ X^-$$

## 2.4.2　典型配方分析及技术关键

### 2.4.2.1　典型配方分析

（1）自由基聚合型紫外线固化胶黏剂典型配方分析　见表 2-29。

**表 2-29** 自由基聚合型紫外线固化胶黏剂典型配方分析

| 配方组成 | 质量份 | 各组分作用分析 | 固化性能 |
|---|---|---|---|
| 环氧甲基丙烯酸酯 | 70 | 齐聚体,主要黏料 | 用 300W 高压汞灯,照射距离 20cm,照射时间 10min,剪切强度 ≥25MPa |
| 甲基丙烯酸羟乙酯 | 24 | 单体,黏料 | |
| 染料 | 0.1 | 染料,着色 | |
| I-184 | 4 | 光引发剂 | |
| KH-570 | 2 | 偶联剂,提高粘接强度和耐水性 | |

（2）紫外线和厌氧双重固化胶典型配方分析　见表 2-30。

**表 2-30** 紫外线和厌氧双重固化 UV 胶典型配方分析

| 配方组成 | 质量份 | 各组分作用分析 | 固化性能 |
|---|---|---|---|
| 聚氨酯甲基丙烯酸酯 | 33 | 齐聚体,主要黏料 | 用 300W 高压汞灯,照射距离 20cm,照射时间 10min,剪切强度 ≥15MPa |
| 丙烯酸异冰片酯 | 31 | 单体,黏料 | |
| 甲基丙烯酸羟丙酯 | 25 | 单体,黏料 | |
| 丙烯酸 | 5 | 促进剂,加速固化反应 | |
| 蒽醌 | 0.1 | 稳定剂 | |
| 糖精 | 0.5 | 厌氧促进剂 | |
| 乙酰苯肼 | 0.5 | 厌氧促进剂 | |
| 过氧化羟基异丙苯 | 1 | 引发剂(引发厌氧固化) | |
| 联苯甲酰二甲基缩酮 | 2.5 | 光引发剂(引发光固化) | |

（3）紫外线/可见光固化胶典型配方分析　见表 2-31。

**表 2-31** 紫外线/可见光固化胶典型配方分析

| 配方组成 | 质量份 | 各组分作用分析 | 固化性能 |
|---|---|---|---|
| 聚氨酯甲基丙烯酸酯 | 40 | 齐聚体,主要黏料 | 用 300W 高压汞灯,照射距离 20cm,照射时间 10min,剪切强度 ≥15MPa;本配方既可以用紫外线固化,也可见光固化 |
| 丙烯酸异冰片酯 | 20 | 单体,黏料 | |
| 高沸点甲基丙烯酸酯 | 15 | 单体,黏料 | |
| 甲基丙烯酸羟丙酯 | 15 | 单体,黏料 | |
| 丙烯酸 | 4 | 单体,加速固化反应 | |
| 硅烷偶联剂 | 2 | 偶联剂,提高粘接强度 | |
| 2,4,6-三甲基苯甲酰基-二苯基氧化膦 | 2 | 光引发剂 | |
| 1-羟基环己基苯基丙酮 | 2 | 光引发剂 | |

（4）阳离子聚合型紫外线固化胶黏剂典型配方分析　见表 2-32。

表 2-32　阳离子聚合型紫外线固化胶黏剂典型配方分析

| 配方组成 | 质量份 | 各组分作用分析 | 固化性能 |
|---|---|---|---|
| 环氧化 1,2-聚丁二烯 | 70 | 齐聚体,主要黏料 | 紫外线照射时间 30s,固化厚度就可以达到 3mm,不受氧阻聚的影响 |
| 环氧丙烯酸酯 | 28.5 | 齐聚体,黏料 | |
| 二苯基硫鎓六氟磷酸盐 | 1 | 阳离子光引发剂 | |
| 2,2-二甲氧基-2-苯基乙酰苯 | 0.5 | 光敏剂 | |

### 2.4.2.2　技术关键

（1）光交联性聚合物对紫外线固化胶黏剂的性能有着决定性的影响　光交联性聚合物主要有聚酯类（甲基）丙烯酸酯、聚醚类（甲基）丙烯酸酯、环氧类（甲基）丙烯酸酯、氨基甲酸酯类（甲基）丙烯酸酯类等。合理选择光交联性聚合物，可以获得满足不同使用要求和不同性能的结构型紫外线固化胶黏剂。配方设计时，要综合平衡胶液固化前的工艺性、稳定性以及固化物的特性和最终价格。各种低聚物的优缺点见表 2-33。

表 2-33　各种低聚物的优缺点

| 种　类 | 优　点 | 缺　点 |
|---|---|---|
| 不饱和聚酯 | 低黏度,便宜 | 综合性能较差 |
| 聚酯(甲基)丙烯酸酯 | 低黏度,便宜,综合性较好 | 耐药品性好 |
| 聚氨酯(甲基)丙烯酸酯 | 综合性较好 | 价格高,黏度高 |
| 环氧(甲基)丙烯酸酯 | 硬化性,耐药品性,黏附性好 | 黏度高,耐候差 |
| 聚醚(甲基)丙烯酸酯 | 低黏度,便宜 | 耐水差 |
| 高分子量(甲基)丙烯酸酯 | 硬度,耐候,耐蚀,黏附性好 | 黏度高 |
| 硫醇混杂型树脂 | 空气不干扰 | 有嗅味 |

对几种紫外固化预聚物（环氧二甲基丙烯酸酯和有机硅二甲基丙烯酸酯）的研究表明，预聚物的种类对胶黏剂的拉伸强度有比较明显的影响。拉伸强度，尤其是在经过水煮以后，按以下顺序递减：环氧二甲基丙烯酸酯，1，2-聚丁二烯二甲基丙烯酸酯，有机硅二甲基丙烯酸酯。这里环氧二甲基丙烯酸酯是柔性预聚物，每一个分子中具有 4 个氧化乙烯单元。

拉伸强度受到树脂内应力的重大影响，在树脂中添加含羟基单体，将有利于得到优异的粘接强度。多官能度单体在吸收了水分以后，由于内应力的增加大幅度地降低粘接强度。以下的材料和组合或许是比较好的配方组合搭配：柔性环氧二甲基丙烯酸甲酯和 1,2-聚丁二烯二甲基丙烯酸酯，含羟基甲基丙烯酸酯单体，2-甲基蒽醌和含氨基的硅烷偶联剂。

（2）光聚合性单体的影响　光固化树脂体系基本上是无溶剂的，所使用的单体也称为反应性稀释剂，即活性稀释剂。它们在固化之前，起溶剂作用，固化时和反应物的低聚物共聚，因而也是胶黏剂中重要的组分之一。单体分单官能和多官能两类，后者也称为交联剂。做稀释剂用时，除了应具有聚合和共聚合的特性之外，对单体的要求是：本身黏度小，稀释能力大，固化能力强，嗅味和对皮肤的刺激性尽可能小。这些要求往往是相互矛盾的，为了平衡性能，需要作必要的选择。由于这些原因，低挥发性的单体（如苯乙烯和丙烯酸低级烷基酯类等）正在逐渐被淘汰。作为交联剂的多官能单体，一般来说，随着官能团数增加，固化能力、耐热性、耐化学药品性、耐溶剂性有所提高。但是，固化物的交联密度过高，就变得硬而脆。据报道，含有氨基、酰胺基的单体，如丙烯酸-$N,N$-二甲（基）胺基乙酯和丙烯酸（2-$N$-甲氨甲酰-）乙酯，有提高黏附能力的作用。

使用了多官能度单体（EGDMA 和 TMPTMA）的树脂对于氧化铝板表现出较差的粘接强度，主要是黏附破坏。如果树脂中具有含羟基的单官能度单体（2-HEMA 的 2-HPMA），其黏附力要比那些含单官能度单体（$n$-HMA，2-EHMA 和 LMA）树脂的黏附力大。主要破坏类型是混合型（内聚破坏和黏附破坏），只有甲基丙烯酸月桂酸酯例外，表现为内聚破坏。这可以由树脂的力学性能得到解释。

几种光聚合性单体的玻璃化转变温度（$T_g$）列于表 2-34。

表 2-34　光聚合性单体的玻璃化温度

| 单体 | LMA | 2-EHMA | $n$-HMA | 2-HEMA | 2-HPMA | EGDMA | TMPTMA |
|---|---|---|---|---|---|---|---|
| $T_g$/℃ | −40 | −40 | 0 | 10 | 10 | 40 | 50 |

注：LMA—月桂甲基丙烯酸酯；2-EHMA—2-乙基己基甲基丙烯酸酯；$n$-HMA—己基甲基丙烯酸酯；
2-HEMA—2-羟乙基甲基丙烯酸酯；2-HPMA—2-羟丙基甲基丙烯酸酯；
EGDMA—乙二醇二甲基丙烯酸酯；TMPTMA—三羟甲基丙烷三甲基丙烯酸酯。

这里，$T_g$ 值是通过测量树脂硬度的变化得到的。光聚合性单体的力学性能列于表 2-35。

表 2-35　光聚合性单体的力学性能

| 单　体 | LMA | 2-EHMA | $n$-HMA | 2-HEMA | 2-HPMA | EGDMA | TMPTMA |
|---|---|---|---|---|---|---|---|
| 拉伸强度/MPa | 1.2 | 2.5 | 5.9 | 14 | 15 | 11 | 10 |
| 伸长率/% | 54 | 85 | 38 | 39 | 18 | 9.5 | 9.0 |
| 杨氏模量/MPa | 1.9 | 2.5 | 18 | 32 | 100 | 94 | 94 |

如果光聚合性单体的 $T_g$ 比测量温度高，拉伸强度就会下降。如果树脂体系中具有含羟基的单体，则粘接强度就好。树脂中含甲基丙烯酸月桂酸酯单体却并不能表现出良好的粘接强度，尽管它的 $T_g$ 最低。在这种情况下，破坏为内聚破坏，主要是树脂强度不够所致。另一方面，含有羟基单体（2-HEMA 及 2-HPMA）的树脂将比那些含有多官能度单体（EGDMA 和 TMPTMA）的树脂表现出较高的强度和断裂伸长率。这可能是前者比后者更容易通过羟基形成较多的

分子间氢键，并且这种氢键参与了黏附作用。

含多官能度单体树脂表现出异乎寻常的低粘接强度。这表明，尽管相比较而言，它有较低的固化温度，但是在这类光聚合性单体中有了比较明显的内应力发展。为此，根据样品比重的变化，测量了光聚合性单体的体积收缩（为产生内应力的一个原因），结果列于表 2-36。从表中可以看出，单官能度单体与多官能度单体之间没有明显的差别。这表明，在这种情况下，由于聚合体积收缩所导致的粘接强度差异不一定具有很重要的影响。

**表 2-36** 光聚合性单体的体积收缩

| 单 体 | 2-EHMA | 2-HPMA | EGDMA | TMPTMA |
|---|---|---|---|---|
| 体积收缩/% | 10.4 | 10.0 | 10.4 | 9.4 |

（3）光引发剂的影响　这里，以 1,2-聚丁二烯二甲基丙烯酸酯和反应性的单体（重量比 7∶3）混合物紫外辐射固化树脂的粘接特性为例，分别就不同的光引发剂和不同含量、外界环境等影响因素，讨论 UV 胶的性能与组成的关系，结果列于表 2-37。

**表 2-37** 光引发剂和固化条件对 UV 胶拉伸强度的影响

| 光引发剂 | 光引发剂量（相对树脂质量）/% | 辐照时间/min | 辐照距离/cm | 拉伸强度/MPa |
|---|---|---|---|---|
| 苯偶姻异丙醚 | 1 | 3 | 15 | 6.4 |
| 2-甲基蒽醌 | 1 | 0.5 | 15 | 7.4 |
|  |  | 1 |  | 7.6 |
|  |  | 3 |  | 7.5 |
|  |  | 5 |  | 7.6 |
|  | 0.5 | 3 |  | 7.0 |
|  | 2 |  |  | 6.8 |
|  | 1 |  | 10 | 6.6 |
|  | 1 |  | 20 | 7.2 |
| 苯偶酰 | 1 | 3 | 15 | 4.6 |
| 二苯甲酮 | 1 | 0.5 | 15 | 3.1 |
|  |  | 1 |  | 6.8 |
|  |  | 3 |  | 7.2 |
|  |  | 5 |  | 7.0 |
| 苯偶姻 | 1 | 3 | 15 | 4.8 |

从表 2-37 可以看出，事实上无论是均裂型（苯偶姻异丙醚和苯偶姻），还是

提氢（2-甲基蒽醌、苯偶酰和二苯甲酮）型，这些光引发剂对于粘接强度的影响是类似的，它们之间没有明显区别。

含有苯偶姻和二苯甲酮的 UV 胶在低引发剂浓度和短大辐射时间时，具有低的粘接强度，其原因可能是 UV 胶反应活性低以及固化不完全，热分析结果也验证了这一点。

在含有 2-甲基蒽醌的体系中，辐照时间在 0.5～5min、辐照距离在 10～20cm时，拉伸强度几乎不变。灯具也使用热辐射，胶液的温度在辐照期间由 50℃升到150℃。因此，可见辐射热并不影响拉伸强度。这样，由于具有很快的固化速度和良好的表面固化质量，加上不易受固化条件的影响，许多配方采用 2-甲基蒽醌作为光引发剂。

常用光引发剂的特点见表 2-38。

表 2-38  光引发剂的种类和性质

| 名称 | 代码 | 状态 | 颜色 | 溶解性 | 在选定波长下的摩尔吸光系数 | | |
| --- | --- | --- | --- | --- | --- | --- | --- |
| | | | | | 260mm | 360mm | 405mm |
| 安息香异丙醚 | IPBE | 固 | 白 | 好 | 11379 | 50 | 0 |
| 安息香异丁醚 | IBBE | 液 | 无色 | 好 | × | × | × |
| 二苯甲酮 | BP | 固 | 琥珀 | 好 | 14922 | 51 | 0 |
| 米蚩酮 | MK | 固 | 黄—蓝 | 较好 | 8040 | 37500 | 1340 |
| 氯代硫杂蒽酮 | CTX | 固 | 黄 | 差 | × | 3944 | 197 |
| 异丙基硫杂蒽酮 | ITX | 固 | 黄 | 较好 | × | 5182 | 102 |
| 十二烷基硫杂蒽酮 | DTX | 液 | 棕 | 好 | × | 3620 | 127 |
| 联苯甲酰二甲基缩酮 | BDMK | 固 | 白 | 好 | 9740 | 97 | 0 |
| 苯甲酰二乙基缩醛 | ADEK | 液 | 无色 | 好 | 5775 | 19 | 0 |
| $\alpha$-羟基-环己基苯基酮 | HCPK | 固 | 白 | 好 | 3170 | 18.3 | 0 |
| $\alpha$-羟基-异丙基苯基酮 | HMPP | 液 | 无色 | 好 | 2710 | 9 | 0 |

注：带×为未测。

选择光引发剂应注意如下几点。

① 吸收辐射的效率。最好的光引发剂，在给定的光源波长条件下，其吸光系数应为最大值。在有颜料的体系中，光引发剂的强吸收波长必须选在颜料的弱吸收波长处。在很多情况下，混合使用两种光引发剂会有更好的效果。

② 辐射能的有效转化。理想的光引发剂，不应有产生不活泼自由基的副反应发生，还应避免可能熄灭（激发态的脱活）光引发剂的组分。

③ 活性自由基的扩散能力。小的自由基具有高的扩散系数，庞大的自由基则扩散困难。

④ 采用对氧不敏感的光引发剂或增效剂。

⑤ 光引发的正离子聚合具有重要的工业应用的优点，它们不被氧气所阻聚，可以在空气中很快地完成聚合。目前，最有工业价值的是光引发的环氧树脂的正离子聚合和共聚合。

(4) 添加剂的影响　对几种应用硅烷偶联剂（如 $\gamma$-氨丙基三乙氧基硅烷）的体系进行了研究结果表明，对于含有 2-HEMA（$T_g$＜室温）的 UV 胶，拉伸强度值可以达到 10MPa 以上，并且受水煮的影响较小。对含有 EGDMA（$T_g$＞室温）的 UV 胶，结果却有很大的不同。使用硅烷偶联剂或类似添加剂后，拉伸强度值会大幅度地增加。然而，一旦 UV 胶在水中煮过以后，拉伸强度在所有有添加剂的情况下都下降。这表明，单体的特性要比添加剂的特性对粘接强度的影响大得多。

(5) 影响胶黏剂固化的其它因素

① 紫外辐照装置。紫外灯的类型、功率、照射时间、照射距离对 UV 胶的固化性能都有一定的影响。

紫外光可以由碳弧光灯、荧光灯、超高压汞灯、金属卤化物灯和氙灯等产生，现在比较实用的是超高压汞灯和金属卤化物灯。超高压汞灯的发光管是由石英玻璃制造，其中封入高纯度的水银和惰性气体。金属卤化物灯是高压汞灯的改良形式，封入发光管的物质，除了水银和惰性气体之外，还有铁和锡的卤化物。金属卤化物灯的优点是光源强度、发光稳定性、分光能量分布均匀性都比较好。照射装置中，为了使发射紫外光的效率稳定，必须对高纯度铝制反射板和灯进行冷却，照射器就由这些冷却机构、反射板和保护挡板所构成。反射板的形状分为集光形、平行光形和散光形三种。

② 氧气的影响。氧对紫外固化过程有重大的阻碍作用，原因如下。

a. 分子氧的猝灭作用：$PI^* + 3O_2 \longrightarrow 3PI + 3O_2^*$

b. 氧和自由基的反应：$M + O_2 \longrightarrow MOO$

$$MOO + M \xrightarrow{\quad\times\quad} MOOM \quad （不能进行）$$

$$MOO\cdot + RH \xrightarrow{（缓慢地）} MOOH + R\cdot$$

氧的阻聚作用的结果是产生诱导期，降低聚合速率，使不饱和官能度不能完全消耗。为了降低氧的阻聚作用，除了用惰性气体或透明薄膜隔绝氧之外，石蜡也可以采用。

## 2.4.3　生产工艺

### 2.4.3.1　配方组成及原材料消耗定额

配方组成及原材料消耗定额见表 2-39。

表 2-39  UV 胶配方组成及原材料消耗定额

| 原 料 | 规 格 | 消耗定额/kg |
|---|---|---|
| 聚氨酯甲基丙烯酸酯 | 工业 | 40 |
| 丙烯酸异冰片酯 | 工业 | 20 |
| 高沸点甲基丙烯酸酯 | 工业 | 15 |
| 甲基丙烯酸羟丙酯 | 工业 | 15 |
| 丙烯酸 | 工业 | 4 |
| 硅烷偶联剂 | 工业 | 2 |
| 2,4,6-三甲基苯甲酰基-二苯基氧化膦 | 工业 | 2 |
| 1-羟基环己基苯基丙酮 | 工业 | 2 |

### 2.3.3.2  工艺流程

紫外线固化胶生产装置与厌氧胶生产装置相同,见厌氧胶一节的图 2-7,UV 胶整个过程必须尽量避光,窗户一定要放窗帘。

先将聚氨酯甲基丙烯酸酯、丙烯酸异冰片酯、高沸点甲基丙烯酸酯、甲基丙烯酸羟丙酯、丙烯酸加入反应釜,保温 35~40℃,以 60r/min 转速搅拌约 1h,待固体完全溶解。再加入硅烷偶联剂、光引发剂,以 60r/min/800r/min 转速搅拌 30min。然后边搅拌边开真空,真空度逐渐升高,真空度维持在 -0.07~0.09MPa,排尽气泡为止。最后用 100 目滤布过滤,装入黑色塑料袋中,上盖遮光板,合格后待分装。

### 2.4.3.3  产品性能指标及用途

本品用 300W 高压汞灯,照射距离 20cm,照射时间 10min,剪切强度≥15MPa;本配方既可以用紫外线固化,也可用可见光固化;产品广泛用于玻璃与玻璃、玻璃与金属的粘接。

# 2.5  α-氰基丙烯酸酯胶黏剂

α-氰基丙烯酸酯胶黏剂为单组分液状、遇潮气瞬间固化型胶黏剂,使用方便,被粘接表面不必进行特殊预处理,不必加温加压,广泛应用于橡胶与橡胶、塑料与塑料、塑料与金属之间的粘接与定位以及人体组织医用粘接等。

## 2.5.1  配方组成及固化机理

### 2.5.1.1  配方组成

(1) α-氰基丙烯酸酯单体  α-氰基丙烯酸酯单体结构式为:$CH_2C(CN)COOR$。其中,R 代表某一烷基,如甲基、乙基、异丙基、丙烯基、丁基、异丁基、甲氧基乙基、乙氧基乙基等。在工业上多采用粘接强度较高的甲酯及乙酯。在医疗方面粘接伤口代替缝合，一般为高碳链烷基酯单体。

（2）增稠剂　因为单体的黏度很低，使用时易流到不应粘接的部位，而且不适用于多孔性材料及间隙较大的充填性粘接，因此必须加以增稠。常用的增稠剂有聚甲基丙烯酸甲酯、聚丙烯酸酯、聚氰基丙烯酸酯、纤维素衍生物等。

（3）增塑剂　为改善胶黏剂固化后胶层的脆性，往往加入邻苯二甲酸二丁酯、邻苯二甲酸二辛酯等增塑剂，以提高胶层的抗冲击强度。

（4）稳定剂　由于单体较易发生聚合，因此，必须加入一定量的二氧化硫及对苯二酚稳定剂，以阻止发生阴离子聚合作用及游离基聚合作用。

（5）其它改性剂　为了改善 $\alpha$-氰基丙烯酸酯胶的脆性、耐温性、触变性等，可加入适量的增韧剂、耐温材料、触变剂等。

### 2.5.1.2　固化机理

$\alpha$-氰基丙烯酸酯胶黏剂通过空气中的微量水分进行阴离子聚合反应，聚合过程包括引发、增长、链转移、链终止阶段。

（1）引发和增长阶段

空气中的水分（含—OH）及大多数物体表面上，都会有—OH存在，这大概是 $\alpha$-胶固化的原因。

在引发了单体生成之后，就会发生增长反应，直至生成高相对分子质量的分子链。

（2）链转移和链终止　遇弱酸会终止某些链，在单体缺乏的情况下，水使链终止。

$$\text{Nu} - \left[ \text{CH}_2 - \underset{\underset{\text{COOR}}{|}}{\overset{\overset{\text{CN}}{|}}{\text{C}}} \right]_n \quad \text{CH}_2 = \underset{\underset{\text{COOR}}{|}}{\overset{\overset{\text{CN}}{|}}{\text{C}}} + \text{H}^+ \longrightarrow \text{Nu} - \left[ \text{CH}_2 - \underset{\underset{\text{COOR}}{|}}{\overset{\overset{\text{CN}}{|}}{\text{C}}} \right]_n \text{CH}_2 - \underset{\underset{\text{COOR}}{|}}{\overset{\overset{\text{CN}}{|}}{\text{CH}}}$$

酸性物质如氢醌、酚类化合物、芳香磺酸对 α-氰基丙烯酸酯胶黏剂固化有阻聚作用；而碱性物质如胺类、乙基醚等对 α-氰基丙烯酸酯胶黏剂的固化有促进作用。

## 2.5.2 典型配方分析及技术关键

### 2.5.2.1 典型配方分析

（1）α-氰基丙烯酸甲酯胶黏剂典型配方分析　见表 2-40。

**表 2-40** α-氰基丙烯酸甲酯胶黏剂典型配方分析

| 配方组成 | 质量份 | 各组分作用分析 | 固化性能 |
|---|---|---|---|
| α-氰基丙烯酸甲酯 | 100 | α-氰基丙烯酸酯单体 | 橡胶与橡胶粘接定位时间 5s,金属与金属粘接强度高大于 20MPa |
| 聚 α-氰基丙烯酸酯 | 3 | 增稠剂,提高胶液黏度 | |
| 对苯二酚 | 1 | 稳定剂,延长贮存期 | |
| 邻苯二甲酸二丁酯 | 3 | 增塑剂,改善固化后胶层脆性 | |
| 二氧化硫 | 0.1 | 稳定剂,提高贮存稳定性 | |
| KH-550 | 0.5 | 偶联剂,提高粘接强度 | |

（2）α-氰基丙烯酸乙酯胶黏剂典型配方分析　见表 2-41。

**表 2-41** α-氰基丙烯酸乙酯胶黏剂典型配方分析

| 配方组成 | 质量份 | 各组分作用分析 | 固化性能 |
|---|---|---|---|
| α-氰基丙烯酸乙酯 | 87 | α-氰基丙烯酸酯单体 | 橡胶与橡胶粘接定位时间 3s,金属与金属粘接强度大于 15MPa |
| 聚甲基丙烯酸甲酯 | 10 | 增稠剂,提高胶液黏度 | |
| 对苯二酚 | 0.25 | 稳定剂,延长贮存期 | |
| 聚乙二醇 400 | 0.1 | 促进剂,提高胶液固化速度 | |
| 对甲苯磺酸 | 0.5 | 稳定剂,提高贮存稳定性 | |
| 经疏水处理气相白炭黑 TS-720 | 2 | 触变剂,改善胶液的流淌性 | |

### 2.5.2.2 技术关键

（1）不同的烷基对胶的性能影响很大　见表 2-42。

（2）单体中阻聚剂的含量及酸度对胶液的性能有很大影响　为了提高胶黏剂制备产率和改善贮存性,一般要加入阻聚剂如对苯二酚、对甲氧基酚和通入 $SO_2$ 酸性气体,若阻聚剂含量过高,贮存过程中水与阻聚剂结合,可引起单体的水解,生成使固化速度缓慢的羧酸,使定位时间变慢或失去粘接性,尤其用低密度聚乙烯瓶包装时更是如此。为了保证胶黏剂的固化速度和贮存稳定性,必须控制负离子和自由基两种聚合反应的阻聚剂，必须采用先进的生产方法制备纯度较高的单体，并改进包装的密封性。

表 2-42　α-氰基丙烯酸酯的物理性质和粘接强度

| R- | 相对分子质量 | 沸点℃（133.3Pa） | 密度/(g/cm³) | 粘接强度（钢-钢） | |
|---|---|---|---|---|---|
| | | | | 抗拉/MPa | 抗剪/MPa |
| 甲基 | 111 | 55 | 1.1044 | 34 | 23 |
| 乙基 | 125 | 60 | 1.040 | 26 | 14 |
| 丙基 | 139 | 80 | 1.001 | 19 | 11 |
| 异丙基 | 139 | — | — | 31 | 15 |
| 丁基 | 153 | 68 | 0.989 | 17 | 5 |
| 异丁基 | 153 | — | — | 18 | 12 |
| 丙烯基 | 137 | 74 | 1.066 | — | — |

不同的 α-氰基丙烯酸酯胶黏剂有不同的用途见表 2-43。

表 2-43　α-氰基丙烯酸酯胶黏剂的牌号与性能

| 牌　号 | 成　分 | 抗拉强度（钢-钢） | 主要用途 |
|---|---|---|---|
| KH-501 | α-氰基丙烯酸甲酯 | >25 | 金属、非金属材料胶接 |
| KH-502 | α-氰基丙烯酸乙酯 | >25 | 金属、非金属材料胶接 |
| KH-504 | α-氰基丙烯酸丁酯 | >15 | 医用 |
| 661 | α-氰基丙烯酸异丁酯 | >15 | 医用 |

（3）α-氰基丙烯酸酯胶黏剂的改性　α-氰基丙烯酸酯胶黏剂虽具会瞬间固化、使用方便等优点，但也存在许多缺陷。

a. 缺乏真正工程胶黏剂性能：冲击/剥离性能差；受热后变脆；耐热性低；耐湿/热交变性差；受某些溶剂侵蚀。

b. 对酸性及多孔性表面固化敏感。

c. 使人流泪的刺激性嗅味；裂缝填充能力差。

d. 使光亮或透明表面发雾。

e. 胶液流淌。

近些年在解决性能缺点方面已取得显著的进展。

① 增加韧性。用 α-氰基丙烯酸酯胶黏剂的粘接件最终质量差在于它缺少常规工程胶黏剂所应具有的性能，如长期耐疲劳性、耐热性、耐湿性及耐溶剂性。其部分原因是该聚合物的热塑性本质和低度填充的胶具有相对高的收缩性。一般也认为接头对湿气侵蚀比一般的胶黏剂更敏感。

ABS、MBS、MABS 及丙烯酸系聚合物都能改进氰基丙烯酸酯的剥离强度、冲击强度及耐热性。也曾报道过另外几种酸性的冲击改性剂或黏附促进剂，用来减少氰基丙烯酸酯胶黏剂接头的脆性及改性耐热性。增韧胶黏剂的改进是很明显的，特别是在热老化以后。普通的胶黏剂在短期热老化后失去了大部分性能，而增韧的胶黏剂保留的性能要好得多。在温度、湿度交变试验中看到类似的改进，它强调温度循环交变在所报道的氰基丙烯酸酯低耐湿性中起很大作用。对该性能的一种好像合理的解释是，在室温下轻微加填料的氰基丙烯酸酯胶黏剂固化不完全，在加热老化时进行了后固化并发生收缩。因为胶黏剂是表面活化的，由于在界面上的单层首先固化，应力集中在粘接缝上。橡胶和增韧剂的作用可能是缓解这些应力。令人吃惊的是，在某些情况下虽然改进了粘接的耐热强度，但聚合物热稳定性不变。

② 改进耐热性。要求在 60～80℃ 以上温度下长期曝露，$\alpha$-氰基丙烯酸酯胶黏剂的长期耐热性就成了问题。前面已经提过，早期曾试过在侧链上以烯丙基取代饱和烷基。

有人报道过通过二步固化机理增加热稳定性，在氰基丙烯酸酯双键的负离子聚合后进行热诱导交联。但在实际上，交联很慢。交联发生前各部件可能不得不依赖支撑。

用多官能羧酸的酸酐及酸本身改进氰基丙烯酸酯的耐热性及冲击韧性已有报道。粘接的热强度大大改善了，虽然聚合物的热分解温度保持不变。

③ 改进固化性能。$\alpha$-氰基丙烯酸酯胶黏剂固化对各种基材，尤其是对阻聚或减慢负离子固化的酸性表面很敏感，这也是一个时常出现的问题。利用大多数氰基丙烯酸酯生产商市售的各种碱性表面活化剂，可以克服这一点，但是在快速生产中常常并不希望在装配过程中使用第 2 组分。最近提出申请的或发表的专利研究利用冠醚、硅烷冠醚、环芳烃及各种线性聚乙烯基醚作粘接木材及多孔性表面的固化剂。添加剂在这类基材上加速固化非常有效，甚至好像对在低的相对湿度条件下加速固化 $\alpha$-氰基丙烯酸酯胶黏剂也是有效的。在低温度的冬季，固化减慢可使快速自动化组装线产生严重问题。这些添加剂的作用机理还不完全清楚。但是由于冠醚化合物是相转移催化剂，在表面上似乎有某种与碱金属的相互反应。

④ 提高触变性。氰基丙烯酸酯的高触变性胶也有供应，一般的聚甲苯丙烯酸甲酯及各种憎水处理过的二氧化硅相配合用来增稠，一般未改性的二氧化硅由于大量吸附水，得到很不稳定的产物。新产品甚至在有三向胶缝形状的部件上很易使用，并且在垂直表面上涂胶也不流淌，防止任何不希望有的向其它不该粘接的部位流动，完全制止了由胶缝流胶。因为大大减少了将胶飞溅或流淌在外露皮肤的可能性，使用该新胶增强了用户的安全性。最近，它作为更安全的瞬时超级胶进入消费市场很受用户欢迎。目前介绍的具有改进固化性能的表面不敏感的品种将推动氰基丙烯酸酯向着更加多种用途的胶黏剂市场前进。

⑤ 降低嗅味，降低结霜性。在通风差的地方长期使用过氰基丙烯酸酯的人都

熟悉它那刺鼻的丙烯酸型气味。氰基丙烯酸酯较高的蒸气压使其有嗅味，并从未固化的胶瘤中汽化。蒸气沉淀在胶缝表面附近呈白色雾状物，因此在光洁、装饰性或透明的部分都不能采用，而常常要求改用别的胶黏剂。良好的通风有一定作用，但并不理想。因此又开发并投入市场烷氧基氰基丙烯酸酯胶黏剂，它的结构只是在酯键的 $\beta$-碳上附有甲氧基或乙氧基的氰基丙烯酸乙酯。

这类单体基本上无嗅，蒸气压低得多，结霜性大大下降或可以消除。性能类似于较低级的甲酯或乙酯，但不相当。在金属或橡胶上固化很快，但在塑料上固化比一般的氰基丙烯酸酯慢。目前正开始提供这类更快固化的改性品种。因为这类胶黏剂的生产成本已降低，同时固化性能也有改进，预期在许多应用中会取代较低级的酯类。

## 2.5.3　生产工艺

### 2.5.3.1　α-氰基丙烯酸酯胶黏剂生产过程

α-氰基丙烯酸酯胶黏剂生产过程包装聚合、裂解、精制三步，流程如图 2-8 所示。

### 2.5.3.2　502 胶的生产工艺

（1）配方组成及原材料消耗定额　见表 2-44。

**表 2-44**　配方组成及原材料消耗定额

| 原　料 | 规　格 | 消耗定额/kg |
| --- | --- | --- |
| 氰乙酸乙酯(纯度＞95％) | 工业 | 150 |
| 甲醛(37％) | 工业 | 10 |
| 邻苯二甲酸二丁酯 | 工业 | 34.0 |
| 哌啶 | CP | 0.3 |
| 二氯乙烷 | 工业 | 35 |

（2）工艺流程　生产装置如图 2-9 所示。

缩聚、裂解釜中加入氰乙酸乙酯和哌啶、溶剂，控制 pH 值 7.2～7.5，逐步加入甲醛液，此时保持反应温度 65～70℃和充分的搅拌，加完后再保持反应 1～2h 使反应完全。然后加入邻苯二甲酸二丁酯 80～90℃回脱水工序至脱水完全。加入适量 $P_2O_5$、对苯二酚和 $SO_2$ 气体通入液面，作稳定保护用。在减压和夹套油温 180～200℃下进行裂解，先最去残留溶剂，至馏出温度（2.67kPa）为 75℃时收集粗单体。粗单体加入精馏釜中再通入 $SO_2$ 后，进行减压蒸馏，取 75～85℃/1.33kPa 馏分（1.33kPa）即为纯单体。成品于配胶釜中加入少量对苯二酚和 $SO_2$ 等配成胶黏剂，分装塑料瓶中。

（3）产品性能指标及用途　胶黏剂产品符合 HG/T 2492—2005 标准。用于金

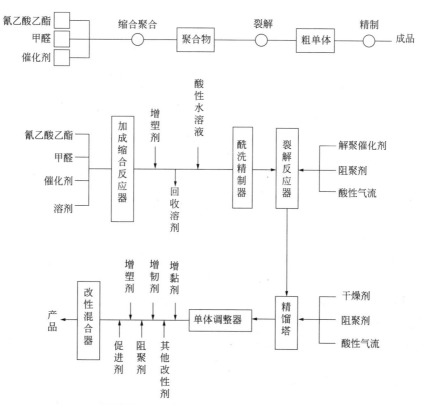

图 2-8 α-氰基丙烯酸酯胶黏剂生产过程

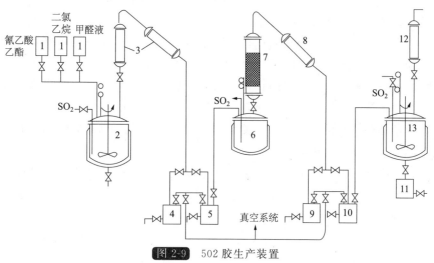

图 2-9 502胶生产装置

1—高位槽；2—缩聚裂解釜；3，8，12—冷凝器；4，9—受器；5—粗单体受器；
6—馏釜；7—精馏塔；10—单体受器；11—成品贮槽；13—配胶釜

属、橡胶、硬塑料、电木、陶瓷、玻璃的粘接。

## 2.6　有机硅胶黏剂

　　有机硅胶黏剂可分为以硅树脂为基料的胶黏剂和以有机硅弹性体为基料的胶黏剂（也称室温固化硅橡胶或室温固化有机硅密封胶）两类。二者的化学结构有所区别，硅树脂是由硅-氧键为主链的三向结构组成，在高温下可进一步缩合成为高度交联的硬而脆的固体；而硅弹性体是一种线型的以硅-氧键为主链的高分子量的橡胶态物质。

　　有机硅弹性体胶黏剂（也称室温固化硅橡胶或室温固化有机硅密封胶）应用最为广泛，本节主要介绍室温固化硅橡胶。

　　硅橡胶的结构为 $—R_2Si—O—SiRR'—$。

　　式中 R、R′为有机基团，它们可以是相同或不同的，可以是烷基、烯烃基、芳基或其它元素（氧、氯、氮、氟等）。硅橡胶有着良好的热稳定性、良好的耐寒性，耐气候（臭氧、紫外线等）性优异。有机硅胶黏剂广泛用于建筑、机械、电子电器等领域的密封、粘接、灌封、覆膜等。

### 2.6.1　配方组成及固化机理

#### 2.6.1.1　室温固化硅橡胶的配方组成

　　（1）硅橡胶基础聚合物　硅橡胶基础聚合物是一种带活性端基的聚有机硅氧烷，其通式是 $Y(R_2SiO)_nSiR_2Y$（式中，R 为甲基、苯基、三氟丙基等；Y 为羟基、甲氧基、乙氧基和乙烯基等；$n=100\sim1000$），品种有甲基硅橡胶、甲基乙烯基硅橡胶、苯基硅橡胶、苯醚硅橡胶、腈硅橡胶及氟硅橡胶。

　　（2）填料　它的作用是提高机械强度、耐热性和黏附性。采用的填料有气相法白炭黑、沉淀法白炭黑、半补强填料、硅藻土、二氧化钛、金属氧化物等。

　　（3）增黏剂　它是获得黏附性的重要组分。可采用有机硅氧烷、硅酸酯、钛酸酯、硼酸或含硼化合物以及硅树脂。

　　（4）交联剂　交联剂是含有 2 个或 2 个以上硅官能团的硅烷或硅氧烷，它是硅酮交联不可缺少的组分，如甲基三乙酰氧基硅烷、甲基三丙酮肟基硅烷、甲基三甲氧基硅烷等。

　　（5）催化剂　催化剂主要为锡化合物、钛化合物和铂化合物，如二丁基锡、辛酸锡、异丙基钛酸酯等。

#### 2.6.1.2　固化机理

　　室温固化硅橡胶（RTV 有机硅密封胶）是以较低相对分子质量的活性直链聚

有机硅氧烷为基础胶料，与交联剂、催化剂配合，能在常温下交联成三维网状结构。根据商品包装形式，可分为单组分和双组分室温固化硅橡胶。前者是将基础聚合物、填料、交联剂或催化剂在无水条件混合均匀，密封包装、遇大气中湿气进行交联反应。后者是将基础胶料和交联剂或催化剂分开包装，使用时按一定配比混合就发生交联，与环境湿气无关。而按固化机理，又可分为缩合型、加成型室温固化硅橡胶两大类。

室温固化硅橡胶除了具有热固化硅橡胶所具有的耐氧化、耐宽广的高低温交变、耐寒、耐臭氧、优异的电绝缘性、生理惰性、耐烧蚀、耐潮湿等优良性能外，还具有使用方便等特点，不需要专门的加热加压设备。利用空气中的湿气和加入催化剂，就可进行室温固化。

在缩合型硅橡胶中，用于电子电气元件的以脱醇和脱丙酮型为主。脱肟型由于在密封时对铜系金属有腐蚀性，所以使用时需十分注意。加成型产品由于固化时没有副产物，所以电气特性和固化特性稳定，然而有催化剂遇到有害物质（如硫、胺、磷化合物）易中毒的缺点。加成型即使在室温下也能固化，若加热则可迅速深度固化。室温固化硅橡胶的种类及产品的优缺点如表2-45所示。

表 2-45　室温固化硅橡胶的种类及产品的优缺点

| 类型 | | | 优　点 | 缺　点 |
|---|---|---|---|---|
| 缩合型 | 单组分 | 脱乙酸型 | 有良好的橡胶强度、透明性和粘接性、固化迅速 | 有乙酸味、腐蚀安全性差 |
| | | 脱醇型 | 无气味，无腐蚀性 | 固化慢、难保存、黏性稍差 |
| | | 脱胺型 | 固化迅速 | 有胺臭味、腐蚀性、毒性 |
| | | 脱酰胺型 | 无气味，可低模量化 | 黏性稍差 |
| | | 脱氨氧基型 | 固化性好，强低模量，黏性、耐久性良好 | 有胺臭味 |
| | | 脱丙酮型 | 无臭、无毒、固化快，良好的贮存性、施工性 | 价格稍高 |
| | 双组分 | 脱氢型 | 可作发泡体、保温、隔热 | 固化稍快 |
| | | 脱水型 | 固化性好 | 水缩合时难脱出，电气性能差 |
| | | 脱肟型 | 基本不臭，易与各种材料粘接 | 对铜系金属有腐蚀性 |
| 加成型（双组分） | | | 固化无副产物，无臭、无毒、无腐蚀性，收缩小 | 催化剂易中毒 |

（1）单组分湿固化硅橡胶固化机理

① 乙酸型。以甲基三乙酰氧基硅烷交联剂为例，乙酸型单组分湿固化硅橡胶固化机理表示如下。

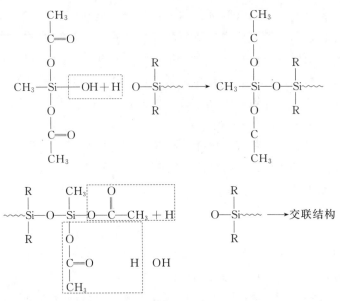

放出乙酸的产品通常是单组分产品中价格最低廉的，具有最宽广的稠度范围以及有效的固化性能，对各种涂有底漆或不漆底漆的基材均有优良的粘接性。乙酸型单组分室温固化硅橡胶在－32～＋38℃温度范围内具有优异的贮存稳定性。

由于固化过程放出乙酸，对金属和某些电子设备会产生腐蚀，使它的应用范围受到一定的限制，尤其在用量较大的建筑工业上，对新鲜混凝土的粘接能力差，因产生的乙酸与建筑材料的碳酸盐作用，生成了介于橡胶和混凝土之间一层白垩土层而失去粘接力。

② 肟型。这类单组分室温固化硅橡胶的交联剂是具多官能比的肟基硅烷，如甲基三丙酮肟基硅烷、乙烯基三丙酮肟基硅烷等。它的交联反应表示如下。

肟型单组分室温固化硅橡胶具有很好的贮存稳定性，其特点是表面固化较快，但完全固化的时间比较长，因此这种产品可以分散在溶剂中进行喷、刷和滴涂。与醋酸型相比，交联反应过程中所生成的丙酮肟基本上对基材不产生腐蚀性，只有在有些情况下对黄铜和钢发生腐蚀作用。它对基材的粘接力较差，作为粘接和密封使用往往要对基材进行底涂处理。

③ 醇型。醇型室温固化硅橡胶的交联剂为三官能度的烷氧基硅烷。通常使用的有甲基三甲氧基硅烷及甲基三乙氧基硅烷。交联反应所放出的副产物相应为甲醇或乙醇。它的交联反应表示如下。

醇型体系的交联反应速度比其他单组分产品更缓慢，表面固化时间一般在45min以上。在高湿度和较高的环境温度下固化时，弹性体内可能形成空隙，这是因为固化反应放出甲醇的速度比甲醇蒸发的速度快，从而产生不溶于二甲基硅氧烷聚合物的甲醇微滴。这种微滴将在密封胶固化后继续蒸发，留下微小空隙。

醇型室温固化硅橡胶对于不涂底漆的各种基材的粘接性尚可，而对涂底漆的基材则具有良好的粘接性。它几乎对所有金属和其他材料都不会产生腐蚀，因此，近年来发展较快，具有较大应用潜力。醇型单组分室温固化硅橡胶的存放条件要比其他单组分体系苛刻，环境温度超过 21℃ 就比较敏感。所以，为了延长其贮存期，需要干燥冷藏。

虽然烷氧基硅烷交联剂与基础胶料 $\alpha,\omega$-二羟基聚硅氧烷的交联反应速率较慢。但可以加入一些金属化合物促进其交联反应速度。理想的金属化合物有 1,3-亚丙基二氧双（乙酰乙酸乙酯）钛络合物，它使固化胶的性能有较大的改进。

④ 胺型。胺型单组分室温固化硅橡胶的交联剂为多官能性胺基硅烷，其中有代表性的为 $CH_3Si(NC_6H_{11})_3$，它的交联反应表示如下。

$$
\begin{array}{c}
\text{HNC}_6\text{H}_{11} \\
| \text{ H} \\
\text{CH}_3-\overset{\displaystyle |}{\underset{\displaystyle |}{\text{Si}}}-\text{NC}_6\text{H}_{11} + \text{H}_2\text{O} \\
\text{HNC}_6\text{H}_{11}
\end{array}
\longrightarrow
\begin{array}{c}
\text{HNC}_6\text{H}_{11} \\
| \\
\text{CH}_3-\overset{\displaystyle |}{\underset{\displaystyle |}{\text{Si}}}-\text{OH} + \text{C}_6\text{H}_{11}\text{NH}_2 \\
\text{HNC}_6\text{H}_{11}
\end{array}
$$

$$
\begin{array}{c}
\text{HNC}_6\text{H}_{11} \quad\quad \text{R} \\
| \quad\quad\quad | \\
\text{CH}_3-\overset{\displaystyle |}{\underset{\displaystyle |}{\text{Si}}}-\text{OH} + \text{HO}-\overset{\displaystyle |}{\underset{\displaystyle |}{\text{Si}}}\sim \\
\text{HNC}_6\text{H}_{11} \quad\quad \text{R}
\end{array}
\longrightarrow
\begin{array}{c}
\text{HNC}_6\text{H}_{11} \quad \text{R} \\
| \quad\quad\quad | \\
\text{CH}_3-\overset{\displaystyle |}{\underset{\displaystyle |}{\text{Si}}}-\text{O}-\overset{\displaystyle |}{\underset{\displaystyle |}{\text{Si}}}\sim \\
\text{HNC}_6\text{H}_{11} \quad \text{R}
\end{array}
$$

$$
\begin{array}{c}
\text{R} \quad\quad \text{CH}_3 \quad\quad\quad\quad \text{R} \\
| \quad\quad\quad | \quad\quad\quad\quad | \\
\sim\text{Si}-\text{O}-\overset{\displaystyle |}{\underset{\displaystyle |}{\text{Si}}}-\boxed{\text{NC}_6\text{H}_{11} + \text{H}}-\text{O}-\overset{\displaystyle |}{\underset{\displaystyle |}{\text{Si}}}\sim \\
| \quad\quad \boxed{\text{HNC}_6\text{H}_{11} + \text{H}} \quad \text{OH} \quad \text{R} \\
\text{R}
\end{array}
\longrightarrow \text{交联结构}
$$

这种交联反应在固化过程中放出有机胺，具有一定毒性，并且对材料有一定腐蚀性，尤其对铜的腐蚀较严重，但它具有较好的粘接性。

⑤ 酰胺型。酰胺型单组分室温固化硅橡胶交联反应表示如下。

$$
\begin{array}{c}
\text{CH}_3\text{O} \\
| \\
\text{N}-\text{C}-\text{CH}_3 \\
| \\
\text{CH}_3-\text{Si}-\boxed{\text{N}-\text{C}-\text{CH}_3 + \text{H}}-\text{OH} \\
| \quad\quad \boxed{\text{CH}_3\text{O}} \\
\text{CH}_3-\text{N}-\text{C}-\text{CH}_3 \\
| \\
\text{O}
\end{array}
\longrightarrow
\begin{array}{c}
\text{CH}_3\text{O} \\
| \\
\text{N}-\text{C}-\text{CH}_3 \quad\quad \text{O} \quad \text{CH}_3 \\
| \quad\quad\quad\quad\quad || \quad | \\
\text{CH}_3-\text{Si}-\text{OH} + \text{CH}_3-\text{C}-\text{NH} \\
| \\
\text{N}-\text{C}-\text{CH}_3 \\
| \\
\text{CH}_3\text{O}
\end{array}
$$

这种体系具有一种独特优点，就是固化后所得弹性体的模数非常低，即相对伸长高，对各种不涂底漆的基材均具有优异的粘接性。适用于移动范围大的密封连接。

⑥ 酮型。酮型单组分室温固化硅橡胶交联反应表示如下。

新近开发的酮型室温固化硅橡胶具体有良好的粘接性，无臭、无腐蚀性，并具有优异的耐热性和贮存稳定性。由于不用有机羧酸金属盐作催化剂，因此固化胶无毒。因放出的丙酮沸点低，容易扩散挥发，故表面和内部固化较快。

（2）双组分 RTV 硅橡胶固化机理

① 脱醇型 RTV-2 胶。脱醇型 RTV-2 胶的固化速度与羟基及烷氧基数目、催化剂的浓度指数成正比。其固化机理如下反应式所示。

② 脱羟胺型 RTV-2 胶。固化机理如下。

③ 脱氢型 RTV-2 胶。固化机理如下。

④ 脱水型 RTV-2 胶。固化机理如下。

$$\text{Me} \quad\quad \text{O} \qquad\qquad\qquad \text{Me} \quad\quad \text{O}$$
$$\sim\!\!\text{Si}\!-\!\boxed{\text{OH}+\text{H}}\!-\!\text{O}\!-\!\text{Si}\!-\!\text{O}\sim \qquad \sim\!\!\text{Si}\!-\!\text{O}\!-\!\text{Si}\!-\!\text{O}$$
$$\text{Me} \qquad\qquad\qquad\qquad\qquad \text{Me} \qquad\qquad \text{Me}$$
$$\text{O}\!-\!\text{Si}\!-\!\text{O}\!-\!\boxed{\text{H}+\text{HO}}\!-\!\text{Si}\sim \quad\xrightarrow[\text{催化剂}]{-3\text{H}_2\text{O}}\quad \text{O}\!-\!\text{Si}\!-\!\text{O}\!-\!\text{Si}\sim$$
$$\text{Me} \qquad\qquad\qquad \text{Me} \qquad\qquad \text{Me} \qquad\qquad \text{Me}$$
$$\sim\!\!\text{Si}\!-\!\boxed{\text{OH}+\text{H}}\!-\!\text{O}\!-\!\text{Si}\!-\!\text{O} \qquad \sim\!\!\text{Si}\!-\!\text{O}\!-\!\text{Si}\!-\!\text{O}$$
$$\text{Me} \qquad\qquad\qquad\qquad\qquad \text{Me} \qquad\qquad \text{O}$$

⑤ 加成型双组分液体硅橡胶。加成型双组分液体硅橡胶是一种以含乙烯基的聚硅氧烷为基础聚合物,以含硅氢键的低聚聚硅氧烷为固化交联剂,在铂系催化剂的作用下,通过加成反应可形成具有网络结构弹性体的液体型硅橡胶。其固化机理如下反应式所示。

$$\sim\!\!(\text{O}\!-\!\underset{\text{CH}_3}{\overset{\text{CH}_3}{\text{Si}}})_{\overline{n}}\text{O}\!-\!\underset{\text{CH}_3}{\overset{\text{CH}_3}{\text{Si}}}\!-\!\text{CH}\!=\!\text{CH}_2 \;+\; \underset{\text{H}}{\overset{\text{CH}_3}{\text{Si}}}\!-\!\text{O}\!-\!\underset{\text{H}}{\overset{\text{CH}_3}{\text{Si}}}\!-\!\text{O}\!-\!\underset{\text{H}}{\overset{\text{CH}_3}{\text{Si}}}\!-\; \xrightarrow{\text{铂催化剂}}$$

## 2.6.2  典型配方分析及技术关键

### 2.6.2.1  室温固化硅橡胶典型配方分析

(1) 半透明脱酸型室温固化硅橡胶  见表 2-46。

表 2-46  半透明脱酸型 RTV-1 硅橡胶配方分析

| 配方组成 | 质量份 | 各组分作用分析 | 固化性能 |
| --- | --- | --- | --- |
| 端羟基聚二甲基硅氧烷 | 100 | 黏料,主要成分 | 表干时间为 5～10min,伸长率＞500%,粘接强度＞1.2MPa |
| 201 硅油 | 30 | 稀释剂和增塑剂 | |
| 甲基三乙酰氧硅烷 | 8 | 酸性交联剂 | |
| 气相白炭黑 | 15 | 触变剂 | |
| 二月硅酸二丁基锡 | 0.01 | 催化剂染料 | |
| KH-550 | 2 | 偶联剂,提高粘接强度 | |

（2）脱肟型中性室温固化硅橡胶　见表 2-47。

**表 2-47**　脱肟型 RTV-1 硅橡胶配方分析

| 配方组成 | 质量份 | 各组分作用分析 | 固化性能 |
|---|---|---|---|
| 端羟基聚二甲基硅氧烷 | 100 | 黏料 | |
| 201 硅油 | 30 | 稀释剂和增塑剂 | |
| 甲基三丁酮肟基硅烷 | 8 | 中性交联剂 | 表干时间为 |
| 气相白炭黑 | 8 | 触变剂 | 10～15min，伸 |
| 超细碳酸钙 | 50 | 填料 | 长率＞300%， |
| KH-550 | 2 | 偶联剂，提高粘接强度 | 粘接强度＞ |
| 二月桂酸二丁基锡 | 0.01 | 催化剂 | 0.8MPa |
| 染料 | 适量 | 染料，可调制各种颜色 | |

（3）脱醇型中性室温硫化硅橡胶　见表 2-48。

**表 2-48**　脱醇型 RTV-1 硅橡胶配方分析

| 配方组成 | 质量份 | 各组分作用分析 | 固化性能 |
|---|---|---|---|
| 端羟基聚二甲基硅氧烷 | 100 | 黏料 | |
| 201 硅油 | 30 | 稀释剂和增塑剂 | |
| 甲基三甲氧基硅烷 | 8 | 中性交联剂 | |
| 气相二氧化硅 | 8 | 触变剂 | 表干时间为 |
| 超细碳酸钙 | 100 | 填料 | 10min，伸长率 |
| 双（二酰丙酮基）二异丙氧基钛 | 0.02 | 催化剂 | ＞300%，粘接 |
| 二月桂酸二丁基锡 | 0.05 | 催化剂 | 强度＞1.0MPa |
| 辛酸亚锡 | 0.10 | 催化剂 | |
| KH-550 | 3 | 偶联剂，提高粘接强度 | |

（4）脱醇型 RTV-2 硅橡胶　见表 2-49。

**表 2-49**　脱醇型 RTV-2 硅橡胶配方分析

| 组分 | 配方组成 | 质量份 | 各组分作用分析 | 固化性能 |
|---|---|---|---|---|
| 甲组分 | 端羟基聚二甲基硅氧烷 | 100 | 黏料 | |
| | 钛白粉 | 5 | 颜料 | 甲：乙＝100：（2～ |
| | 气相二氧化硅 | 10 | 触变剂 | 5），25℃时，30min 初固 |
| | 超细碳酸钙 | 50 | 填料 | 化，24h 达到最高强度， |
| 乙组分 | 正硅酸乙酯 | 7 | 交联剂 | 拉伸强度＞2MPa，伸长 |
| | 硼酸正丁酯 | 3 | 交联剂 | 率＞150%，粘接强度 |
| | 钛酸正丁酯 | 3 | 交联剂 | ＞1.5MPa |
| | 二月桂酸二丁基锡 | 2 | 催化剂 | |

（5）加成型 RTV-2 液体硅橡胶　见表 2-50。

**表 2-50** 加成型 RTV-2 液体硅橡胶配方分析

| 组分 | 配方组成 | 质量份 | 各组分作用分析 | 固化性能 |
|---|---|---|---|---|
| 甲组分 | 乙烯基聚二甲基硅氧烷 | 100 | 黏料 | A：B＝1：1,室温或加温固化,拉伸强度＞2MPa,伸长率＞150%,粘接强度＞1.5MPa |
| | 氯铂酸辛醇溶液 | 1 | 催化剂 | |
| | 气相二氧化硅 | 10 | 触变剂 | |
| | 超细碳酸钙 | 88 | 填料 | |
| | 颜料 | 1 | 染色 | |
| 乙组分 | 乙烯基聚二甲基硅氧烷 | 100 | 黏料 | |
| | 甲基氢聚硅氧烷 | 5 | 交联剂 | |
| | 气相二氧化硅 | 9 | 触变剂 | |
| | 超细碳酸钙 | 85 | 填料 | |
| | 颜料 | 1 | 染色 | |

#### 2.6.2.2 技术关键

（1）**硅橡胶基础聚合物** 硅橡胶基础聚合物即带活性端基的聚有机硅氧烷，其品种有甲基硅橡胶、甲基乙烯基硅橡胶、苯基硅橡胶、苯醚硅橡胶、腈硅橡胶及氟硅橡胶，其分子结构和分子量决定固化物的性能。

（2）**交联剂的种类** 交联剂的种类决定固化过程放出的气味，也对固化物性能有较大影响；对于粘接性能来说一般为，醋酸型＞胺型＞酮肟型＞醇型＞酰胺型。

（3）**水分含量** 室温硅胶固化机理是潮气固化，因此，填料的水分含量及生产过程空气湿度对性能影响很大，填料中水分含量应低于 0.5%，而且生产前必须干燥后才能加入。成品胶禁止在空气中曝露，生产环境空气湿度不要大于 70%。

（4）**硅橡胶补强** 由于硅橡胶的分子间的作用力弱，内聚密度低，因而必须要用高表面积的二氧化硅、炭黑来补强。如在配方中引入乙烯基硅氧烷，使硅橡胶带有乙烯基端基可提高粘接强度；在硅橡胶分子链中引入氰乙基或三氟丙基等极性基团，可提高耐油性。

（5）**固化速度** 单组分湿固化 RTV-1 硅橡胶固化速度随环境湿度增大而加快；加成型双组分液体硅橡胶固化速度与环境湿度无关，但受温度影响很大，体系在加热下可实现快速硫化，其主要缺点是催化剂容易中毒，导致橡胶不能固化。

（6）**导热性** 为提高有机胶黏剂的导热性，可加入氧化铝、氧化硅、氧化锌、氮化铝、氮化硼、碳化硅等填料，并根据不同的导热系统加以选用。

### 2.6.3 生产工艺

#### 2.6.3.1 生产流程

室温固化硅橡胶一般生产过程见图 2-10，中小批量生产一般采用行星搅拌机、灌装机即可生产，连续化大批量生产主要采用双螺杆捏合挤出机。

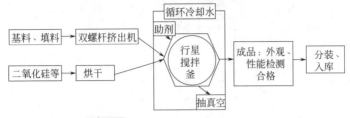

图 2-10  室温固化硅橡胶生产流程

### 2.6.3.2  脱酮肟型建筑硅酮密封胶生产工艺

（1）配方组成及原材料消耗定额　见表 2-51。

表 2-51  配方组成及原材料消耗定额

| 原　料 | 规　格 | 消耗定额/kg |
| --- | --- | --- |
| 107 硅橡胶 | 工业 | 400 |
| 二甲基硅油 | 工业 | 200 |
| 甲基三丁酮肟基硅烷 | 工业 | 30 |
| 乙烯基三丁酮肟基硅烷 | 工业 | 10 |
| 气相白炭黑 | 工业 | 6 |
| 超细碳酸钙 | 工业 | 300 |
| KH-550 | 工业 | 5 |
| 二月桂酸二丁基锡 | 工业 | 0.5 |
| 色浆(颜料与二甲基硅油 1:1 混合物) | 工业 | 6 |

（2）工艺流程　生产用的行星搅拌釜如图 2-11 所示。

① 首先将超细碳酸钙、气相白炭黑置于干燥机中，于 110℃干燥 4h，干燥后的粉料尽量在干燥机中密闭冷却。若生产周期不允许，也应在干燥机中冷却至 100℃以下再放料，放出的粉料应密闭贮存，贮存时间越短越好，特别在夏季。混合填料的挥发份应保持在 0.15% 以下。

② 将 107 硅橡胶、改性硅油加入搅拌釜中，开动搅拌，再把超细碳酸钙分 1～2 次均匀加入釜内，每次先抽真空再加料，真空度维持在 -0.09～-0.095MPa，关闭真空阀门保压搅拌，粉料和基料完全混合后再进行下次投料，每次投料运行时间为 10min。清釜壁及搅拌齿后，继续按上述真空要求搅拌 10min。

③ 停止搅拌，真空条件加入甲基三丁酮肟基硅烷和乙烯基三丁酮肟基硅烷；

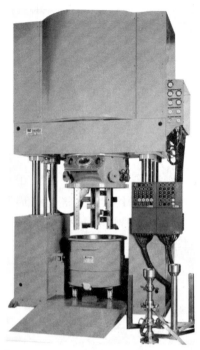

图 2-11　室温固化硅橡胶生产用的行星搅拌釜

开启搅拌，真空度维持在－0.09～－0.095MPa，搅拌 15min，至均匀无气泡。

④ 分 3 次均匀加入气相白炭黑，每次先抽真空，真空度维持在－0.09～－0.095MPa，关闭真空阀门保压搅拌，粉料和基料完全混合后再进行下次投料，每次投料运行时间为 10～15min。清釜壁及搅拌齿后，继续按上述真空要求搅拌 10min。停止搅拌，放空打开釜盖，自查产品外观，若不均匀，继续按上述真空要求进行搅拌。

⑤ 外观合格后，简单快速清釜，加入 KH-550 与二月桂酸二丁基锡的混合物，盖上釜盖，先抽真空再进行搅拌，真空度维持在－0.09～－0.095MPa，搅拌 15min 至均匀无气泡。

⑥ 最后加入色浆，开启搅拌，真空度维持在－0.09～－0.095MPa，搅拌 15min 至均匀无气泡；搅拌完毕，将釜内胶体快速抹平铺 PE 膜，再用手将胶压实压平放上压圈进入灌装机。

（3）产品性能指标及用途　本品表干时间（25℃，湿度 50%）为 10～15min，断裂伸长率>300%，拉伸强度>1MPa，适用于玻璃及大理石嵌缝密封。

### 2.6.3.3　RTV-2 硅橡胶生产工艺

（1）RTV-2 模具硅橡胶生产工艺

① 配方组成与原材料消耗定额。见表 2-52。

表 2-52 RTV-2 模具硅橡胶配方组成与原材料消耗定额

| A组分 | | B组分 | |
|---|---|---|---|
| 配方组成 | 质量份 | 配方组成 | 质量份 |
| 107硅橡胶 | 100 | | |
| 二甲基硅油 | 30 | 正硅酸乙酯 | 5 |
| 颜料 | 5 | KH-550 | 3 |
| 气相白炭黑 | 15 | 二月桂酸二丁基锡 | 1 |
| 超细碳酸钙 | 100 | | |

② 生产工艺。先将超细碳酸钙、气相白炭黑置于干燥机中，于110℃干燥4h，干燥后的粉料尽量在干燥机中密闭冷却。若生产周期不允许，也应在干燥机中冷却至100℃以下再放料，放出的粉料应密闭贮存，贮存时间越短越好，特别在夏季。然后按配方和原材料消耗定额把 A 组分原料一次放入捏合机，捏合均匀，脱气泡即可灌装。B组分生产工艺与A组分相同，但生产A组分与B组分的捏合机不能混用。

(2) 加成型 RTV-2 硅橡胶生产工艺

① 配方组成与原材料消耗定额。见表 2-53。

表 2-53 加成型 RTV-2 硅橡胶配方组成与原材料消耗定额

| A组分 | | B组分 | |
|---|---|---|---|
| 配方组成 | 质量份 | 配方组成 | 质量份 |
| 乙烯基聚二甲基硅氧烷 | 100 | 乙烯基聚二甲基硅氧烷 | 100 |
| 氯铂酸辛醇溶液 | 1 | 甲基氢聚硅氧烷 | 5 |
| 炭黑 | 10 | 钛白粉 | 10 |
| 气相白炭黑 | 10 | 气相白炭黑 | 6 |
| 超细碳酸钙 | 50 | 超细碳酸钙 | 5 |

② 生产工艺。首先将超细碳酸钙、气相白炭黑、钛白粉置于干燥机中，于110℃干燥4h，干燥后的粉料尽量在干燥机中密闭冷却。若生产周期不允许，也应在干燥机中冷却至100℃以下再放料，放出的粉料应密闭贮存，贮存时间越短越好，特别在夏季。然后按配方和原材料消耗定额把 A 组分原料一次放入捏合机，捏合均匀，脱气泡即可灌装。B组分生产工艺与 A 组分相同，但生产 A 组分与 B 组分的捏合机不能混用。

# 2.7 反应型聚氨酯胶黏剂

聚氨酯胶黏剂（包括密封胶）是指主链上含有氨基甲酸酯的胶黏剂。由于结构中含有极性基团—NCO，提高了对各种材料的粘接性，并具有很高的反应性，能常温固化。由于其较高的韧性、较好的耐低温、耐油和耐磨性能，被广泛用于粘接金属、木材、塑料、皮革、陶瓷、玻璃等。其中，单组分湿固化聚氨酯密封胶广泛应用于建筑及车辆密封和汽车风挡玻璃粘接等。聚氨酯胶黏剂的种类很多，这里介绍的是反应型聚氨酯工程胶黏剂。

## 2.7.1 配方组成及固化机理

### 2.7.1.1 配方组成

反应型聚氨酯胶黏剂主要由异氰酸酯、多元醇、含羟基的聚醚、聚酯、填料、催化剂等组成。

（1）异氰酸酯 含有活性基团—NCO，起主要粘接作用。主要品种有甲苯二异氰酸酯（TDI）、二苯基甲烷二异氰酸酯（MDI）、多亚甲基多苯基多异氰酸酯（PAPI）、1,6-六亚甲基二异氰酸酯（HDI）、苯二甲基二异氰酸酯（XDI）等。

（2）多元醇 多元醇与异氰酸酯反应生成聚氨酯，多元醇通常为聚酯或聚醚树脂。常用的聚酯树脂有 307 聚酯、309 聚酯、311 聚酯等，常用的聚醚树脂有 N-204、N-210、N-215、N-220、N-235 聚醚等。

（3）填料 为了降低成本和减小胶黏剂固化时的收缩率，适当加入填料是有利的。填料表面一般吸附着一定量的水分，它容易与异氰酸酯基反应生成聚脲，并产生二氧化碳，贮存时会凝胶。因此，聚氨酯胶黏剂中的填料，应预先高温去除水分，或用偶联剂进行处理。

有的填料，如氧化锌、槽法炭黑等还能与异氰酸酯反应，选用时应注意。适合于聚氨酯胶黏剂的填料有滑石粉、陶土、重晶石粉、云母粉、碳酸钙、氧化钙、石棉粉、硅藻土、二氧化钛、铝粉、铁粉、铁黑、铁黄、三氧化二铬、刚玉粉和金刚砂粉等。

（4）催化剂 为了控制聚氨酯胶黏剂的反应速度，或使反应沿预期的方向进行，在制备预聚体胶黏剂或在胶黏剂固化时都可加入各种催化剂。

聚氨酯胶黏剂常用的催化剂有有机锡化合物如二月桂酸二丁基锡，及有机锡化合物与烷基胺的复合物如辛酸锡-月桂胺复合催化剂等。

（5）脱水剂 主要是除去预聚物中微量水分，常用的脱水剂有单官能团异氰酸酯、氧化钙、硫酸铝等。

（6）黏附促进剂（偶联剂） 主要指官能基硅烷，如 γ-氨丙基三甲氧基硅烷、N-苯基-γ-氨丙基三甲氧基硅烷、γ-脲基丙基三甲氧基硅烷等。

（7）其它添加剂 根据需要可添加其它助剂如防老剂、抗氧剂、稳定剂、阻燃剂、颜料等。

### 2.7.1.2 固化机理

（1）单组分湿固化聚氨酯密封胶固化机理 单组分湿固化聚氨酯密封胶由异氰酸酯和端羟基的聚酯或聚醚反应，得到端—NCO 的预聚体，再加入适量的催化剂、填料制得。单组分湿固化聚氨酯密封胶是潮气固化，密封胶中含端—NCO基团的预聚体遇空气中的湿气，—NCO 基和 $H_2O$ 发生反应固化，其反应式如下。

$$RNCO + H_2O \longrightarrow RNHCOOH \longrightarrow RNH_2 + CO_2 \xrightarrow{+RNCO} RNHC\overset{\displaystyle\overset{O}{\|}}{\phantom{C}}NHR$$

（2）双组分聚氨酯胶黏剂固化机理 双组分聚氨酯胶黏剂的甲组分一般是含—NCO 基的预聚体，乙组分由聚酯（或聚醚）树脂或胺类固化剂、催化剂等组成。甲乙两组分混合后，—NCO 基与—OH 基或—NH_2基在催化剂作用下发生反应固化。两组分的固化反应如下。

① —NCO 和—OH 反应

$$OCN{-}R{-}NCO + HO{-}R'{-}OH \longrightarrow \left[\overset{\displaystyle\overset{O}{\|}}{C}{-}N{-}R{-}N{-}\overset{\displaystyle\overset{O}{\|}}{C}{-}O{-}R'{-}O\right]_n$$

② —NCO 和—NH_2反应

$$-NH_2 + -NCO \longrightarrow -NHCONH-$$

## 2.7.2 典型配方分析及技术关键

### 2.7.2.1 聚氨酯胶黏剂配方分析

（1）双组分聚氨酯胶黏剂配方分析 见表 2-54。

表 2-54 双组分聚氨酯胶黏剂配方分析

| 组分 | 配方组成 | 质量份 | 各组分作用分析 | 固化性能 |
|---|---|---|---|---|
| 甲组分 | 聚四氢呋喃醚二元醇(分子量 1000) | 75 | 软链段(—OH) | 甲∶乙＝100∶1，25℃时，30min 初固化，24h 达到最高强度，拉伸强度＞20MPa，伸长率＞150%，粘接强度＞2.5MPa |
| 甲组分 | 聚亚丙基二元醇(分子量 1000) | 25 | 软链段(—OH) | |
| 甲组分 | TDI | 需计算 | 应硬链段(—NCO) | |
| 甲组分 | (甲组分为 NCO 含量为 6%的预聚体,TDI 添加量需计算) | | | |
| 乙组分 | MOCA | 20 | 交联剂 | |
| 乙组分 | 二乙基甲苯二胺 | 80 | 交联剂 | |
| 乙组分 | 锡催化剂 | 0.1 | 催化剂 | |
| 乙组分 | 稀释剂 | 10 | 稀释剂，降低黏度 | |
| 乙组分 | 炭黑 | 5 | 颜料，染色 | |

（2）双组分聚氨酯密封胶配方分析 见表 2-55。

**表 2-55** 双组分聚氨酯密封胶配方分析

| 组分 | 配方组成 | 质量份 | 各组分作用分析 | 固化性能 |
|---|---|---|---|---|
| 甲组分 | 聚乙二醇-异氰酸酯预聚体(2.6%游离异氰酸酯) | 100 | 黏料,预聚体 | 甲∶乙＝1∶1,适用期 3～4h。经 24～48h 固化即可达到最高强度,形成弹性体。用于高移动的垂直接缝或地板接缝,也可用于保温玻璃的密封以及公路、机场、海洋工程的密封 |
| 乙组分 | 抗氧剂 | 0.5 | 抗氧剂 | |
| | 聚丙二醇(相对分子质量 2000) | 7.3 | 羟基组分 | |
| | 钛白粉(金红石型) | 6.0 | 颜料 | |
| | 碳酸钙 | 37.2 | 填料 | |
| | 气相法白炭黑 | 2 | 触变剂 | |
| | 锡催化剂 | 0.1 | 催化剂 | |

（3）单组分湿固化聚氨酯密封胶　见表 2-56。

**表 2-56** 单组分湿固化聚氨酯密封胶配方分析

| 配方组成 | 质量份 | 各组分作用分析 | 固化性能 |
|---|---|---|---|
| 异氰酸酯预聚物① | 30.0 | 黏料,预聚体 | |
| 邻苯二甲酸酯增塑剂 | 23.0 | 增塑剂 | |
| 钛白粉(金红石型) | 2.0 | 颜料 | |
| 碳酸钙(表面处理) | 34.5 | 填料 | 表干时间为 30min, 伸长率＞300%,粘接强度＞1.2MPa |
| 沉析二氧化硅 | 6.0 | 触变剂 | |
| 分子筛 | 1.0 | 吸湿性添料 | |
| KH-560 | 1.0 | 偶联剂 | |
| 甲苯 | 2.0 | 溶剂 | |
| 二月桂酸二丁基锡 | 0.1 | 催化剂 | |

①预聚物(3%未固化的异氰酸酯):聚双丙二醇(当量 1000) 67.7(质量份,下同);聚三丙二醇(当量 1600) 19.1;甲苯二异氰酸酯 13.1;二月桂酸二丁基锡 0.1;NCO/OH 为 1。

## 2.7.2.2 技术关键

聚氨酯主要由软链段聚酯或聚醚多元醇及硬链段多异氰酸酯聚合而成,根据对聚氨酯的不同要求,可以通过分子设计在制备聚氨酯时选择不同的原料,调节适当比例用量进行加成聚合反应。既可以制成热塑性弹性体材料,也可制成刚性的热固性材料。通过添加适当的催化剂,聚氨酯胶黏剂可在室温固化,也可加热快速固化,分子链一般是柔性的,但也可以是刚性的,更可以是刚性链段与柔性链段的嵌段共聚物。

（1）聚醚或聚酯多元醇　聚醚或聚酯多元醇为软性链段,其相对分子质量大小与结构对聚合物的弹性和粘接强度有显著影响,通常选用不同相对分子质量的多元醇混合使用以获得胶的综合性能。表 2-57 列出了不同软性链段对聚氨酯胶黏剂胶接强度的影响。

表 2-57  软性链段对聚氨酯胶黏剂胶接强度的影响

| 编号 | 预聚体结构 | | | 抗剪强度/MPa | |
|---|---|---|---|---|---|
| | 软性链段二醇结构 | NCO/% | −196℃ | 82℃ | |
| 1 | 聚四氢呋喃(丁二醇聚醚)相对分子质量2010 | 3.48 | 34 | 4 | |
| 2 | 聚四氢呋喃(丁二醇聚醚)相对分子质量1040 | 5.71 | 40 | 13 | |
| 3 | 聚四氢呋喃(丁二醇聚醚)相对分子质量620 | 8.06 | 金属试片断裂 | 16 | |
| 4 | 端羟基丁腈，相对分子质量2960 | 2.55 | 32 | 2 | |
| 5 | 聚己内酯，相对分子质量1100 | 5.76 | 8 | 4.3 | |
| 6 | 聚酯 | 3.18 | 27 | 1.8 | |
| 7 | 甘油基聚环氧丙烷三醇，相对分子质量3000 | 4.67 | 24 | 1 | |
| 8 | 甘油基聚环氧丙烷三醇，相对分子质量1000 | 6.85 | 9.9 | 7.2 | |
| 9 | 聚四氢呋喃含22.5%四元醇，相对分子质量1040 | 5.55 | 24.3 | 6.8 | |

注：铝试片表面预先用 γ-环氧丙氧基三甲氧基硅烷处理；固化剂为 MoCa。

（2）多异氰酸酯　硬性链段多异氰酸酯的结构对于胶黏剂的性能也有很大影响，见表 2-58。

表 2-58  异氰酸酯结构对聚氨酯胶黏剂性能的影响

| 编号 | 预聚体结构 | | 抗剪强度/MPa | | | |
|---|---|---|---|---|---|---|
| | 软性链段 | 异氰酸酯 | NCO/% | −196℃ | 23℃ | 82℃ |
| 1 | 聚四氢呋喃　相对分子质量620 | 甲苯二异氰酸酯(含80% 2,4-TDI) | 8.06 | | 24.4 | 13.5 |
| 2 | 聚四氢呋喃　相对分子质量620 | 纯2,4-甲苯二异氰酸酯 | 8.56 | | 24.5 | 13 |
| 3 | 聚四氢呋喃　相对分子质量620 | 亚己基二异氰酸酯 | 8.57 | 19.5 | 16.2 | 6.3 |
| 4 | 聚四氢呋喃　相对分子质量620 | 氢化 MDI | 7.41 | 13.0 | 24.6 | 9.1 |
| 5 | 聚四氢呋喃　相对分子质量620 | — | 6.54 | 32.7 | 30.0 | — |
| 6 | 甘油基聚环氧丙烷三醇相对分子质量1000 | TDI(含80%2,4-TDI) | 467 | 23.5 | 2.1 | 1.0 |
| 7 | 甘油基聚环氧丙烷三醇相对分子质量1000 | MDI | 4.12 | 39.6 | 3.6 | 2.5 |

注：铝试片表面预先用 γ-环氧丙氧基三甲氧基硅烷处理；固化剂为 MoCa；MDI—二苯基甲烷二异氰酸酯；TDI—甲苯二异氰酯酸。

（3）不同的催化剂对聚氨酯胶黏剂固化速度有很大影响　为了控制聚氨酯胶黏剂的反应速度，或使反应沿预期的方向进行，在制备预聚体胶黏剂，或在胶黏剂固化时都不同程度地加入各种催化剂，有以下几种。

① 叔胺。1,4-二氮双环（2,2,2）辛烷（DABCO），DABCO 亦称三亚乙基二胺，$N,N$-二甲基环己胺、$N,N$-二乙基环己胺、甲基二乙醇胺和三乙胺等。

② 有机金属化合物。二丁基二月桂酸锡（DBTDL）、辛酸亚锡（SnOct）、环烷酸铅、环烷酸钴和环烷酸锌等。

③ 有机磷。三丁基磷和三乙基磷等。

④ 酸、碱和微量水溶性金属盐。冰醋酸、氢氧化钠和酚钠等。

各种催化剂的催化反应是不同的，催化速度也不一，见表 2-59。

表 2-59　一些催化剂的催化作用

| 催化剂 | $-NCO/-OH=1:1$ 密封后的凝胶时间/min | | |
| --- | --- | --- | --- |
| | TDI | XDI | HDI |
| 无 | >240 | >240 | >240 |
| 三乙胺 | 120 | >240 | >240 |
| 三亚乙基二胺 | 4 | 80 | >240 |
| 辛酸亚锡 | 4 | 3 | 4 |
| 二月桂酸二丁基锡 | 6 | 3 | 3 |
| 辛酸铅 | 2 | 1 | 2 |
| 邻苯基苯酚钠 | 4 | 6 | 3 |
| 油酸钾 | 10 | 6 | 3 |
| 三氯化铁 | 6 | 0.5 | 0.5 |
| 环烷酸锌 | 20 | 6 | 10 |
| 辛酸钴 | 12 | 4 | 4 |

注：表中—OH组分为多元醇或水。

## 2.7.3　生产工艺

### 2.7.3.1　双组分聚氨酯胶黏剂生产工艺

（1）配方组成及原材料消耗定额　见表 2-60。

表 2-60　配方组成与原材料消耗定额

| 组分 | 原　料 | 规　格 | 消耗定额/kg |
| --- | --- | --- | --- |
| 甲组分 | 己二酸 | 工业 | 735 |
| | 乙二醇 | 工业 | 367.5 |
| | 乙酸乙酯 | 工业 | 约 2295 |
| | 甲苯二异氰酸酯 | 工业 | 约 73.5 |
| 乙组分 | 三羟甲基丙烷 | 工业 | 60 |
| | 甲苯二异氰酸酯 | 工业 | 246.5 |
| | 乙酸乙酯 | 工业 | 212 |

（2）工艺流程　双组分聚氨酯胶黏剂生产装置如图 2-12 所示。

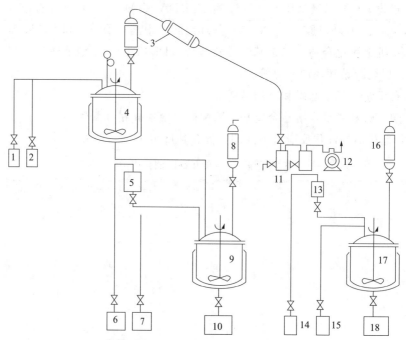

图 2-12 双组分聚氨酯胶黏剂生产装置

1，2，6，14—贮料槽；3，8，16—冷凝器；4—聚酯（聚醚）釜；5，13—高位槽；7，15—TDI 槽；<br>9—预聚釜；10—甲组分贮槽；11—贮水槽；12—真空泵；17—反应釜；18—乙组分贮槽

① 甲组分生产工艺。不锈钢反应釜中投入 367.5kg 乙二醇，加温并搅拌，加入 735kg 己二酸，逐步升温到 200～210℃，出水量达 185kg。当酸值（以 KOH 计，余同）达到 40mg/g，减压至 0.048MPa，釜内温度 200℃，出水 8h，酸值达 10mg/g 时，再减至 0.67kPa 以下，内温控制在 210℃，减压去醇 5h，控制酸值 2mg/g 出料，制得羟值（以 KOH 计）为 50～70mg/g（相对分子质量 1600～2240），外观为浅黄色聚己二酸-乙二醇，产率为 70%。

② 乙组分生产工艺。反应釜内加 246.5kg 甲苯二异氰酸酯（80/20）和 212kg 醋酸乙酯（一级品），开动搅拌器，滴加预先熔融的三羟甲基丙烷 60kg，控制滴加温度 65～70℃，2h 滴完，并在 70℃保温 1h。冷却到室温，制得外观为浅黄色的黏稠液（乙组分），产率为 98%。

（3）产品性能指标及用途 甲：乙＝100：（10～50）（粘接橡胶取下限，粘接金属取上限）。粘铝合金常温剪切强度＞8MPa（甲/乙＝100/20），主要用于粘接金属、玻璃、陶瓷、木材、皮革、塑料、泡沫塑料，还可以用作织物、皮革、涤纶薄膜的涂料。

### 2.7.3.2 单组分湿固化聚氨酯密封胶生产工艺

单组分湿固化聚氨酯密封胶是由端 NCO 基团聚氨酯预聚体与填料、增塑剂、添加剂配合而成。聚氨酯预聚体的质量和稳定性直接影响密封胶的各项技术指标。端 NCO 基聚氨酯密封胶的制备是采用两步法完成的。

第一步：先合成端 NCO 基聚氨酯预聚体。

第二步：以端 NCO 基聚氨酯预聚体为基础聚合物，再加入催化剂、补强或增量填料以及其他添加剂（如增塑剂、流变改性剂、除湿剂、黏附促进剂、抗热氧老化剂、UV 吸收剂、阻燃剂和着色剂等）相配合，在真空干燥条件下充分混合均匀，制得聚氨酯密封胶。

（1）端 NCO 基聚醚预聚体的合成　预聚体配方组成见表 2-61。

**表 2-61　预聚体配方组成**

| 配方组成 | 质量份 | 配方组成 | 质量份 |
|---|---|---|---|
| 聚双丙二醇(当量 1000) | 67.7 | 甲苯二异氰酸酯 | 13.1 |
| 聚三丙二醇(当量 1600) | 19.1 | 二月桂酸二丁基锡 | 0.1 |

注：NCO/OH 为 1。

将聚双丙二醇、聚三丙二醇加入反应釜中，110℃脱水 2h，然后冷却 50℃，再入甲苯二异氰酸酯、二月桂酸二丁基锡，加温到 80℃，反应稳定在 80℃，需要时可加热保持 80℃，温度超过 85℃时要冷却。每小时取样检测 NCO 含量，直到 NCO 含量为 3%±0.2%，为反应终点。立即冷却到 60℃。

（2）单组分湿气固化聚氨酯密封胶生产工艺

① 配方组成及原材料消耗定额。见表 2-62。

**表 2-62　配方组成及原材料消耗定额**

| 原　料 | 规　格 | 消耗定额/kg |
|---|---|---|
| 异氰酸酯预聚物[①] | 工业 | 30.0 |
| 邻苯二甲酸酯增塑剂 | 工业 | 23.0 |
| 钛白粉(金红石型) | 工业 | 2.0 |
| 碳酸钙(精加工) | 工业 | 34.5 |
| 沉析二氧化硅 | 工业 | 6.0 |
| 分子筛 | 工业 | 1.0 |
| KH-560 | 工业 | 1.0 |
| 紫外线吸收剂 | 工业 | 0.5 |
| 甲苯 | 工业 | 2.0 |
| 二月桂酸二丁基锡 | 工业 | 0.1 |

① 预聚物(3%未固化的异氰酸酯)。配方与生产工艺见(1)端 NCO 基聚醚预聚体的合成。

② 工艺流程。单组分湿气固化聚氨酯密封胶生产流程见图 2-13，所用生产设

备见图 2-14。

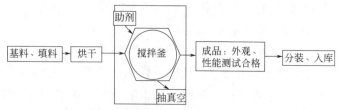

图 2-13  单组分湿气固化聚氨酯密封胶生产流程

图 2-14  单组分潮气固化聚氨酯密封胶搅拌设备

单组分湿气固化聚氨酯密封胶生产工艺如下。

a. 填料干燥  把碳酸钙、$TiO_2$、气相法 $SiO_2$ 放入干燥箱或干燥机中烘干，使之水分含量降到 $2000 \times 10^{-6}$ 以下。

b. 将异氰酸酯预聚物、苯二甲酸二辛酯（DOP）、气相法 $SiO_2$、抗氧剂、紫外线吸收剂放入行星搅拌釜，搅拌 30min 使异氰酸酯预聚物和其它物料混合均匀。搅拌同时抽真空至大约 3mmHg（$1mmHg = 1.3332 \times 10^2 Pa$），加热使釜内温度在 120℃，然后慢速搅拌使釜内物料水分含量在 $800 \times 10^{-6}$ 以下，通常在 110℃、3mmHg 真空下 2～3h 即可使物料水分含量在 $800 \times 10^{-6}$ 以下。

c. 加 $N$-$\beta$-氨乙基-$\gamma$-氨丙基三甲氧基硅烷、乙烯基三甲氧基硅烷（A-171）于行星搅拌釜中，在氮气保护搅拌 30min 使之混合均匀。

d. 加二月桂酸二丁基锡（固化催化剂）于行星搅拌釜中，在氮气保护搅拌 30min 使之混合均匀。再在 3mmHg 真空下脱气泡 5min。

e. 密封移到灌装机灌装。

## 2.8　硅烷封端聚醚密封胶和硅烷封端聚氨酯密封胶

聚氨酯密封胶和有机硅密封胶以其优良的性能在工程领域得到了广泛的应用，但它们也存在某些缺点，使它们在扩大应用中受到一定的影响。例如，有机硅密封胶具有良好抗形变能力和优异的耐久性，但长期使用中会引起胶体内部的低分子内含物外渗，对接缝的周边和密封连接处的邻近部位产生污染，并且其表面的涂饰性也比较差。聚氨酯密封胶由于具有良好的高弹性、低温柔韧性、耐磨性以及较高物理力学性能等优点，使之在建筑、汽车和船舶等领域中获得较广泛的应用，但其主要不足是在高温和高湿环境中容易在胶层中发泡；对无孔基材（如玻璃、金属等）的构件进行粘接密封时一般需施用底胶；聚氨酯密封胶中的 NCO 基PU 预聚体，其 NCO 基对湿气十分敏感，如处理不当容易影响体系的贮存稳定性；一般通用性聚氨酯密封胶耐热性较差等。

近年来，为弥补聚氨酯密封胶和有机硅密封胶的某些缺陷，开发出了硅烷改性（MS）聚醚密封胶和硅烷改性聚氨酯（SPUR）密封胶。这两类密封胶具有室温下快速固化，良好的耐候、耐水、耐热、耐老化，良好的粘接性、涂饰性、环境友善性、对基材适应性广及不含游离的异氰酸基等特点。它在不施用底胶下的粘接范围已从无孔材料（如玻璃、金属等基材）扩展到工程塑料（如 PVC、ABS、聚苯乙烯和聚丙本酯等），从一般的基材表面扩展到各种漆面（如丙烯酸酯类、环氧类、聚氨酯类和瓷漆类等漆面）。这样广的粘接范围和对基材适应性将预示着这类密封胶适于在建筑业、汽车制造业、铁路运输业、集装箱制造、金属和非金属加工业、设备制造、空调和通风装置等领域中推广应用，也预示着它将具有较广阔的应用前景。

作为端硅烷基聚醚密封胶的基础聚合物，于 1979 年首先由日本钟渊化学工业（株）开发上市，并相继研制开发出端硅烷基聚醚密封胶。从性能的角度考虑，端硅烷基聚醚密封胶的综合性能以及综合性能平衡性都比较优越，为此，此类弹性密封胶从 20 世纪 80 年代开始，就获得迅速发展。

20 世纪 80 年代后期，美国和欧洲也对端硅烷基聚醚基础聚合物及其弹性密封胶、弹性胶黏剂进行研究开发。为了加速这类新产品的开发，在 1991 年美国联碳公司的子公司（Union Carbon Chemical and Plastic）与日本钟渊化学工业（株）合资在美国开办了 Silmod 公司，生产了 Silmod20A、Silmod300 和 SilmodSAT-20 等端硅烷基聚醚基础聚合物和相关的弹性密封胶和弹性胶黏剂新产品。日本钟渊化学工业（株）在欧洲也有端硅烷基聚醚基础聚合物生产工厂，汉高 Teroson 公司、Bostik-Findley 公司都有 MS 弹性密封胶产品生产。端硅烷基聚醚类弹性密封胶占欧洲密封胶市场的 25％，大约占日本建筑弹性密封胶市场销售量的 1/3。

硅烷改性（MS）聚醚密封胶和硅烷改性聚氨酯（SPUR）密封胶具优良的综合性能和广阔的市场前景，我国的科研和生产单位一直关注和跟踪它的发展方向。目前国内已有多家化工研究院、研究所、大学和相关化工生产厂正开展端硅烷基聚醚弹性密封胶的研究开发工作，部分厂家已开始批量生产。

## 2.8.1 配方组成及固化机理

### 2.8.1.1 配方组成

（1）基础聚合物（SPUR 树脂或 MS 树脂）

① SPUR 树脂是端硅烷基聚氨酯预聚体。其结构特点是通过官能基硅烷与通常的端 NCO 基聚氨酯预聚体反应，使聚氨酯预聚体的端 NCO 基被官能基硅烷基团取代，变成一种端硅烷基聚氨酯预聚体。也可通过含异氰酸酯基的官能基硅烷与端羟基聚氨酯预聚体进行加成反应，使之成为端硅烷基聚氨酯预聚体，其结构如下。

$$OCN \sim\sim O-\underset{\underset{O}{\parallel}}{C}NH-R-NH\underset{\underset{O}{\parallel}}{C}-O\sim\sim NCO \xrightarrow{HN-(CH_2)_3Si(OCH_3)_3}$$

端异氰酸酯基聚氨酯预聚体

$$(CH_3O)_3Si(CH_2)_3-N-\underset{\underset{O}{\parallel}}{C}NH\sim\sim O-\underset{\underset{O}{\parallel}}{C}HN-R-NHC-O\sim\sim NHC-N-(CH_2)_3Si(OCH_3)_3$$

端硅烷基聚氨酯预聚体

② MS 树脂是端硅烷基聚醚预聚体。它是将含有可水解的官能基的硅烷化合物通过相关的化学反应使之连接到平均分子量为 5000～10000，且具有双官能度的聚醚的端基上而制得的。MS 聚合物的结构特征是主链为大分子聚醚，端基是含有可水解基团的硅烷基，其结构如下。

$$\underset{R'O}{\overset{R'O\quad R}{Si}}-CH_2CH_2CH_2\{O-CH-CH_2\}_n-O-CH_2CH_2CH_2\underset{OR'}{\overset{R\quad OR'}{Si}}$$
$$\overset{CH_3}{|}$$

R 为 $C_1\sim C_2$ 的烷基；R' 为 Me 或 Et

（2）增塑剂 常用的增塑剂有邻苯二甲酸二辛酯、邻苯二甲酸二（十三烷基）酯、环氧类增塑剂、聚丙二醇单丁醚等。

（3）填料 常用的填料有碳酸钙（经表面处理）、二氧化钛、超细石英粉和云母粉、炭黑等。

（4）触变剂 主要用来改进密封剂的触变性（抗下垂性）和提高胶层强度。常用的触变剂有氢化蓖麻油、气相法白炭黑等。

（5）脱水剂 主要是除去预聚物中微量水分，常用的脱水剂有单官能团异氰酸酯、氧化钙、硫酸铝等。

（6）黏附促进剂（偶联剂）　主要指官能基硅烷，如 $\gamma$-氨丙基三甲氧基硅烷、N-苯基 $\gamma$-氨丙基三甲氧基硅烷、$\gamma$-脲基丙基三甲氧基硅烷等。

（7）催化剂　其作用是加速端硅烷基 SPUR 树脂或 MS 树脂的硫化速度，常用的催化剂为有机锡化合物如二月桂酸二丁基锡，及有机锡化合物与烷基胺的复合物如辛酸锡-月桂胺复合催化剂等。

（8）其它添加剂　根据需要可添加其它助剂如防老剂、抗氧剂、稳定剂、阻燃剂、颜料等。

### 2.8.1.2　固化机理

MS 和 SPUR 密封胶固化机理与单组分 RTV 有机硅密封胶一样，属于湿气固化，密封胶中的端硅烷基聚氨酯预聚体或端硅烷基聚醚预聚体在室温、湿气和适当催化剂存在下，预聚体端硅烷基中的烷氧基将快速水解成硅醇基，硅醇基经缩聚反应使密封胶体系交联成三维网络结构，其交联反应如下。

固化交联形成的网络中，网络的交联点是 Si—O—Si 键构成，而网络交联点与交联点之间为聚氨酯或聚醚的柔链结构。亦即整个交联网络是由上述两种不同的化学键和化学链所组成，所以给基础聚合物带来良好的柔曲性、高延伸性和耐水解性能。除此之外，端硅烷基聚醚的端基一般为含有 $\geqslant 2$ 个烷氧基的甲硅烷基团，它与空气中的湿气接触后，在催化剂存在下通过水解-缩合反应形成 Si—O—Si 键。给体系带来耐候、耐水、耐老化和耐久等优良性能。

SPUR 密封胶的固化交联是借助硅烷中的烷氧基在室温湿气作用下进行水解、缩聚反应完成。在此过程中不放出 $CO_2$，因此该密封胶体系即使在高温、高湿的环境下也不会发泡。由于固化交联结构中含有 Si—O—Si 键，使密封胶具有优良的耐候、耐水、耐化学介质、耐防冻液、耐燃油、耐机械传动油和耐热等特性。

SPUR 密封胶体系既无游离的异氰酸酯，又无带污染性的固化渗出物逸出，不会污染被粘基材的表面和周边。此外它还具有优良的上漆性能。

密封胶中的 MS 树脂或 SPUR 预聚体，由于其端烷基中含有硅-烷氧基（Si—OR），它经水解后生成的硅醇基（Si—OH）可直接与玻璃表面的羟基或与金属表面的金属氧化物、羟基形成化学键或氢键，有助于对未经表面处理的玻璃和金属表面形成有效的粘接、密封。例如对汽车风挡玻璃或车窗玻璃与金属框架的粘接、密封，效果良好。

## 2.8.2 典型配方分析及技术关键

### 2.8.2.1 SPUR 和 MS 密封胶典型配方分析

（1）SPUR 密封胶典型配方分析　见表 2-63。

表 2-63　SPUR 密封胶典型配方分析

| 配方组成 | 质量份 | 各组分作用分析 | 固化性能 |
|---|---|---|---|
| 端硅烷基聚氨酯预聚体（SPUR 预聚体） | 100 | 基础聚合物 | |
| 苯二甲酸二异癸酯（DIDP） | 40 | 增塑剂 | |
| 超细碳酸钙 | 100 | 填料 | |
| 气相法白炭黑 | 6 | 触变剂 | 表干时间 10～20min，拉伸强度 2MPa，断裂伸长率 300% |
| 钛白粉 | 5 | 颜料 | |
| N-β-氨乙基-γ-氨丙基三甲氧基硅烷 | 2 | 交联剂 | |
| 乙烯基三甲氧基硅烷（A-171） | 1 | 偶联剂 | |
| 二月桂酸二丁基锡 | 0.25 | 固化催化剂 | |

（2）单组分 MS 密封胶典型配方分析　见表 2-64。

表 2-64　单组分 MS 密封胶配方分析

| 配方组成 | 质量份 | 各组分作用分析 | 固化性能 |
|---|---|---|---|
| 端硅烷基聚醚预聚体（MS 树脂） | 100 | 基础聚合物 | |
| 邻苯二甲酸二辛酯（DOP） | 55 | 增塑剂 | |
| 超细碳酸钙 | 120 | 填料 | |
| 气相法白炭黑 | 2 | 触变剂 | |
| 钛白粉 | 20 | 颜料 | |
| 单官能团异氰酸酯 | 2 | 脱水剂 | 表干时间 10～20min，拉伸强度 2MPa，断裂伸长率 500% |
| 抗氧剂 | 1 | 抗氧剂 | |
| 紫外线吸收剂 | 1 | 紫外线吸收剂 | |
| N-β-氨乙基-γ-氨丙基三甲氧基硅烷 | 3 | 交联剂 | |
| 乙烯基三甲氧基硅烷（A-171） | 1 | 偶联剂 | |
| 二月桂酸二丁基锡 | 2 | 固化催化剂 | |

（3）双组分MS密封胶典型配方分析　见表2-65。

表2-65　双组分MS密封胶配方分析

| 组分 | 原材料名称 | 质量份 | 作用分析 | 固化性能 |
|---|---|---|---|---|
| A组分 | SMP-2端硅烷基聚醚 | 100 | 基础聚合物 | 表干时间10～20min，拉伸强度2MPa，断裂伸长率500% |
| | 增塑剂 | 55 | 增塑剂 | |
| | 碳酸钙 | 120 | 填料 | |
| | 二氧化钛 | 8 | 颜料 | |
| | 表面改性剂 | 5 | 表面改性剂 | |
| | 触变剂 | 6 | 触变剂 | |
| | 抗氧剂 | 1 | 抗氧剂 | |
| | 紫外光吸收剂 | 1 | 紫外光吸收剂 | |
| B组分 | 辛酸亚锡 | 3 | 固化催化剂 | |
| | 十二烷基胺(月桂胺) | 0.5～1 | 促进剂 | |
| | $TiO_2$填料 | 20 | 颜料 | |
| | 增塑剂 | 6～6.5 | 增塑剂 | |

### 2.8.2.2　技术关键

（1）MS树脂与SPUR预聚体　端硅烷基聚醚预聚体（MS树脂）、端硅烷基聚氨酯预聚体（SPUR预聚体）的种类、相对分子质量及黏度决定固化物的性能。应根据不同的性能要求选择或合成合适的MS或SPUR树脂。在合成端硅烷基聚醚预聚体（MS树脂）、端硅烷基聚氨酯预聚体（SPUR预聚体）时，聚醚的类型和分子量、硅烷封端剂都对密封胶的性能产生很大影响，表2-66、表2-67中SPUR密封胶的配方组成相同，它们的区别是在制备端NCO基聚氨酯预聚体时所用的原料、NCO/OH的摩尔比以及SPUR预聚体的部分硅烷封端剂的种类不同，参见表2-66和表2-67表注。

表2-66　聚醚的类型和分子量、硅烷封端剂对密封胶性能的影响（1）

| 硅烷封端剂类型 | 伸长率/% | 拉伸强度/MPa | 撕裂强度/(N/mm) | 硬度(Shore A) | 表干时间/h |
|---|---|---|---|---|---|
| γ-巯基丙基三甲氧基硅烷 | 80 | 3.93 | 13.10 | 60 | 3 |
| γ-氨丙基三甲氧基硅烷 | 65 | 5.86 | 9.63 | 75 | 3 |
| γ-脲基丙基三甲氧基硅烷 | 90 | 5.52 | 12.26 | 65 | 1 |
| N-苯基γ-氨丙基三甲氧基硅烷 | 105 | 5.10 | 9.63 | 65 | 1 |

注：所用密封胶端NCO基聚氨酯预聚体是以4,4'-MDI、PPG-2000聚氧化丙烯二醇为基本原料，按照NCO/OH摩尔比为2被得。

**表 2-67** 聚醚的类型和分子量、硅烷封端剂对密封胶性能的影响（2）

| 硅烷封端剂类型 | 伸长率/% | 拉伸强度/MPa | 撕裂强度/(N/mm) | 硬度(Shore A) | 表干时间/h |
|---|---|---|---|---|---|
| γ-巯基丙基三甲氧基硅烷 | 580 | 1.38 | 5.25 | 40 | 4 |
| γ-氨丙基三甲氧基硅烷 | 350 | 1.79 | 10.51 | 47 | 2 |
| γ-脲基丙基三甲氧基硅烷 | 350 | 1.24 | 8.76 | 30 | 3 |
| N-苯基γ-氨丙基三甲氧基硅烷 | 590 | 2.41 | 8.76 | 43 | 0.5 |

注：所用密封胶端 NCO 基聚氨酯预聚体是以 4,4'-MDI、PPG-4000 聚氧化丙烯二醇为基本原料，按照 NCO/OH 摩尔比为 1.5 被制得。

由于表 2-66 中的端 NCO 基聚氨酯预聚体的合成采用了相对分子质量为 2000 的聚氧化丙烯二醇和 NCO/OH 的摩尔比为 2。而表 2-67 中的端 NCO 基聚氨酯预聚体的合成采用了相对分子质量为 4000 的聚氧化丙烯二醇和 NCO/OH 的摩尔比为 1.5。所以在物理力学性能方面明显呈现出：前者的伸长率低，拉伸强度和硬度都比较高，而后者情况正好相反，伸长率高，拉伸强度和硬度都比较低。

（2）硅烷封端剂的类型和硅烷分子中官能基的性质　硅烷封端剂的类型和硅烷分子中官能基的性质与结构对它与聚氨酯预聚体的反应速度、反应活性以及对 SPUR 预聚体性能的影响均起重要作用。硅烷分子中官能基的数目与性质很大程度上控制了固化交联反应以及 SPUR 密封胶的综合性能。例如，二烷氧基硅烷封端剂与三烷氧基硅烷封端剂相比，前者给密封胶的固化交联体系带来更大的柔曲性和伸长率，但其固化交联速度较慢，室温表干时间较长，体系的刚性下降，适于制备低模量、高伸长率的 SPUR 胶。后者会导致体系固化交联反应速度加快，室温表干时间较短和交联产物的刚性增大，更适合制备高模量的密封胶产品。目前已经发现采用 N-苯基-γ-氨丙基三甲氧基硅烷封端剂（Silquest Y-9669 硅烷），并以 Witco SPUR 工艺合成的 SPUR 密封胶具有室温固化速度快，表干时间短，柔曲性优良以及耐候、耐化学和物理力学性能良好等特点。

（3）黏附促进剂（偶联剂）　黏附促进剂（偶联剂）的种类和用量对密封剂的粘接强度有很大影响，端硅烷基聚醚密封胶、端硅烷基聚氨酯密封胶由于都含有官能基的硅烷基团，加上密封胶的配方组分中含有黏附促进剂（偶联剂），上述这两种因素的结合，使该类密封胶在不施用底剂的情况下可以对不同材料形成良好的粘接。黏附促进剂（偶联剂）的种类和用量对密封剂的粘接强度有很大影响，表 2-68 是密封胶中 A-1120 的三个不同用量 0.8 份、1.5 份和 2.0 份，对密封胶物理机械性能和对金属、非金属基材黏附性的影响。

表 2-68　不同用量黏附促进剂对密封胶物理机械性能和黏附性的影响

| 性　　能 | 黏附促进剂（偶联剂）用量（100 份树脂的用量） | | |
| --- | --- | --- | --- |
| | 2.0 | 1.5 | 0.8 |
| 表干时间/h | 3.5 | 3.25 | 3.25 |
| 硬度(Shore A) | 26 | 24 | 28 |
| 拉伸强度/MPa | 1.35 | 1.31 | 1.25 |
| 100％模量/MPa | 0.54 | 0.46 | 0.39 |
| 200％模量/MPa | 0.94 | 0.82 | 0.71 |
| 撕裂强度/(N/mm) | 4.9 | 4.73 | 4.38 |
| 伸长率/％ | 296 | 324 | 366 |
| 密封黏度/(mPa·s) | 415600 | 422400 | 435200 |
| 粘接强度(剥离强度)/(N/mm) | | | |
| 　铝 | 3.15 | 3.67 | 2.80 |
| 　玻璃 | 3.5 | 4.02 | 3.50 |
| 　PVC | 3.15 | 4.02 | 3.67 |
| 　ABS | 3.32 | 3.50 | 2.97 |
| 　聚苯乙烯 | 3.15 | 4.02 | 0.53 |
| 　聚丙烯酸酯 | 0.53 | 0.53 | 0.35 |

（4）水分含量　MS 和 SPUR 密封胶是潮气硫化，因此，填料的水分含量及生产过程空气湿度对性能影响很大，填料中水分含量应低于 0.5％，而且生产前必须干燥后才能加入。成品胶禁止在空气中曝露，生产环境空气湿度不要大于 70％。否则，将严重影响密封胶的贮存稳定性。

（5）催化剂的种类和添加量　催化剂的种类和添加量对密封胶的表干时间和贮存稳定性有很大影响。

## 2.8.3　生产工艺

### 2.8.3.1　MS 密封胶的生产工艺

端硅烷基聚醚密封胶的制备是采用两步法完成的。

第一步：先合成端硅烷基聚醚预聚体。

第二步：以端硅烷基聚醚预聚体为基础聚合物，再与交联反应催化剂、补强或增量填料以及其他添加剂（如增塑剂、流变改性剂、除湿剂、黏附促进剂、抗热氧老化剂、UV 吸收剂、阻燃剂和着色剂等）相配合，在真空干燥条件下充分混合均匀，制得端硅烷基聚醚密封胶。

（1）端硅烷基聚醚预聚体的合成　端硅烷基聚醚预聚体一般是指日本钟渊化学工业（株）（KANEKA）的 MS 树脂。MS 聚合物是以烯丙基聚醚醇、端羟基聚醚等为原料，按下面的反应式引入甲基二甲氧基甲硅烷基而制得。

首先，以烯丙基聚醚醇、端羟基聚醚等为原料，以二卤甲烷（$H_2CX_2$）为扩链剂，在苛性碱催化剂存在下通过扩链反应制得烯丙基封端的聚醚中间体。

$$CH_2{=}CH_2CH_2O{\sim\!\sim\!\sim}OH \ + \ HO{\sim\!\sim\!\sim}OH \xrightarrow[H_2CX_2]{苛性碱} CH_2{=}CH_2CH_2O{\left(\!{\sim\!\sim\!\sim}OCH_2O\!\right)_{\overline{1\sim2}}}{\sim\!\sim\!\sim}OH$$

$$CH_2{=}CH_2CH_2O{\left(\!{\sim\!\sim\!\sim}OCH_2O\!\right)_{\overline{1\sim2}}}{\sim\!\sim\!\sim}OH \xrightarrow{CH_2{=}CH_2CH_2X}$$

$$CH_2{=}CH_2CH_2O{\left(\!{\sim\!\sim\!\sim}OCH_2O\!\right)_{\overline{1\sim2}}}{\sim\!\sim\!\sim}OCH_2CH{=}CH_2 \xrightarrow[精制]{脱盐} 精制的中间体$$

然后，将精制的中间体进行端硅烷基化反应，制得端硅烷基聚醚产物，亦及在铂系催化剂存在下，使精制的中间体与甲基二甲氧基甲硅烷反应制得 MS 聚合物。

$$CH_2{=}CH_2CH_2O{\left(\!{\sim\!\sim\!\sim}OCH_2O\!\right)_{\overline{1\sim2}}}{\sim\!\sim\!\sim}OCH_2CH{=}CH_2 \ + \ \overset{\overset{\textstyle CH_3}{\textstyle |}}{MSi(OCH_3)_2} \xrightarrow{铂催化剂}$$

$$(CH_3O)_2{-}\overset{\overset{\textstyle CH_3}{\textstyle |}}{Si}{-}(CH_2)_3O{\left(\!{\sim\!\sim\!\sim}OCH_2O\!\right)_{\overline{1\sim2}}}{-}O{-}(CH_2)_3{-}\overset{\overset{\textstyle CH_3}{\textstyle |}}{Si}(OCH_3)_2$$

MS 聚合物（$\sim\!\sim\!\sim$代表聚醚键）

（2）端硅烷基聚醚密封胶的配制

① 配方组成与原料消耗定额。见表 2-69。

表 2-69　配方组成与原料消耗定额

| 原　　料 | 规　　格 | 消耗定额/kg |
|---|---|---|
| 端硅烷基聚醚预聚体(MS) | 工业 | 100 |
| 邻苯二甲酸二辛酯(DOP) | 工业 | 55 |
| 超细碳酸钙 | 工业 | 120 |
| 气相法白炭黑 | 工业 | 2 |
| 钛白粉 | 工业 | 20 |
| 单官能团异氰酸酯 | 工业 | 2 |
| 抗氧剂 | 工业 | 1 |
| 紫外线吸收剂 | 工业 | 1 |
| $N$-$\beta$-氨乙基-$\gamma$-氨丙基三甲氧基硅烷 | 工业 | 3 |
| 乙烯基三甲氧基硅烷 | 工业 | 2 |

② 工艺流程

a. 填料干燥。把碳酸钙、$TiO_2$、气相法白炭黑放入干燥箱或干燥机中烘干，使之水分含量降到 2000mg/kg 以下。

b. 将 MS 树脂、邻苯二甲酸二辛酯、气相法白炭黑、抗氧剂、紫外线吸收剂放入行星搅拌釜，搅拌 30min 使 MS 树脂和其它物料混合均匀。搅拌同时抽真空至大约 3mmHg，加热使釜内温度在 120℃，然后慢速搅拌使釜内物料水分含量在 $800 \times 10^{-6}$ 以下，通常在 110℃、3mmHg（1mmHg＝133.32Pa）真空下 2～3h 即可使物料水分含量在 $800 \times 10^{-6}$ 以下。

c. 加 N-$\beta$-氨乙基-$\gamma$-氨丙基三甲氧基硅烷、乙烯基三甲氧基硅烷于行星搅拌釜中，在氮气保护搅拌 30min 使之混合均匀。

d. 加二月桂酸二丁基锡于行星搅拌釜中，在氮气保护搅拌 30min 使之混合均匀。再在 3mmHg 真空下脱气泡 5min。

e. 密封移到灌装机灌装。

#### 2.8.3.2　SPUR 密封胶的生产工艺

端硅烷基聚氨酯密封胶的制备是采用两步法完成的。

第一步：先合成端 NCO 基或端羟聚氨酯预聚体，然后通过以含氨基的二烷氧基硅烷或三烷氧基硅烷对端 NCO 基聚氨酯预聚体进行封端反应，或者以含异氰酸酯基的二烷氧基硅烷或三烷氧基硅烷对端羟基聚氨酯预聚体进行封端反应，制得端硅烷基聚氨酯预聚体。

第二步：以端硅烷基聚氨酯预聚体为基础聚合物，再与交联剂反应、催化剂、补强或增量填料以及其他添加剂（如增塑剂、流变改性剂、除湿剂、黏附促进剂、抗热氧老化剂、UV 吸收剂、阻燃剂和着色剂等）相配合，在真空干燥条件下充分混合均匀，制得端硅烷基聚氨酯密封胶。下面以 Witco 公司的 SPUR 合成工艺为基础，简述 SPUR 密封胶的制备。

（1）合成 SPUR 密封胶的主要原料

合成 SPUR 密封胶的主要原料，名称、型号、部分规格和生产厂家如下。

① 二异氰酸酯（Mondor M or ML）　　　　　　　　　　Miles

② 聚醚多元醇（PPGD-4000）　　　　　　　　　　　　Olin

③ 苯二甲酸二癸酯（Jayflex DIDP）　　　　　　　　　Exxon

④ 二月桂酸二丁基锡（DBTDL）　　　　　　　　　　Aldrich/Witco

⑤ 二丁基氧化锡（DBTO）　　　　　　　　　　　　　Aldrich/Witco

⑥ 碳酸钙（$CaCO_3$）　　　　　　　　　　　　　　　Aldrich/Witco

a. 沉淀法，0.75$\mu$m（Albaglos）/沉淀法，0.6$\mu$m（Albacar）

b. 沉淀法，表面处理，0.07$\mu$m（Ultra-Pflex）

c. 沉淀法，表面处理，0.7$\mu$m（Super-Pflex）/研磨，表面处理 3.5$\mu$m（Hi-Pflex）

⑦ $SiO_2$（Silicon dioxide）　　　　　　　　　　　　Cabot

Ts720（表面处理）/R972

⑧ TiO₂（Titanirm Dioxide）                Du Pont

R960，R902

⑨ UV 吸收剂（Tinuvin327）/UV 稳定剂（Tinuvin770）Ciba-Geigy

⑩ 硅烷（Silquest™ Silanes）                Osi Spexialtics Inc.

（2）物料计算

① 合成聚氨酯预聚体时反应物料的计算

a. NCO/OH 的比值是合成人员预先选定的。在合成端硅烷基聚氨酯预聚体时一般采用 NCO/OH＝1.5 左右。

b. 聚醚多元醇的羟值，在每批原料的技术指标中均有记载。

c. 官能度：对聚醚二醇和聚酯二醇而言都是等于 2；对三醇、二醇的混合体系，合成前需预先确定。

d. MDI 的质量是根据完成此合成所需聚氨酯预聚体的量来确定的。MDI 的相对分子质量为 250。

e. MDI 物质的量

$$MDI 的物质的量 = \frac{MDI 的质量}{MDI 的相对分子质量}$$

f. 多元醇的相对分子质量

$$聚醚多元醇的相对分子质量 = \frac{56100 \times 官能度}{羟值}$$

g. 聚醚多元醇所需质量

$$聚醚多元醇所需质量 = \frac{MDI 物质的量 \times 聚醚多元醇的相对分子质量}{NCO/OH 比值}$$

② PU 预聚体中 NCO 基百分含量的确定。这里是用化学滴定法对聚氨酯预聚体中的 NCO 基百分含量进行测定，其程序如下。

先从聚氨酯预聚体中取出 0.3～0.5g 样品，放入一个已准确称量的广口瓶中，并准确称其质量。将 25mL 由 8.3g 二丁胺（DBA）和 500mL 甲乙酮所组成的溶液添加到上述样品中，搅拌几分钟直至样品溶解。然后滴入几滴溴甲酚绿指示剂溶注入（该溶液由 0.1g 溴甲酚绿粉与 1L 甲醇混合均匀制得）。接着用 0.1mol/L HCl 溶液滴定 PU 预聚体样品，直到黄色终点出现，记录其滴定度（所用 HCl 滴定液的体积，mL）。

同时进行用 0.1mol/L HCl 溶液滴定 25mL 二丁胺/甲乙酮溶液的空白实验，直到黄终点出现，并记录其滴定度（所用 HCl 滴定液的体积，mL）。

$$NCO\% = \frac{(空白滴定度 - 样品滴定度) \times 0.1 \times 42 \times 100}{100 \times 样品质量} \tag{2-1}$$

③ 与 PU 预聚体反应的硅烷用量的确定

a. 硅烷封端剂的种类由合成人员选定。

b. 硅烷的相对分子质量根据分子式计算而得。

c. 聚氨酯预聚体的质量依据配方的要求来确定。

d. NCO 基的百分含量（NCO%）根据上述式（2-1）计算而得。

e. 硅烷封端剂与 PU 预聚体进行封端反应时的用量可依据下述的式（2-2）计算来确定。

$$硅烷用量(g) = \left( \frac{NCO\%}{100} \times PU\text{ 预聚体质量} \times 1.05 \times \text{硅烷相对分子质量} \right) \div 42$$

$$(2-2)$$

式中，1.05 表示用此式计算得到的硅烷用量是过量 5%。

④ 计算实例

a. 有关的几个设定

ⅰ. 设定 1　聚醚多元醇（Olin PPG-D-4000 Lot 3DR 192U94），OH$^{\#}$（羟值）为 27.6，官能度为 2。

$$聚醚二醇相对分子质量 = \frac{56100 \times 2}{27.6} = 4065.2$$

ⅱ. 设定 2　MDI 的质量为 28g，MDI 的相对分子质量为 250，

$$MDI\text{ 的物质的量} = \frac{28}{250} = 0.112$$

ⅲ. 设定 3　合成中采用 NCO/OH = 1.5。

ⅳ. 设定 4　对聚氨酯预聚体的 NCO 基百分含量（NCO%）的滴定分析中空白滴定度 = 38.4mL，样品滴定度 = 37.7mL，样品质量 = 0.4g。

b. 有关各量的计算

ⅰ. $NCO\% = \dfrac{0.7 \times 0.1 \times 42 \times 100}{1000 \times 0.4} = 0.74$

ⅱ. 聚醚二元醇所需质量 = $\dfrac{0.112 \times 4065.2}{1.5} = 303.5$（g）

ⅲ. 硅烷封端剂用量的计算

采用的硅烷封端剂为 N-苯基-γ-氨丙基三甲氧基硅烷（Y-9669），其相对分子质量为 255；聚氨酯预聚体的总质量为 331g，硅烷封端剂所需的质量可按式（2-2）计算确定，具体计算如下。

$$硅烷所需质量 = \left( \frac{0.74}{100} \times 331 \times 1.05 \times 255 \right) \div 42 = 15.6(g)$$

（3）端 NCO 基和端硅烷基 PU 预聚体的合成

① 端 NCO 基聚氨酯预聚体的合成。端 NCO 基聚氨酯预聚体的合成是按照通

常的方法，以二苯基甲烷二异氰酸酯（由 2,4′和 4,4′异构体组成的混合物）和 $M_n=40000$ 的聚氧化丙烯二醇为原料，采用 NCO/OH 为 1.4～1.6 摩尔比，在二月桂酸二丁基锡催化下进行热加聚反应制得。其合成工艺如下。

将二苯基甲烷二异氰酸酯和聚氧化丙烯二醇（经脱干燥）放入一个配有搅拌器、干燥管的凝器、氮气导入管和温度计的反应器中，在通 $N_2$ 搅拌下加热到 50℃，一直到 MDI 溶解于聚氧化丙烯二醇中。在此过程中一般有 10℃左右的放热出现。用注射器注入适量的二月桂酸二丁基锡，将反应物料的温度升到 70℃，使通 $N_2$ 冒泡比较明显，反应后开始用滴定法测定其游离 NCO 基含量。随着反应进行，通 $N_2$ 冒泡也逐渐减弱。一直到 NCO 基含量到达预定的范围时即可停止反应。

② 端硅烷基 PU 预聚体的合成。根据合成中聚氨酯预聚体的质量和其 NCO 基的百分含量，按照式（2-2）算出所需的硅烷用量。然后使之与聚氨酯预聚体进行封端反应，制备 SPUR 预聚体。预聚体中，在搅拌的情况下将反应物料慢慢升温到 70℃，反应 1h 出现适度冒泡和轻度放热的现象。此时开始对体系的 NCO 基含量进行滴定，一直反应到滴定表示不存在游离 NCO 基为止。然后降温、出料、完成合成。在上述硅烷对聚氨酯预聚体的封端反应中，硅烷是过量 5%，这样可确保体系中不存在游离的 NCO 基。

（4）SPUR 密封胶的配制

① 配方组成与原材料消耗定额。见表 2-70。

**表 2-70** 配方组成与原材料消耗定额

| 原　料 | 规　格 | 消耗定额/kg |
| --- | --- | --- |
| 端硅烷基聚氨酯预聚体(SPUR 预聚体) | 工业 | 300 |
| 苯二甲酸二异癸酯(DIDP) | 工业 | 120 |
| 碳酸钙 | 工业 | |
| 　　Super-Pflex(0.7μm) | 工业 | 180 |
| 　　Hi-Pflex(0.7μm) | 工业 | 120 |
| $SiO_2$(触变剂) | 工业 | 18 |
| $TiO_2$(增白剂) | 工业 | 15 |
| $N$-$\beta$-氨乙基-$\gamma$-氨丙基三甲氧基硅烷 | 工业 | 6 |
| 乙烯基三甲氧基硅烷(A-171) | 工业 | 3 |
| 二月桂酸二丁基锡(固化催化剂) | 工业 | 0.75 |

② SPUR 密封胶的生产工艺。首先按照配方各组分的配比将各物料准确地传送入混合器中。然后在物料混合、成品传送和成品分装的整个工艺操作过程中要在干燥、密封的条件下进行。本密封胶是以普通方法在一个装有水夹套的行星式

混合器中制得的。为了确保密封胶的贮存稳定性，所有的填料要在120℃干燥24h。典型的配制方法是将端硅烷基聚氨酯预聚体、增塑剂、碳酸钙、二氧化硅、氧化钛、抗氧剂和光稳定剂加入行星式混合器中，在温度为80℃、搅拌速度为40r/min和真空条件下混合1～2h组成混合物料。将混料冷却以50℃，再将选用的硅烷黏附促进剂、脱水剂和锡系催化剂加入混合器中，在通入$N_2$下搅拌混合30min得到含水量小于$200 \times 10^{-6}$的密封胶产品。然后在密封条件下对产品进行分装，其生产工艺流程如图2-15所示。

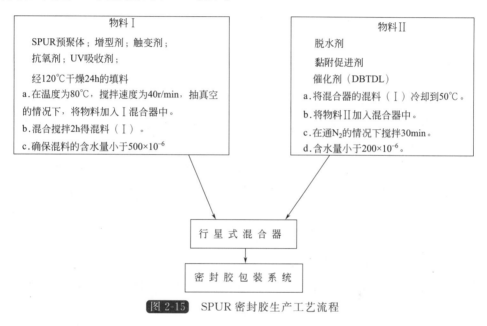

图 2-15　SPUR密封胶生产工艺流程

## 2.9　微胶囊技术在工程胶黏剂中的应用

### 2.9.1　微胶囊技术概述

#### 2.9.1.1　微胶囊的构成

　　微胶囊技术是一种用成膜材料把固体或液体包覆使形成微小粒子的技术。得到的微小粒子叫微胶囊，一般粒子大小在微米或毫米范围。微胶囊是由被包囊材料和包囊材料组成的。包于内部的材料一般称作活性物、活性剂、芯材料、内相、核或填充物，它可以是药物、固化剂、催化等。包囊材料通常称作壁、载体、壳、涂层或膜，它可以是有机聚合物、糖、蜡、脂肪、金属或无机物。一般将被包囊材料称为芯材料，形成胶囊的材料称为壳材料。微胶囊的基本组成见图2-16。

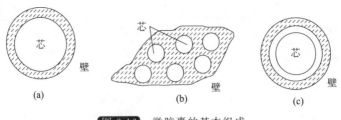

图 2-16 微胶囊的基本组成

### 2.9.1.2 微胶囊的类型

微胶囊按用途和破囊方式可分为以下几种。

（1）缓释型微胶囊 该微胶囊的壳相当于一个半透膜，在一定条件下可允许芯材料透过，以延长芯材料的作用时间。一般用于医药和农药领域。

（2）压敏型微胶囊 此种微胶囊包裹了一些待反应的芯材料，当压力作用于微胶囊超过一定极限后，微胶囊破裂而漏出芯材物质，由于环境变化，芯材物质产生化学反应而发生一些现象，一般用于涂料、胶黏剂领域。

（3）热敏型微胶囊 由于温度升高使壳材料软化或破裂释放出芯材物质，有时是芯材物质由于温度的改变而发生分子重排而显现出变化。一般用于热固化涂料或胶黏剂领域。

另外还有光敏型微胶囊、膨胀型微胶囊等。

### 2.9.1.3 微胶囊的制作方法

（1）聚合反应法 根据微胶囊化时，制备壳所用的材料的原料不同、聚合方式不同，可以将聚合反应法制备微胶囊的工艺再分为界面聚合法、原位聚合法和悬浮交联法。界面聚合法、原位聚合法是以单体作为原料，利用高分子合成材料作壳材料的方法。这两种方法具有工艺简单、壳材料选择面广，可以或具有多种不同性能的优点。

（2）相分离法 相分离法制备微胶囊的基本原理是利用聚合物的物理化学性质，即相分离的性质，所以又称为物理化学法。根据制备介质的不同，可以将相分离法分为水相分离法和油相分离法。

（3）物理机械法 主要是通过微胶囊壳材料的物理变化，采用一定的机械加工手段进行微胶囊化。主要有溶剂蒸发或溶液萃取、熔化分散冷凝法、喷雾干燥法、流化床法等。

### 2.9.1.4 微胶囊的应用

微胶囊化产品可以以干燥、易流动的粉末形式或以浆料形式加以应用。被包囊的物质可以是单一化合物，也可以是混合物。很多物质可以被微胶囊化，例如把固化剂组分微胶囊化之后就可以与环氧树脂混合在一起制成单一组分的胶黏剂，而不必担心在存放期间会发生固化反应了。香水或有机溶剂形成微胶囊之后，它们在室温下的挥发性也大为降低，从而延长了它们的使用和保存期。毒性大的杀虫剂农药形成微胶囊后，对人畜的危害也大大降低。味道极苦的医药在形成微胶囊后，儿童和老人在服药时也不再感到痛苦难咽了。微胶囊技术广泛用于医药、农药、油漆、涂料、胶黏剂等领域。

## 2.9.2　微胶囊技术在工程胶黏剂中的应用

近年来，微胶囊技术在胶黏剂领域得到了广泛应用。从厌氧胶扩大到环氧胶、密封胶、导电胶等许多通用胶及特种胶，而且其中很多产品已经工业化。由于微胶囊胶黏剂多为固态，应用简单、效果好，所以越来越受到欢迎。

### 2.9.2.1　微胶囊技术在厌氧胶中的应用

微胶囊型厌氧胶主要应用于涂到螺栓的螺纹中制成专用螺丝。目前已有预涂厌氧胶微胶囊的螺丝作为商品销售。当螺栓套入螺母并紧固时，压破微胶囊，使厌氧胶固化，即能起到把螺栓、螺母锁固的作用。

目前微胶囊型厌氧胶有两种类型：一种是包覆厌氧胶液滴的厌氧胶，另一种是含有包覆过氧化物引发剂的微胶囊的厌氧胶。

（1）包覆厌氧胶液滴的微胶囊　厌氧胶组分是预催化可聚合的液态物质。在有氧存在时，例如在大气中，厌氧胶组分是不能固化的。当组分保持在适当与氧接触的情况下，固化不能发生。然而当无空气存在时，例如在密闭的有色金属材料表面间，固化会在短时间内迅速地进行。

为保证微胶囊中厌氧胶在平时不自行固化，所以微胶囊必须是透气的。用此法所得到的厌氧胶微胶囊的主要特点是：① 预涂布工艺在专业工厂进行，有利于提高生产率和涂布质量；② 使用中免去涂胶工艺，还可以省去弹簧垫圈等，比机械锁紧更可靠、更方便；③ 可重复使用几次；④ 降低了某些物质的毒性和挥发性，延长了作用时间。

在 20 世纪 70 年代末 80 年代初，Arery 产品公司发表了一系列专利，介绍了微胶囊厌氧胶黏剂的制备方法。

① 氧化还原催化剂体系与过氧化物引发剂共同作用的微胶囊。该工艺首先制备厌氧胶组分。厌氧胶组分由可聚合的丙烯酸酯单体，适量的过氧化物聚合引发剂组成。在该引发剂作用下，在无氧条件下，可使丙烯酸酯聚合。将厌氧胶组分在与之不溶的液体中分散，加入第一种反应物使之与引发剂反应生成自由基；再加入第二种反应物，它是第一种反应物的还原剂，连续搅拌形成液体厌氧胶组分的聚合物胶囊膜。

第一种反应物是过渡金属氧化物。所用的过渡金属可以是铁、铜、钴、镁、锡、钛、铬等，较好的是铜、铁，最好是铁。

催化体系中的还原剂可以使过渡金属氧化物转化成反应态，从而可与引发剂反应。所使用的还原剂包括无机酸和无机盐（例如，碘化氢和碘化钾），有机还原剂（例如，抗坏血酸，草酸，对苯二酚和焦性没食子酸）和其它已知还原剂（例如，硼氢化钠和硼氢化锂）。在上述还原剂中，从使用效果、方便性及安全角度来看，抗坏血酸是最好的。

实例：在含 15g 聚乙烯醇的 2000mL 蒸馏水中，加入 100mL 厌氧组分（其中含有分子量为 330 的聚乙二醇二甲基丙烯酸酯 94.5%，过氧化异丙苯 3%，$N,N$-二乙基对甲苯胺0.6%，$N,N$-二甲基邻甲苯胺 0.3%）并乳化。

为了便于观察，可以加入少量的油溶性染料和少量的稳定剂。搅拌几分钟得到均匀乳液，然后加入 2mL Fe（$NO_3$）$_3$·9$H_2$O 的饱和溶液和 8mL 抗坏血酸的饱和溶液。

在加入 2mL 浓度为 30% 的双氧水溶液之后，再搅拌 2.5min，使催化体系完全氧化。过滤后，使胶囊完全干燥，得到包囊液体厌氧胶组分具有固态聚合物壳的微胶囊。所得到的胶囊颗粒中 70% 为液体芯，在室温保存 6 个月没有变化。

② 以均聚壳包囊单体芯的微胶囊。该产品可用于粘接或密封材料，其中没有稀释剂，从而不存在溶剂对粘接强度及边续性的影响。适用的可交联厌氧单体包括二、三和四乙二醇二甲基丙烯酸酯，二丙二醇二甲基丙烯酸酯，聚乙二醇二甲基丙烯酸酯，二戊二醇二甲基丙烯酸酯，四乙二醇二丙烯酸酯，二乙二醇二丙烯酸酯，二甘油醇四甲基丙烯酸酯和三羟甲基丙烷三丙烯酸酯。

实例：将 90g 聚乙二醇二甲基丙烯酸酯（分子量330），6g 过氧化异丙苯，4g 三丁胺，<0.1g 杂质（染料）组成混合物。将 5mL 上述混合物以 3mL/min 速度，通过内径为 0.89mm（0.035 英寸）的针头滴入 200mL 浓度为 1% 的硫代硫酸钠溶液中（搅拌速度为 250r/min）。溶液中的硫代硫酸钠在液滴表面起到催化聚合反应的作用，在液滴周围形成均聚膜。2min 后，过滤并水洗，然后干燥。胶囊平均粒烃为 650μm。胶囊的厌氧芯在 6 个月以上的时间不聚合。胶囊膜可以渗透适量空气，氧对被包囊液体作用，抑制了聚合反应。

以上两种方法制作的胶囊，使用时将胶囊加到 6% 浓度的聚乙烯醇水溶液中制成浆状物涂于螺纹表面，再浸入到含 2% 的硼砂、5% 的水杨酰苯胺的水溶液中使聚乙烯醇在 3～5s 之内凝固成膜，并把厌氧胶的微胶囊固定在螺纹中。当装配时，与螺母接触胶囊会破裂，被包囊的液体会释放出来。在释放出的液体的作用下，螺母和螺栓会在 1h 内固化并增强。

（2）含有包覆过氧化物引发剂的微胶囊的厌氧胶　LOCTITE 公司在 20 世纪 80 年代研制出含有包覆过氧化物引发剂的微胶囊的厌氧胶，也称预涂干膜型厌氧胶，国内中科院广州化学研究所也研制出同类产品，其主要成分为黏附材料、促进剂、包覆过氧化物引发剂的微胶囊等。

实例：含有包覆过氧化物引发剂的微胶囊的厌氧胶包括主剂和微胶囊两组分。

① 黏附材料的合成。苯乙烯 20g，丙烯酸 40g，马来酸酐 40g，二氯甲烷 600mL，偶氮二异丁腈 0.5g，在 60℃聚合 3h，产物经过滤、干燥制得。

② 促进剂。E 51 13.7g，环氧 660 5.8g，二茂铁 0.5g，溶解后慢慢加入 PVA-1788 2.0g，十二烷基硫酸钠 0.5g，OP-10 1.0g 的 80kg 水溶液中分散均匀，加热到 60℃，加二乙烯三胺反应 3h，产物经水洗、干燥、过筛即可使用。

③ 单体。乙氧基双酚 A 二甲基丙烯酸酯等。

④ 主剂的制备。将制得的苯乙烯-丙烯酸-马来酸酐共聚物，加水溶解，用 NaOH 水溶液调节 pH 值为 4～6，再加入促进剂、单体及其它组分搅拌分散均匀。

⑤ 微胶囊的制备。甲醛（36％）水溶液 250g，尿素 90％，调节 pH 值 7～9，加热 70℃反应 1h，制得预聚体，加入过氧化二苯甲酰 10g，调节 pH 值 1.5～3，高速搅拌反应 3h，洗涤、过滤、干燥、过筛即可。

使用时主剂和微胶囊按 100∶3 混合均匀，涂敷到螺栓上，在 70～80℃烘干 30min，冷至室温后，隔潮包装即可，保质期三个月。当装配时，与螺母接触胶囊会破裂，被包囊的过氧化物释放出来，引发厌氧胶固化，使螺母和螺栓在半小时内固化并增强。

## 2.9.2.2 微胶囊技术在环氧胶中的应用

大多数常用环氧胶黏剂是双组分的，即由环氧树脂与固化剂组成。当应用时，将两种组分混合，再将混合物用于要粘接的位置，于是树脂会固化形成坚固的粘接物，通常使用双组分胶黏剂体系是不方便的，因为两个组分要混合，不能直接用于粘接面上。相对于双组分体系来说，将环氧树脂或固化剂微胶囊化制成单组分胶就方便多了。包囊后的固化剂或树脂不能反应，因此，可将胶直接用于粘接面上。当胶囊破裂时，树脂和固化剂会相互反应。

目前微胶囊型厌氧胶有两种类型，一种是包覆环氧树脂液滴的环氧胶，另一种是包覆固化剂的环氧胶。

（1）包覆环氧树脂液滴的环氧胶  早期方法中存在着固化剂易吸湿，半衰期短的问题。在 US4536524 中克服了上述缺点，具有更高的脱离转矩，更高的牢度和重复使用性。涂有胶黏剂的螺钉对湿度敏感性低，胶黏剂适用期增长。该胶黏剂体系为单组分、可直接应用型的水基环氧胶黏剂。

该环氧胶黏剂体系中，固化剂为 Ancamine TL（以非挥发性增塑剂为溶剂，固含量为 45％的 4,4′-二氨基二苯甲烷），环氧树脂为 Epon828。

采用聚乙烯醇凝聚后，用接枝尿素-间苯二酚-甲醛树脂的方法包囊 Epon828；粒径为 50～150μm，胶囊中环氧化物含量为 86％。胶囊可以粉末态形式应用，固化剂制成凝降乳液的形式：当固化剂在聚乙烯醇中分散后，用阿拉伯树胶、间苯二酚硫酸钠使聚乙烯醇凝聚，静置后可以分离得到凝聚相。将环氧树脂胶囊与适当的胶黏剂（聚乙烯醇和呫吨胶）一起加入上述凝聚乳液中，可以制成最终胶黏剂产品。

将上述胶黏剂产品，涂到螺钉头上，在100℃干燥15min，所得螺丝钉在6个月内均会具有较高的粘接性能。

(2) 包覆固化剂的环氧胶

① 包囊脂肪胺固化剂和烷基单酚的混合物。由于脂肪胺固化剂具有高活性和低稳定性，因而很难包囊。向被包囊的脂肪胺中加入一种或多种水不溶性烷基酚，可以克服上述困难。烷基酚可以改善脂肪胺液体的流动性，防止脂肪胺乳化，延长含胺微胶囊的寿命，增加胶囊填充量。胺与酚的比例变化取决于固化用胺的活性和胺的被包囊能力。被包囊的胺-酚混合物可以用于固化双酚A环氧树脂。固化剂微胶囊在液体环氧树脂中分散，在挤压时胶囊会破裂使体系固化。

胶囊中膜材料由可溶性海藻酸钠或海藻酸盐与聚乙烯醇、聚氧乙烯醚、丙烯酸聚合物、明胶的混合物组成。

实例：将二乙烯三胺与壬基酚等质量混合，采用挤压技术，以3%海藻酸钠、2%聚乙烯醇、1%明胶组成水溶液包囊。胶囊通入作为固化浴的氯化钙水溶液中。将胶囊分离并干燥。所得胶囊为球形且被包囊组分不易挥发。

② 包囊固化剂和固体吸附剂的混合物。将固化剂在具有内孔结构和活性孔位的吸附剂上吸附，然后用屏蔽剂吸附到吸附剂上。当所得到的包囊固化剂与环氧化合物被加热时，固化剂会从孔位上脱附出来。

用多孔的聚硅酸盐、硅胶、活性炭、硅藻土等物质做吸附剂，使多元胺吸附而固定。在吸附剂中加有占吸附剂质量3%~5%的屏蔽剂，对多元胺的解吸起屏蔽作用。可被吸收的多元胺有乙二胺、二乙基三胺、三乙基四胺、苯基二甲胺等。使用的屏蔽剂如二噁烷等。吸附过程为：首先在减压条件下把吸附剂去气，然后放入干燥器中，抽空冷却，以提高吸附剂的吸附能力，然后把吸附剂放入多元胺溶液中保持48h使其充分吸附，取出后放入屏蔽剂溶液中处理48h，一般100份经处理过的吸附剂可吸收多元胺40份、屏蔽剂20份，得到一种特殊的把多元胺吸附在吸附剂微孔中而用屏蔽剂封口的微胶囊。把这种微胶囊与环氧树脂混合可制得单组分环氧胶黏剂。使用时只需加热可使多元胺从吸附剂中解吸而与环氧树脂发生交联固化。

实例：将100份联合碳化物公司的Kosmos B-B在800℃，小于133Pa（1mmHg）下加热6h。然后真空冷却到室温，将25份三氟化硼-乙醇胺在搅拌下加入其中，并加热到100℃，使其被碳吸收。将得到的产物冷却到室温，在搅拌下加入16份2,5-环己二酮。将所得到的胶囊与DER332（双酚A环氧树脂,环氧值为 173～179)以 5∶100 的比例在室温混合。所得到的环氧胶在室温很稳定。当胶液加热到 170℃时,固化剂会从孔位上脱附出来,迅速固化。

### 2.9.2.3 微胶囊技术在聚氨酯胶中的应用

聚氨酯密封胶中含有异氰酸酯预聚物(由二异氰酸酯与多元醇反应制得),其固化受湿度的影响。当使用芳香族异氰酸酯时,向其中加入锡化合物可以使固化速度加快。

在汽车制造中,可以应用单组分聚氨酯直接安装玻璃。但是如果空气中湿度低,特别是冬天低温情况下,则存在一定问题。密封剂固化太慢,在镶玻璃或板时,必须要用适当的固定装置固定较长时间。而且必须要等到密封剂完全固化后,才可能进行下一步的安装工作(例如,安装门的工作或需要是车身倾斜的工作)。虽然可以使用能够快速固化的双组分聚氨酯,但是这样非常难以操作,而且更加复杂。因此,需要一种单组分聚氨酯密封剂,它能快速固化并达到适当的机械稳定性。然而受温度影响的完全固化需要较长时间。

为了解决上述问题,US4950715 发明了新的封闭剂和胶黏剂,它们能够热固化、湿度固化或引发固化,即可以先加热固化后再湿度固化。该工艺采用异氰酸预聚物与 4,4'-二氨基二苯甲烷和氯化钠的混合物进行高温交联。采用软化点为 100℃的聚甲基丙烯酸甲酯或其它丙烯酸类聚合物来包囊固化剂。当固化剂在室温为固态且软化点＜60℃时,在温度加热到 100℃时,会使微胶囊壳材料软化并释放出交联固化剂。而且这种交联固化剂可以不含 NaCl。

微胶囊技术是近些年来飞速发展的先进技术,它以自己具备的独特的优点而广泛应用于许多领域。对微胶囊化胶黏剂进行研究开发对发展我国的胶黏剂工业一定会有很大的促进作用。

# 第 3 章　工程胶黏剂的施工

工程胶黏剂的施工过程一般包括工程胶黏剂的选用、粘接接头设计、被粘表面的处理、涂覆与固化、质量检测与后处理等。工程胶黏剂的施工过程总结如下。

① 工程胶黏剂的选用。依据被粘材料、性能要求、工况条件、固化条件、成本等选择胶黏剂。

② 粘接接头设计。合理设计接头，尽可能避免应力集中，减少产生剥离、劈开和弯曲。

③ 被粘接表面预处理。通过预处理的表面利于浸润，常用的处理方法有：

a. 机械处理（磨、铣、车和喷砂等）；

b. 化学预处理（侵蚀液洗）；

c. 物理预处理（烘烧、电晕法、低压等离子法）。

④ 黏剂涂覆。可采用刷涂、刮涂、滚涂、喷涂、丝网印胶、机械手自动涂胶等方法涂覆，均匀地涂覆胶黏剂成一薄层，越均匀越好。

⑤ 预干燥和排气。一般只是在扩散粘接、溶剂粘接和接触粘接时实施。

⑥ 粘合和固定。粘接零件时无需预应力。可用适当的设备固定粘接部件，应用的设备要容易使用，传热性较好，保证绝对均匀的温度分布。

⑦ 压实粘接面。只是在要求时应用。

⑧ 胶黏剂固化。要遵守生产厂家所提供的固化条件如压力、温度、真空和时间等数据进行固化。

⑨ 粘接质量检测与后处理。可采用破坏性和非破坏性检验方法进行检验，不合格的粘接应再处理。

如果以上各点在粘接过程中都能遵守的话，就会获得最佳的粘接效果和强度。

## 3.1　工程胶黏剂的选用

### 3.1.1　工程胶黏剂的选择方法

#### 3.1.1.1　工程胶黏剂选用的基本原则

工程胶黏剂在实际应用中主要起到粘接、密封、固定、灌封、包封、保护等作用，被粘物材料多种多样，工况条件各异，固化条件也不尽相同。选择工程胶黏剂时主要依据如下的基本原则。

（1）被粘材料的种类、性质　金属、塑料、橡胶、木材、混凝土、玻璃……材料不同，软硬程度不同，所用的胶黏剂不同。还要注意各种材料不同的膨胀系数。

（2）使用环境与工作条件　温度、湿度、介质、受力情况等对胶黏剂的老化有着显著的影响，须明确地确定零件将处于何种介质中，以及将施加的物理作用，依据上述条件选胶。

（3）粘接部位所承受的负荷和性能要求　分析被粘接材料受力情况以及粘接部位对胶黏剂的粘接强度、耐老化性、耐温性等要求，依据分析选择能满足性能要求的胶黏剂。

（4）施工与固化条件　要分析被粘部件的大小、形状、结构、施工与固化条件等，考虑是室温固化还是加温固化，是否需要涂胶与固化设备等。

（5）特殊性能要求　根据特殊性能要求如导电、导热、导磁、耐高温、耐低温、密封、保护等。

（6）成本要求　在满足使用性能的情况下还要考虑成本问题，尽量降低使用成本。

从胶黏剂厂家所给的技术资料中，一般都可以获得固化条件、性能数据和化学参数。在应用和施工中，胶黏剂制造厂家的咨询人员都有咨询的义务。

### 3.1.1.2　工程胶黏剂选用指南

工程胶黏剂的固化条件与使用性能见表 3-1，供选用时参考。

表 3-1　工程胶黏剂的固化条件与使用性能

| 项目 | | 环氧胶 | 聚氨酯胶 | 氰基丙烯酸酯胶 | 厌氧胶 | 第二代丙烯酸酯胶 SGA | 紫外线固化-UV 胶 | RTV 有机硅-密封胶 |
|---|---|---|---|---|---|---|---|---|
| 固化条件（是否需要加热或混合） | | | | | | | | |
| | 单组分 | 需加热 | 无需加热 | 无需加热 | 无需加热 | 需底剂 | 无需加热 | 无需加热 |
| | 双组分 | 无需加热 | 无需加热 | — | — | 无需加热 | — | 无需加热 |
| | 初固时间 | ＞3min | ＞3min | ＜1min | ＜20min | 2～5min | 2～60s | 20min 表干 |
| | 固化时间 | ＜168h | ＜24h | ＜2h | ＜12h | ＜12h | ＜2h | ＜336h |
| 使用性能 | | | | | | | | |
| | 储存使用期限 | 室温6个月～2年 | 室温6个月～1年 | 室温6个月～1年 | 室温1年 | 室温6个月～1年 | 室温6个月～1年 | 室温6个月～1年 |
| | 气味 | 微弱 | 微弱 | 刺鼻 | 微弱 | 强烈 | 微弱 | 微弱～刺鼻 |
| | 可燃性 | 低 | 低 | 低 | 低 | 中等至高 | 低 | 低 |
| | 抗腐蚀性能 | 好 | 很好 | 差 | 好 | 好 | 中至高 | 很好 |
| | 拉剪强度 | 高 | 中至高 | 高 | 高 | 中至高 | 高 | 低 |
| | 应用范围 | 金属、玻璃、塑料、陶瓷等 | 金属、玻璃、塑料、橡胶等 | 金属、塑料、橡胶等 | 金属 | 金属、玻璃、塑料、陶瓷、木材等 | 金属、玻璃、塑料等 | 金属、玻璃、塑料、陶瓷、橡胶等 |

| 项目 | 环氧胶 | 聚氨酯胶 | 氰基丙烯酸酯胶 | 厌氧胶 | 第二代丙烯酸酯胶 SGA | 紫外线固化-UV 胶 | RTV 有机硅-密封胶 |
|---|---|---|---|---|---|---|---|
| 在涂有油的表面上的黏附性 | 差 | 差 | 中等 | 中等 | 好 | 中等 | 差 |
| 耐热性（最好） | 200 | 100 | 80 | 200 | 120 | 150 | 260 |
| 耐溶剂性能 | 很好 | 好 | 中等 | 很好 | 好 | 好 | 中等 |
| 耐潮性能 | 很好 | 符合要求 | 符合要求 | 很好 | 好 | 符合要求 | 很好 |

## 3.1.2 各类工程胶黏剂的固化特性曲线

### 3.1.2.1 环氧胶黏剂

（1）双组分环氧树脂胶黏剂室温固化特性曲线　见图 3-1。

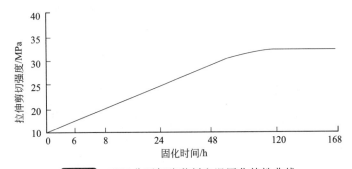

图 3-1　双组分环氧胶黏剂室温固化特性曲线

（2）双组分环氧胶黏剂加温固化特性曲线　见图 3-2。

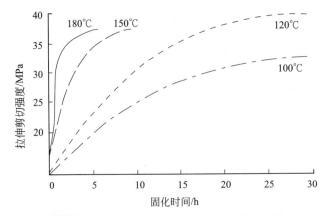

图 3-2　双组分环氧胶黏剂加温固化特性曲线

（3）双组分环氧树脂胶黏剂在各种温度下的固化特性曲线　见图3-3。

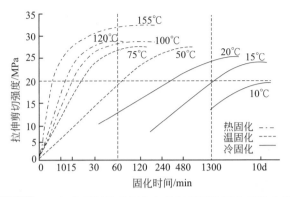

**图 3-3**　双组分环氧胶黏剂在各种温度下的固化特性曲线

（4）双组分环氧胶黏剂耐温性曲线　见图3-4。

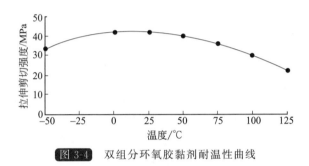

**图 3-4**　双组分环氧胶黏剂耐温性曲线

（5）双组分环氧胶黏剂在室温和加温固化条件下的耐温性比较　见图3-5。

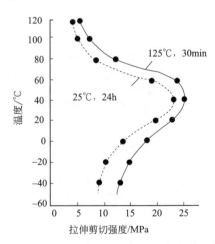

**图 3-5**　双组分环氧胶黏剂在室温和加温固化条件下的耐温性比较

（6）双组分环氧胶黏剂室温固化反应温升曲线　见图3-6。

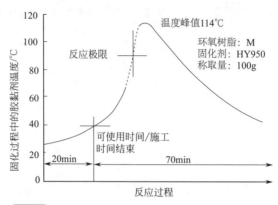

图 3-6 双组分环氧胶黏剂室温固化反应温升曲线

（7）双组分环氧胶黏剂粘接不同金属时的拉剪强度见 图 3-7。

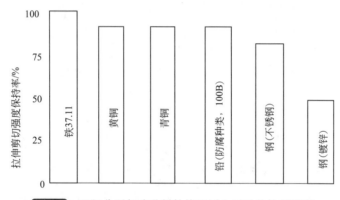

图 3-7 双组分环氧胶黏剂粘接不同金属时的拉剪强度

（8）双组分环氧胶黏剂的耐介质性 见图 3-8。

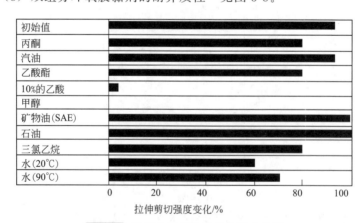

图 3-8 双组分环氧胶黏剂的耐介质性
（粘接金属，在介质中浸泡 60d 后拉剪强度变化）

### 3.1.2.2 第二代丙烯酸酯胶黏剂

（1）第二代丙烯酸酯胶黏剂的固化特性曲线　见图 3-9。

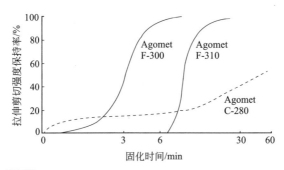

图 3-9　第二代丙烯酸酯胶黏剂的固化特性曲线（三种产品）

（2）第二代丙烯酸酯胶黏剂的耐温性曲线　见图 3-10。

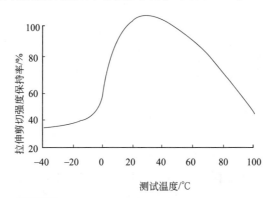

图 3-10　第二代丙烯酸酯胶黏剂的耐温性曲线

（3）第二代丙烯酸酯胶黏剂的耐介质性　见图 3-11。

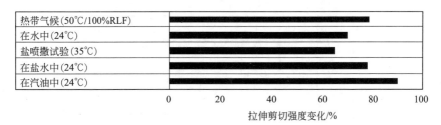

图 3-11　第二代丙烯酸酯胶黏剂的耐介质性
（在介质中浸泡 1000h 后强度变化）

### 3.1.2.3 紫外线固化胶黏剂的固化性能曲线

（1）紫外线固化胶与环氧胶、SGA 胶固化特性曲线比较　见图 3-12。

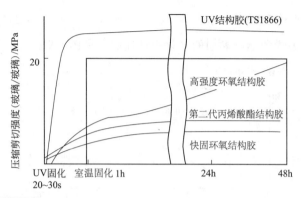

图 3-12 紫外线固化胶与环氧胶、SGA 胶固化特性曲线比较

（2）紫外线固化胶黏剂的热老化曲线 见图 3-13。

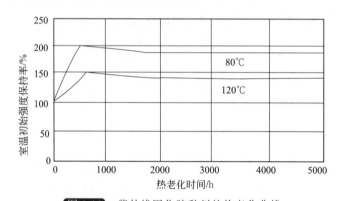

图 3-13 紫外线固化胶黏剂的热老化曲线

### 3.1.2.4 厌氧胶黏剂的固化性能曲线

（1）厌氧胶黏剂粘接不同材料时的固化特性曲线 见图 3-14。

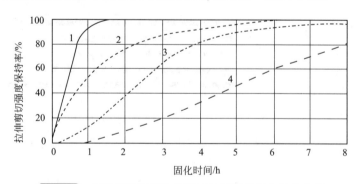

图 3-14 厌氧型胶黏剂粘接不同材料时的固化特性曲线

1—100℃固化；2—铜表面，室温固化；3—碳钢，室温固化；4—镀锌表面

（2）被粘表面粗糙度对厌氧胶粘接强度影响曲线　见图 3-15。

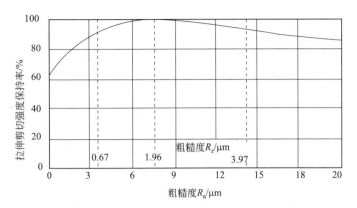

图 3-15　被粘表面粗糙度对厌氧胶粘接强度影响曲线

（3）厌氧胶黏剂粘接不同材料时的强度　见图 3-16。

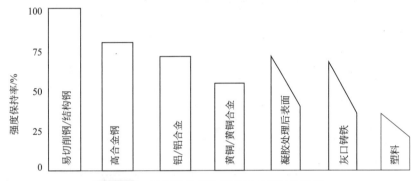

图 3-16　厌氧胶黏剂粘接不同材料时的强度

（4）间隙大小对厌氧胶黏剂粘接强度的影响　见图 3-17。

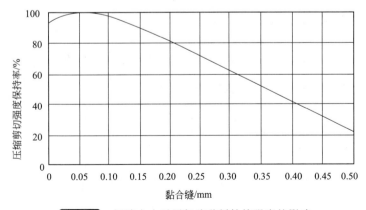

图 3-17　间隙大小对厌氧胶黏剂粘接强度的影响

（5）厌氧胶黏剂的耐温性曲线　见图 3-18。

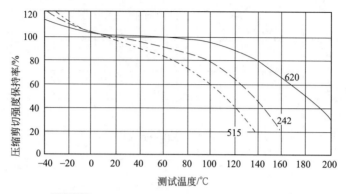

图 3-18　厌氧胶黏剂的耐温性曲线（三种产品）

（6）厌氧胶黏剂的热老化曲线　见图 3-19。

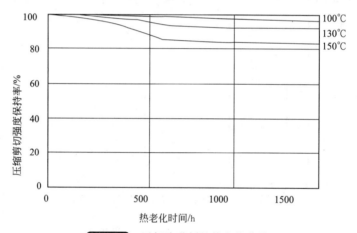

图 3-19　厌氧胶黏剂的热老化曲线

（7）厌氧胶黏剂的疲劳曲线　见图 3-20。

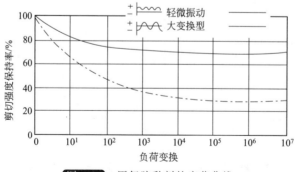

图 3-20　厌氧胶黏剂的疲劳曲线

### 3.1.2.5 α-氰基丙烯酸酯胶黏剂的固化性能曲线

（1）α-氰基丙烯酸酯胶黏剂的固化特性　见图 3-21。

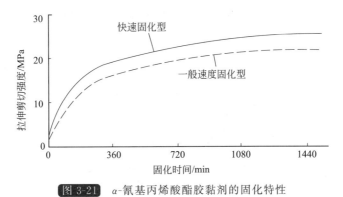

**图 3-21**　α-氰基丙烯酸酯胶黏剂的固化特性

（2）α-氰基丙烯酸酯胶黏剂的耐温性曲线　见图 3-22。

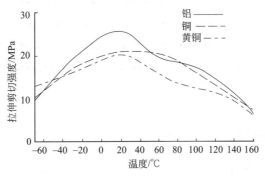

**图 3-22**　α-氰基丙烯酸酯胶黏剂的耐温性曲线

（3）α-氰基丙烯酸酯胶黏剂的耐环境老化曲线　见图 3-23。

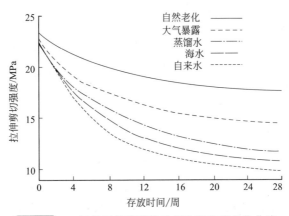

**图 3-23**　α-氰基丙烯酸酯胶黏剂的耐环境老化曲线

（4）α-氰基丙烯酸酯胶黏剂粘接不同塑料时的强度　见图 3-24。

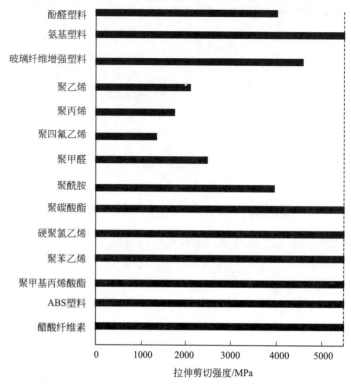

图 3-24　α-氰基丙烯酸酯胶黏剂粘接不同塑料时的强度

（5）α-氰基丙烯酸酯胶黏剂的耐介质曲线　见图 3-25。

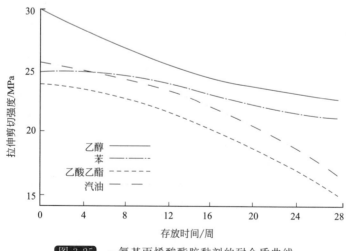

图 3-25　α-氰基丙烯酸酯胶黏剂的耐介质曲线

### 3.1.2.6 有机硅胶黏剂的固化性能曲线

（1）RTV 有机硅密封胶固化性能曲线（固化强度）　　见图 3-26。

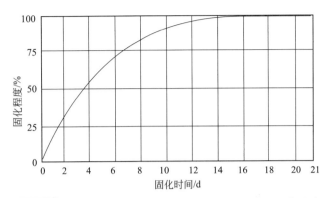

**图 3-26**　RTV 硅有机硅密封胶的固化性能曲线（固化强度）

（2）RTV 有机硅密封胶固化性能曲线（固化深度）　　见图 3-27。

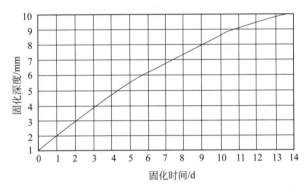

**图 3-27**　RTV 硅有机硅密封胶的固化性能曲线（固化深度）

（3）RTV 有机硅密封胶耐温性能曲线（室温强度）　　见图 3-28。

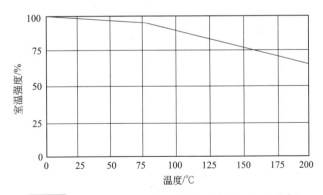

**图 3-28**　RTV 硅有机硅密封胶耐温曲线（室温强度）

### 3.1.2.7 反应型聚氨酯胶黏剂的固化性能曲线

（1）双组分聚氨酯胶黏剂的固化特性曲线 见图3-29。

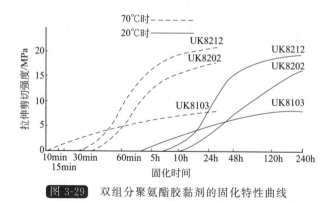

**图 3-29** 双组分聚氨酯胶黏剂的固化特性曲线

（2）单组分湿固化聚氨酯密封胶的固化特性曲线 见图3-30。

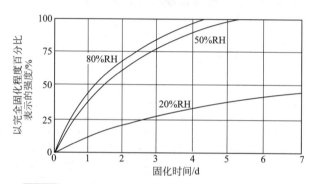

**图 3-30** 单组分湿固化聚氨酯密封胶的固化特性曲线
（固化速度与湿度及固化时间的关系）

（3）聚氨酯胶黏剂的耐温性曲线 见图3-31。

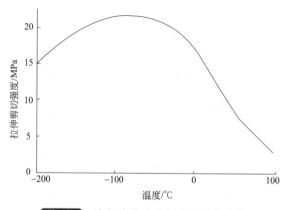

**图 3-31** 聚氨酯类胶黏剂的耐温性曲线

## 3.2 粘接接头的设计

### 3.2.1 粘接接头设计应考虑的因素

粘接接头的受力主要有以下几种。

① 拉力。为垂直作用在粘接部位的力，它均匀地分布在粘接面上。

② 剪切力。平行作用在粘接面上。它比纯拉力出现更为频繁。

③ 剥离力/分离力。并非均匀作用在粘接面上，而且集中一有限的范围。这两种力作用粘接面边缘上时，对制件尤其危险。

粘接接头的设计应尽可能使所有出现的应力都有均匀作用，要尽力避免撕裂和剥离力。

图 3-32、图 3-33 列出了粘接零件上的作用力。

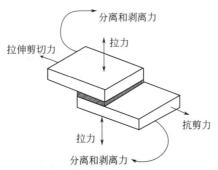

**图 3-32** 在粘接零件上的作用力

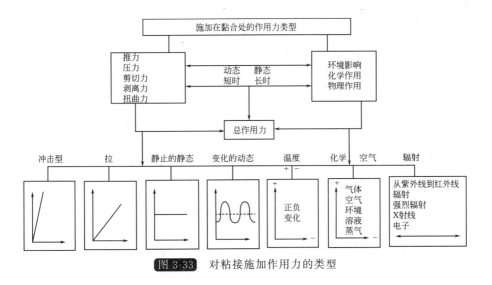

**图 3-33** 对粘接施加作用力的类型

### 3.2.2 粘接连接的优缺点分析

每种连接方法都有优缺点，设计人员要熟悉粘接、铆接、螺钉连接、焊接各自的特点，权衡各种方法的利弊，从中选出一种最优的方法。粘接的优缺点总结如下。

（1）优点

① 内应力分布均匀。

② 可连接不同材料。

③ 可连接最薄的材料和不同厚度材料。

④ 低热连接方法，连接零件的组织结构不会改变。

⑤ 可大大地减少不同材料之间电化学腐蚀性。

⑥ 不会带来像铆接和螺钉孔那样对制件产生的弱化作用。

⑦ 没有配合问题。

⑧ 粘接连接可以有弹性。

⑨ 粘接连接抑制振动。

⑩ 绝热绝缘。

另外，粘接连接常常比传统连接手段有更高的机械强度和更好的经济性。

（2）缺点

① 使用温度受限。

② 抗冲击强度和抗剥离强度低。

③ 有蠕变的趋势。

④ 部分胶黏剂固化时间长（视胶黏剂不同长短不一）。

⑤ 需表面预处理。

⑥ 不断变化的应力对厚粘接层有害。

⑦ 胶黏剂固化以后不能再调整未调准确的零件。

⑧ 部分非破坏性测试方法手续麻烦。

⑨ 总的来说要相互重叠。

⑩ 需要较长时间严格保持固化温度。

另外，粘接连接在粘接件热膨胀不均匀时，有粘接连接处开裂的危险。

### 3.2.3 粘接接头设计原则

粘接接头设计时主要应考虑如下因素。

① 考虑粘接时应尽力争取足够重叠面积（足够粘接面积）的面粘接连接。

② 寻求能保证粘接连接在使用中只受剪切力或压力作用的构造。

③ 要达到最佳强度，应视胶黏剂的类型而保持一定的表面粗糙度。

④ 不能将粘接连接的强度设计最低于或高于制件本身的强度，而应以制件本身能

承受的最大应力计算值为标准；否则至少有一边过大，将造成材料磨损、不经济等。因此在计算强度中，如果受动态应力的话，则要边界值 $\delta = 0.2$ 作为制件材料承受的最大应力允许值为基础。类似的规则也适用于连接受扭曲作用和剪切作用的情况。

⑤ 要填充宽缝，但胶黏剂由于受本身的性能（黏度）所限而无能为力时，应考虑加填充剂（如粉状或纤维状填充剂）。

⑥ 尽量使形成的粘接连接有较高的抗弯、抗膨胀和抗冲击性，这样可保证，即使在运转中，在纯剪切力作用下的连接也能保持不变形。

⑦ 粘接连接中应尽可能将粘接面设计成平面，这样可避免应力分布不均，组装时挤压不均匀，固化中的内应力产生，和由此带来的计算不可靠性等危险。

⑧ 设计的连接零件应使应力不集中传递在粘接连接处的某部位上（如突出的横截面变形）。

⑨ 将胶黏剂涂布得很均匀，并根据胶黏剂确定最佳厚度，还避免粘接层过厚，其理由在于，粘接层易趋于龟裂。

⑩ 某些粘接连接中，很难避免剥离可能性，但采取相应措施可减少这种可能。

粘接接头设计时，除了考虑以上主要因素外，还应该考虑如下因素。

① 粘接后的连接件的后加工很可能带损伤作用，所以也要避免。

② 如粘接面为包覆形状（如圆柱形连接和阶梯错位开口面），要选用能最佳浸润和无压固化型胶黏剂。

③ 滑动配合时要考虑到胶黏剂滑移的可能性，要将胶黏剂特别小心地均匀覆在两连接面上。

④ 在组合性粘接中，尤其是在带有铆接和收缩连接时，应使用特殊胶黏剂（挤压压力高，收缩温度高等）。

⑤ 确定在短时间和长时间运转下的使用温度范围。

⑥ 胶黏剂制造厂家所设不定期的纯强度值，往往是在理想试验条件下获得的，因此，原则上要重新进行实际条件下的试验（在多个工作岗位上，有所安排的操作人员在场时实验）。

⑦ 如果在应用中，不同类型的应力长期作用在粘接连接处，计算胶黏剂强度时要降低所设定的胶黏剂强度系数。

⑧ 要将大面积曲面制件（如大铁皮）相互粘叠在一起时必须注意，面积的各部位须均匀叠压。胶黏剂固化时取消这种压力，制件力图回复到初始形状，这样在胶黏剂中的预应力要出现，该应力与工作应力重叠时将是有害的。

⑨ 只有使用某一定胶黏剂和实施相应粘接方法中标明时，才能对粘接件表面进行粗糙预处理。

在粘接联结中，粘接层边缘的成型和力的施加非常重要，粘接面的扩展应是成型考虑时的中心。粘接和其它连接方式的组合并不永远是有利的。圆柱形连接成型特别要注意有利于组装。

图 3-34、图 3-35 列出了传统连接方式和粘接连接的比较。

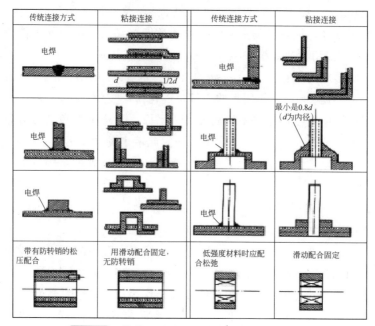

**图 3-34** 传统连接方式和粘接连接的比较（1）

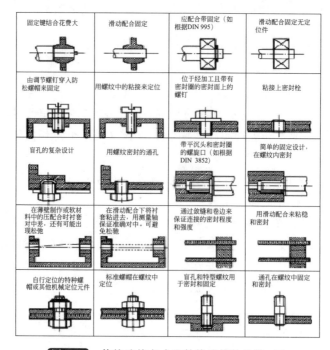

**图 3-35** 传统连接方式和粘接连接的比较（2）

⑩ 减小剥离的设计。在带缺口重叠粘接的联结中，压紧应力在粘接部位端面不断剥离开。采取适当措施可避免这种情况，见图 3-36。

　　a. 扩大粘接面积，可制止粘接件边缘的剥离。

　　b. 弯边和转向为消除剥离的保措施。

　　c. 在受剥离力作用的部位采用铆接和螺钉结合，可达到进一步阻止剥离趋向的目的。

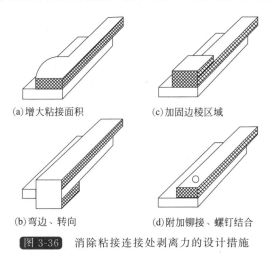

(a)增大粘接面积　　　　(c)加固边棱区域

(b)弯边、转向　　　　(d)附加铆接、螺钉结合

**图 3-36**　消除粘接连接处剥离力的设计措施

# 3.3　被粘表面的处理

## 3.3.1　表面特性和常用的处理方法

### 3.3.1.1　材料的体积与表面特性

　　材料的特性分为体积特性和表面特性，必须有足够的胶黏剂方面的知识、材料学以及结构力学知识，才能有效地评价其特性，粘接件的表面特性同体积特性一样，对良好的粘接连接非常重要。

　　对表面的确定可用现代化仪器如电子光栅显微镜和表面应力测试仪（见图 3-37），通过对显微镜试验结果分析，得出其粘接力、断裂的类型以及胶黏剂的性能。

　　（1）体积性能　体积性能可理解为材料的全部物理、化学和机械性能。对粘接技术来说，内聚力、热性能、膨胀、蠕变强度、弹性、腐蚀性和导热性都很重要。

　　但其影响不总是同等重要，例如有腐蚀面的厚铁板和薄铁板的拉伸试验，厚铁板的氧化层对拉伸值影响很小或根本没有影响，体积特性几乎不或根本不改变，而薄铁板的氧化层会导致疲劳使材料断裂。

　　（2）表面特性　材料表面特性可理解为材料自然和进行加工成的表面特性。这种表面层限制在几微米之内并有效应。就粘接技术而言，只涉及固体表面。

　　粘接直接受下列因素影响。

图 3-37 表面测量

① 表面状况、几何状况、粗糙度；

② 表层、临界层、杂质、反应层；

③ 物理特性、表面接缝（晶体和非晶体）；

④ 化学特性、金属或塑料接缝表面惰性或活性；

⑤ 表面应力、表面胶黏剂的利用。

粘接间接地受到加工性，如应力的出现、机械加工、材料的硬度和弹性的影响。

### 3.3.1.2 表面技术的基本概念

这里可以分为金属和塑料表面两种，它们受生产方法的影响。图 3-38、图 3-39 显示了两种接缝件表面的不同的表层，这种表面的名称是按不同材料来说的。

外临界层影响粘接力，内临界层（冷成型层、无损伤的接缝）决定内聚力、材料的强度。

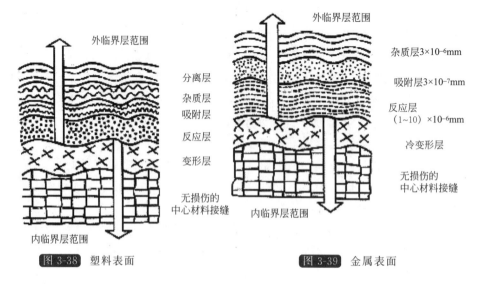

图 3-38 塑料表面　　图 3-39 金属表面

### 3.3.1.3 表面特性

材料表面由或多或少的加工峰、谷构成。对机械附着系统，表面制造几何形状很重要，并影响连接的强度。由于加工方法不同，必然形成不同的表面结构。精细的、平滑的表面通过精压轧、精铸等获得，而通过机械加工，如车、铣、刨、磨只能获得粗糙的表面。

表面粗糙度提供了一个良好的粘接力，对粘接技术来说，表面粗糙度谷峰高度、凸峰压平深度和算术平均值 $R_a$ 尤其重要（见图3-40）。

$R_a$ 是表面结构所有测量的各个谷峰间的平均值，它由中线 $L_m$ 确定。为此，测量须在中线的上下部进行。将各测量值相加，再除以测量次数 $n$。

$$R_a = \frac{谷峰总和}{n}$$

$$R_a = \frac{5 个最高和最低点}{5 个测量范围(峰谷)}$$

平均总高度 $R_z$ 可从表面的测量获得（见图3-41）。为此，要使用探测仪，这种仪器可直接将测试结果给出。

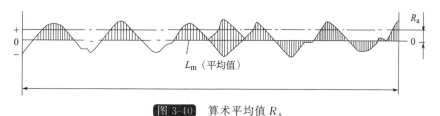

**图 3-40** 算术平均值 $R_a$

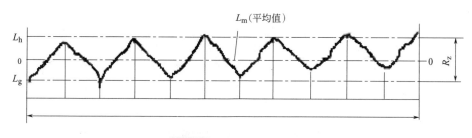

**图 3-41** 平均总高度 $R_z$

用机械电子测试仪测量时，其表面可用探针对确定的参考长度范围内探测。其表面粗糙度经过放大镜放大后，直接打印在纸上。表面峰谷高度的光学测量可用显微镜观察到光带，这种光带与表面状态一致，表面型材的剪切用照相机进行。

测量的基础原理是光散射、干涉现象以及激光原理。

#### 3.3.1.4　材料表面

若表面清洁，预处理理想，胶黏剂就能得到良好的使用并产生良好的粘接力。

液体胶黏剂滴在材料表面上，总是会形成最小的球形，液体都有这种现象。所有的液体分子在邻接面上接缝部位产生一种力，这种力垂直于表面并向内作用，并在粘接件表面上处于平衡状态。增大表面以及表面单位所用的力，叫表面张力。

表示为：

$$Q = \frac{\text{能量增加} \Delta E}{\text{表面增加} \Delta F}$$

$$\frac{N \cdot M}{m^2} = \frac{N}{m}$$

同时可将表面张力即材料常数定义为：

$$Q = \frac{\text{力}}{\text{接触张度}}$$

这种表面张力受温度影响，并随温度的升高而变弱，胶黏剂变成液体对表面湿润性更好。表面张力对确定表面能力很重要，并与表面上胶黏剂的湿润性一致。

每种液体（包括胶黏剂）会在表面上产生球形。这取决于表面上的可浸湿性，而可浸湿性又取决于液体和材料的表面张力。

表面的浸湿只能在液体表面张力 $Q_f$ 小于材料表面临界张力 $Q_k$ 时方可形成，即

$$Q_k < Q_f = \text{浸湿}$$

例如，表面张力 $= 17.10^{-3} \text{N/m}$ 的聚四氟乙烯（PTFE）用低表面张力的胶黏剂不能粘接，通过化学预处理可提高表面张力，这样，塑料的粘接不成问题。聚乙烯（PE）的表面张力为 $31.10^{-3} \text{N/m}$。

金属表面张力大，如铝为 $0.5 \text{N/m}$，铜为 $1.1 \text{N/m}$，铁为 $2.0 \text{N/m}$。

#### 3.3.1.5　加工对粘接表面的影响

材料表面分为自然和受外部影响而形成的两种表面结构，矿物、石、木的自然结构对粘接技术无关紧要，不被特别重视。重要的是那些轧制或压制和机械加工而形成的表面。

无切削加工、有切削加工、浇铸加工、物理加工和化学加工，可获得不同的表面峰谷高度、或多或少的活性表面。由切削和浇铸而产生的表面相对光滑。

无切削加工则形成不同粗糙度的谷槽，塑料全部有更细而且相似的表面结构。由于加工会产生塑料内应力，该应力可在 $60 \sim 80 ℃$ 时，经 $1 \sim 2 \text{h}$ 的再次热处理而减少。

用激光进行物理加工，用电加工以及化学方法可获得精细的表面。

#### 3.3.1.6　被粘接件表面的预处理

要获得最理想的粘接产品，适合粘接的预处理必不可少。

胶黏剂的黏度要根据表面结构调整，以便使表面上的凹陷部分全部被填充。

下面是表面特征与预处理的关系，预处理将用下列方法。

① 清洁/除掉油脂；

② 平整/打毛；

③ 化学预处理；

④ 物理预处理。

通过清洁处理，如冲、洗、研磨、刷，使粘接表面清洁无污。灰尘不仅影响胶黏剂的粘接力，而且会使粘接困难，清洁处理的效果取决于所选的加工方法、溶剂的强度和材料。

进行这种清洁处理后，金属有最好的机械和物理粘接力，而机械粘接力主要取决于表面的粗糙度。好的塑料粘接的清洁处理在大多数情况下是足够的。可是，低表面能塑料如聚乙烯、聚甲醛、聚四氟乙烯、聚碳酸酯的化学和物理预处理都必不可少。

（1）机械磨蚀预处理　磨、喷砂（干、湿法）、机械加工（切削、铣等）、刷。

这样的预处理为粘接提供良好的前提。杂质、矿物应根据渗透的深度进行清洁。直至反应层，使短时间的化学活动层形成，为最佳粘接提供了可能。因此，在机械清洁处理后，应直接粘接。

由于首先反应处的磨蚀效力没有提供最佳的粘接，所以，粘接力未因粗糙度的增大而增大。此外，通过线型粘接面来改善或增大有效粘接面，喷砂是一种很好的方法，塑料、弹性体中分离层，金属中的氧化层将被磨蚀。

（2）化学预处理　除机械预处理外，金属和塑料的化学处理最有效。在此，可以综合各种方法。在进行化学预处理（即酸蚀）时，吸附层和反应层将被腐蚀，以使表面活化并增加粘接强度（表面上材料的自由粘接）。

低表面张力的塑料的酸蚀必不可少，通过这样的处理使表面得以改变，从而由根本上改善粘接的强度。

（3）塑料的热处理　通过用大约800℃的热气或500℃的开放洁净气体对塑料表面的焙烧、焰烧、使塑料表面活化。表面张力通过氧化作用而提高，这样，有可能使表面获得较好的浸湿性。

（4）塑料的电预处理（电晕预处理）　电晕放电使塑料表面氧化并得到足够的氧，从而提供了较好的浸湿性并改善了粘接力。由于整套设备费用大，所以这种方法只在大批量处理时使用（如塑料粘接薄膜或塑料印刷薄膜）。

（5）低压等离子体预处理　低压等离子体过程可有效地用于塑料表面的预处理和金属表面预处理。这种方法可用化学湿法完全取代。

在气体环境下，在炉里制作原子团。这些原子团对表面产生作用。这些原子团撞击表面并使其活化。这种方法较新，以后还要逐步改进。使用范围目前有塑料和电子工业，此外也用于印刷电路板的生产上。

### 3.3.1.7　对材料表面的评价

对胶黏剂装配连接的强度以及材料表面的评价须注意以下几点。

① 胶黏剂表面张力应小，而粘接件表面张力应大。若粘接件的表面张力小于粘接面的，那么粘接件要进行特殊预处理以获得较大的表面张力。

② 胶黏剂和粘接件表面的张力是多大？

③ 粘接零件表面特征是什么？（粘接件表面峰谷高度）。表面怎样？通过介质如水、空气、气体或试剂变化吗？表面上有灰尘聚集吗？有哪些杂质？有化学反应吗？

④ 材料的接缝处由于机械加工变化了吗？接缝部位的结构通过热量，锡焊或熔焊发生了变化吗？

⑤ 电子附加的表面处理，产生了异常的、新的表层吗？ （如电镀层、颜色等。）

胶黏剂应按材料来选择。此外，还须注意粘接件的表层，镀锌的钢是按锌的情况而不是钢来评价的。

胶黏剂若适合所粘接的材料，其附着则好，化学覆盖层的黏着性能直接影响最终的粘接强度。被粘接表面预处理的步骤与方法见图 3-42。

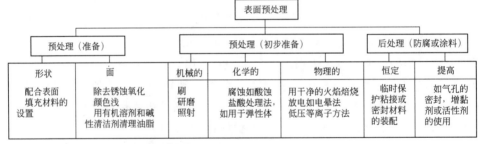

图 3-42　被粘接表面预处理的步骤与方法

## 3.3.2　常用材料的表面预处理方法

### 3.3.2.1　金属的预处理

由于金属有不同的物理和化学性能，所以要用不同的处理方法。

（1）铝和铝合金　除去油脂后，用砂纸或精砂喷法打毛，或除去油脂后用下列混合物的在硫酸槽中酸蚀。

| | |
|---|---|
| 硫酸 （密度 1.829g/mL） | 7.55L |
| 铬酸 | 2.5kg |
| 或重铬酸钠 | 3.75kg |
| 水 | 大约 4.0L |

① 酸蚀溶液的混合。将 10L 清水放入有 50L 刻度的容器中。然后一边搅一边

将硫酸慢慢地倒入容器，接着将铬酸以及重铬酸钠掺入，再加清水到50L的标记上。酸蚀溶液最好装在铁皮容器中，这种容器有可能用铅衬，可放在电热板上。

粘接零件要在这种加热到60～65℃的酸蚀槽中浸泡30min，然后用清洁的冷水，再用50～60℃的热水冲洗，并在空气或炉中以低于65℃的温度进行干燥（用4.5L的溶液可处理20m²的金属表面）。

② 铝的阳极氧化。阳极氧化铝合金至少要除油脂，胶黏剂的粘接力取决于氧化层的厚度和结构以及气孔的密封性，要获得最佳的粘接力，机械打毛或酸蚀必不可少。

图3-43、图3-44分别给出了铝合金酸蚀和磷酸阴极氧化工艺流程。

（2）钛　钛先除去油脂，再用砂纸或金刚绒打毛。第二种可能是用四氯化碳去脂，然后用旋转钢刷打毛，最后再除油脂。

此外，可先用四氯化碳除油脂，然后在室温下用15％的酸液酸蚀3min（小心）。褐色层要马上冲洗并干燥。

（3）铅、锡、焊锡　首先，将零件脱脂。铅可用砂纸或精细的钢绒打毛并冲洗，直到白色的抹布干净为止。

锡、焊锡和镀锡的零件轻微地打毛，再清洗。

镉：脱脂并用精细的砂纸打毛，再清洗，晾干并尽快将胶黏剂涂敷上去。

（4）铬和镀铬零件　脱脂用砂纸或通过精喷砂打毛，再冲洗，或在下列组合物中酸蚀。

| | |
|---|---|
| 一定浓度的盐酸（1.18g/mL） | 4.25L |
| 水 | 500L |

将粘接件浸在加热90～95℃的浸蚀槽中，大约1～5 min，然后用清凉水冲洗，接着用热水清洗，并让其干燥。

（5）铜和铜合金（黄铜例外）　脱脂并用砂纸或精喷砂法打毛或最好通过白口灰铁砂打毛并再清洗。应用下列组合物酸洗。

| | |
|---|---|
| 三氯化铁（42％的溶液） | 3.75L |
| 硝酸（浓度1.42g/mL） | 7.5L |
| 水 | 50L |

零件在室温下浸泡1～2min，然后用清水，再用热水冲洗并干燥。预处理后直接粘接。

（6）镁和镁合金　脱脂，用砂纸和金刚绒打毛，再清洗并立即涂敷胶黏剂，或将零件浸泡在70～75℃的加热溶液中，约5min。

| | |
|---|---|
| 氢氧化钠 | 6.2kg |
| 水 | 50L |

然后用清水冲洗，并放在下列溶液中浸蚀

| | |
|---|---|
| 铬酸 | 5kg |

| 水 | 50L |
| 硫酸钠 | 0.031kg |

接着用清凉水，再用热水冲洗、干燥、涂胶。

（7）黄铜、镍

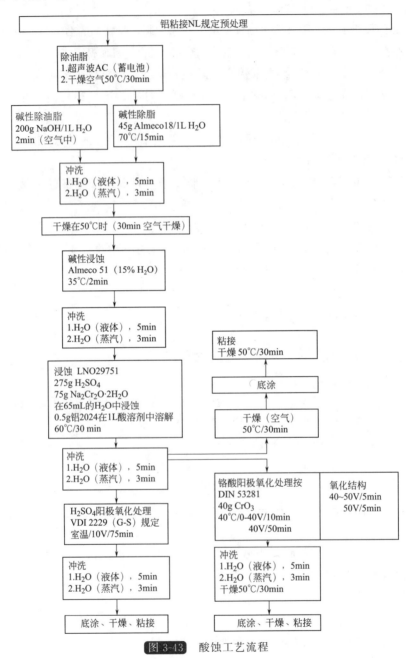

图 3-43 酸蚀工艺流程

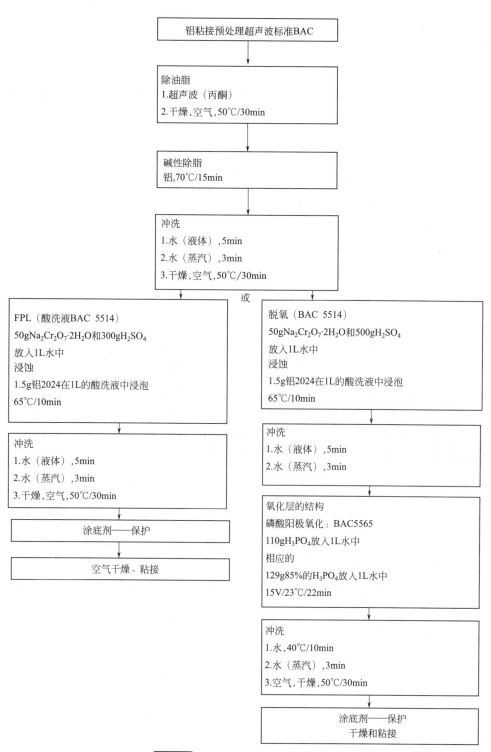

图 3-44 磷酸阴极氧化工艺流程图

黄铜脱脂并用砂纸或用精喷砂法打毛,再清洗。镍脱脂并用砂纸或精喷砂法打毛,再清洗,或在硝酸($HNO_3$,浓度1.42g/mL)中预处理大约5s,然后用清凉水,再用热水冲洗并干燥。

(8)铁和钢　脱脂,用喷砂或喷风法或砂纸打毛并清洗,或在下列溶液中浸泡。

| | |
|---|---|
| 磷酸(88%) | 10L |
| 甲醇(工业用) | 5.0L |

将零件浸泡在加热到60℃的溶液中大约10min,取出后用硬刷刷除去黑色层并用清凉水冲洗。在炉或热空气中干燥,在锈膜形成前涂敷好胶黏剂。

(9)不锈钢(铬钢、铬镍钢)　脱脂并用非金属磨料,如含金刚石的砂纸或用金刚石绒打毛,或采用精喷砂法。下列不锈钢脱脂溶液比其他脱脂溶液清洁剂效力大。

| | |
|---|---|
| 硫酸钠 | 1.00kg |
| 磷酸钠 | 0.50kg |
| 氢氧化钠 | 0.50kg |
| 湿润剂 | 0.15kg |
| 水 | 50L |

若粘接件在下列溶液中预处理,可获得较高强度的粘接。

| | |
|---|---|
| 草酸 | 14kg |
| 硫酸(浓度1.82g/mL) | 12kg(6.7L) |
| 水 | 70kg |

零件在加热到85~90℃的溶液中浸泡大约10min,取出后用硬刷刷掉黑色层,用清凉水冲洗,并干燥。预处理后,直接粘接。

(10)镀锌钢　脱脂并用砂纸打毛然后再冲洗,或在下列溶中浸泡2~4min。

| | |
|---|---|
| 盐酸 | 15L |
| 水 | 85L |

接着用热水凉水冲洗,并小心地放入60~70℃的炉内或在热空气中干燥。

在预处理后必须直接粘接。

(11)钨和碳化钨　脱脂,并用砂纸和精喷砂法打毛,再清洗;或在下列溶液中预处理。

| | |
|---|---|
| 氢氧化钠 | 8.5kg |
| 水 | 20L |

零件在加热到的80~90℃溶液中浸泡10min,然后用清凉水和热水冲洗,最后干燥。

另一种脱脂的可能性是,将金属零件泡在下面的酸蚀溶液中,泡2~3min:氢氟酸25g、硝酸150g、硫酸250g、水75g,然后冲洗,并在65~80℃烘箱(或烤箱)中进行干燥。

（12）锌和锌合金　除脂并用砂纸打磨，再清洗，立即涂敷胶黏剂。

同样可像"钢镀锌件"那样酸蚀。

常用金属的预处理的方法如表 3-2～表 3-4 所示。

**表 3-2** 表面的化学预处理的方法

| 方法 | 应用 | 预处理 | 浸蚀溶液 | 浸蚀温度/℃ | 浸蚀时间/min | 再处理 |
|---|---|---|---|---|---|---|
| 硫酸和重铬酸钠方法（酸蚀法） | 铝以及铝合金 | 清洗、脱脂、冲洗 | 27.5% 的硫酸（密度 1.82g/mL），7.5% 的重铬酸钠，其余为水 | 60～65 | 20～30 | 冲洗、干燥 |
| 改变后的硫酸和重铬酸钠法 | 铝和铝合金 | 清洗、脱脂、冲洗 | 第一酸蚀过程：0.5%氟化钠和氟化钾，15%～20%的硝酸，其余为水 第二酸蚀过程：27.5%的硫酸（密度 1.82 g/mL），7.5% 的重铬酸钠，其余为水 | 约 20（第一过程） 60～65（第二过程） | 约 1 约 1 | 用自来水冲洗 |
| 硝酸和重铬酸钾 | 镁和镁合金 | 清洗、脱脂、冲洗 | 20% 的硝酸，15%的重铬酸钾，其余为水 | 约 20 | 约 1 | 冲洗，干燥 |
| 硫酸、草酸方法 | 钢和不锈钢 | 清洗、脱脂、冲洗 | 10%的硫酸（密度 1.82g/mL），15%的草酸，其余为水 | 60 | 30 | 冲洗、干燥 |
| 盐酸法 | 高合金钢、不锈钢 | 清洗、脱脂、冲洗 | 30% 的盐酸，70%的水 | 20 | 15 | 冲洗、干燥 |
| 碱性法 | 不同的金属 | 处理方法不同，但都要除脂 | | | | 冲洗、干燥 |

**表 3-3** 金属表面的化学处理方法

| 钛和钛合金 | 镁和镁合金 | 锌和锌金属 | 铬和镀铬金属 |
|---|---|---|---|
| 1. 脱脂：三氯乙烷蒸气（或四氯乙烷），之后可以碱性除脂，参见铝 | 1. 脱脂：三氯乙烷蒸气（或四氯乙烷），之后可以碱性除脂，参见铝 | 1. 脱脂：三氯乙烷蒸气 | 1. 脱脂：三氯乙烷蒸气 |
| 2. 酸蚀：15% 的硝酸（浓度 70%），3% 的氢氟酸（浓度 50%），其余为水，室温处理 30s | 2. 阳极处理：24kg 氯化铵，10kg 重铬酸钠，8.5kg 磷酸（浓度 85%），水加到 100L，直流电 40～60V，3～5min，室温 | 2. 酸蚀：15%的饱和盐酸，其他为去离子的水，2～4min，室温 | 2. 酸蚀：15%的饱和盐酸，其他为去离子的水，2～5min，温度 90℃ |

| 钛和钛合金 | 镁和镁合金 | 锌和锌金属 | 铬和镀铬金属 |
|---|---|---|---|
| 3. 冲洗：水，5min，室温 | 3. 冲洗：水，5min，室温 | 3. 冲洗：水，5min，室温 | 3. 冲洗：水，5min，室温 |
| 4. 酸蚀：5%（质量）的三磷酸钠，0.9%（质量）的氟化钠，1.6%（质量）的氢氟酸，其余为水 | 4. 冲洗：水，5min，40℃ | 4. 冲洗：水，5min，40℃ | 4. 冲洗：水，5min，40℃ |
| 5. 冲洗：水，5min，室温 | 5. 干燥：30min，40℃（最高） | 5. 干燥：15~25min，65℃ | 5. 干燥：15~25min，65℃ |
| 6. 冲洗：水，5min，40℃ | | | |
| 7. 冲洗：30min，40℃ | | | |

表 3-4　常用金属结构粘接面的预处理方法

| 结构钢 | 低合金钢 | 高合金钢 | 低不锈钢 | 铝和铝合金 | 铜和铜合金 |
|---|---|---|---|---|---|
| 1. 磨或喷砂 | 1. 脱脂：三氯乙烷蒸气 | 1. 脱脂：三氯乙烷蒸气 | 1. 脱脂：三氯乙烷蒸气（或四氯乙烷） | 1. 脱脂：三氯乙烷蒸气（或四氯乙烷） | 1. 脱脂：丁酮（M、E、K） |
| 2. 脱脂：丁酮（M.E.K） | 2. 酸蚀：10 份磷酸（浓度 88%），10 份甲醇，在室温下，10min | 2. 酸蚀：83.3% 的盐酸（浓度 35%），12.5% 的磷酸（浓度 85%），4.2% 的氢氟酸 | 2. 酸蚀：10% 的草酸，10% 的硫酸，80% 的水 | 2. 碱性除脂：3% 的 $Na_2PO_4 \cdot 12H_2O$，$Na_2SiO_3 \cdot 9H_2O$(1：1)，其余为水，20min，10℃ | 2. 酸蚀：3.3% 的氧化铁，2.2% 的饱和硝酸，其余为水，60min |
| | 3. 冲洗，水，5min，室温 | 3. 冲洗：水，5min，室温 | 3. 冲洗：水，5min，室温 | 3. 冲洗：水，5min，室温 | 3. 冲洗：水，5min，室温 |
| | 4. 干燥：20~40min，温度 65℃ | 4. 在自来水条件下刷掉黑色层 | 4. 酸蚀：15 L 硫酸，5 kg 铬酸（或 7.5 kg 重铬酸钾），水加到 100L，30min，60℃ | 4. 在自来水条件下刷掉黑色层 | 4. 冲洗：水，5min，40℃ |
| | 5. 干燥：60min，120℃ | | 5. 干燥：20~40min，65℃ | 5. 冲洗：水，5min，室温 | 5. 干燥：30min，40℃（最高） |
| | | | 6. 冲洗：水，5min，室温 | | |
| | | | 7. 干燥：30min，40℃（最高） | | |

### 3.3.2.2 塑料的预处理

由于塑料的物理和化学性能不同，所以要应用各种不同的清洗和预处理方法。

层压材料、热固和热塑硬塑料模制件（模压、浇注）很容易粘接。要获得良好的强度，必须在涂敷胶黏剂之前，将粘接面用溶剂如丙酮、丁酮或机械预处理，如研磨以及杂质和喷砂，将表面清理干净。机械打毛对模压件粘接表面是不可少的、热塑料的粘接较难。不同的类型有不同的粘接效果，即使是同类的产品往往其可粘接性也不相同，已研发出适合塑料粘接的合适产品。但是，当热塑料与其他材料（如金属、木片）连接时，大部分都失效。在这种情况下，在一定条件下使用的粘接热塑料的胶黏剂都不同，若有特殊目的则要提供已预处理的、非常易粘热塑料（如滑雪板衬里）。

塑料的特性与预处理方法如下。

① 每一种塑料都有外核和内核；

② 外临界层要在粘接前脱脂；

③ 要创造一个最佳的预处理粘接力基础，可采用下列方法。

a. 用有机溶剂清洗。

b. 用碱性水溶剂清洁。

c. 用机械方法如研磨、砂磨、喷砂打毛表面，清洁处理。

d. 用化学方法清洁，如酸洗溶液。

e. 通过焙烧方法清洁。

f. 用电方法处理，如电晕。

g. 用低压等离子方法清洁。

下面详细介绍一下塑料的预处理方法。

（1）用有机溶剂清洁　除去脱膜剂是最大的困难，粘接件的表面用溶剂擦净，合适的溶剂有以下几种：丙酮、乙醚、异丙醇、氯化碳氢化物、氟氯烷、三氯甲烷等。

（2）用碱性水溶液清洁　这里主要使用已加温的碱性苏打液。连续酸蚀槽和超声波蒸气脱脂槽适合批量加工。有几种热塑性塑料会形成裂纹，即所谓压力裂缝，因此要小心。

硅酮要完全除掉，微小的残迹会导致粘接失败。

若要用粘接法，则不应在加工过程中加入以硅酮为基质的分解液，而应使用其他分解液。清洗槽内的硅酮痕迹会使酸蚀槽失去活性，不能使用。

下列材料的清洗用一次性使用的抹布或纸擦净即可。

① 纤维素酯塑料。

② 聚苯乙烯及其衍生物、混合聚合物。

③ 聚甲基丙烯酸甲酯，有介电性的有机玻璃。

④ 聚酰胺，低分子结构。

⑤ 聚碳酸酯。

若粘接表面风化，对这些塑料有必要进行轻微的打毛。

（3）机械处理清洁法　很多塑料只用溶剂处理还不够，还要进行机械处理，如通过磨光、喷砂或磨蚀。

尤其是模压件和模制件，需将杂质和压制薄膜磨掉。另外，风化残迹也可用这种方法。用砂轮或砂轮机磨蚀可在自动流水线上进行。在此，可根据粘接种类使用粒度（240）或中粒度（180）的砂轮。

喷砂可用白灰口铁砂或金刚砂。砂粒的粒度对表面品质有决定作用。应优先采用粒度为 0.3～0.8mm 的砂。通过喷砂，粘接面同时被扩大了，就是说，获得了较高的强度值。重要的是，在喷砂箱内不能用油和含磷零件，这种物质影响粘接件的表面，又会产生分离层导致粘接失败。

因此，首先要将零件放入溶液中脱脂，再进行喷砂。

干喷砂：在干喷砂设备中，稀薄的压缩空气喷入喷嘴时，由于喷射器的作用，产生一种很强的用于吸入喷射剂的真空。设备下部的容器或多或少地送气，形成传输压缩空气与喷射剂的均匀混合，重要的是供气和喷射剂应无油，粘接件在此之前也要脱脂。

湿喷砂：在湿法喷射时，使用水、脱脂溶剂和喷射剂的混合物。这种喷射剂应用于粘接件材料。使用最精细的喷射剂和水可获得细小刮痕。水膜可以减缓冲走，其他的功能与干喷砂一样。

此外，在进入泥槽部分之后和进入喷射容器之前，打开吸尘器。这样，在试样上会产生很纯的喷射品质，湿喷砂设备不会产生灰尘，可在粘接室内使用。

（4）化学预处理的清洁 将塑料零件放入酸蚀液内清洁的品质主要取决于浸泡的时间和温度。不同塑料使用的是专门酸蚀液和方法，酸蚀液将导致气化的表面变化，即表面获得了较高的表面应力。

化学工业可提供完善的酸蚀液，这种溶液在大多数情况下有毒并有腐蚀性。同时，费时的冲洗过程也要进行。几种塑料的化学处理方法如表 3-5。

表 3-5　几种塑料的化学处理方法

| 材料 | 预处理过程 | 酸蚀液 | 酸蚀温度/℃ | 酸蚀时间/min |
|---|---|---|---|---|
| 软聚乙烯(软 PE) | 脱脂,酸蚀,冲洗,5min,干燥 | 100%(质量分数)的硫酸(密度 1.82 g/mL),5%(质量分数)的重铬酸钾,8%(质量分数)的 $H_2O_2$ | 70 | 2 |
| 硬聚乙烯(硬 PE) | 同软 PE | 同软 PE | 70 | 10 |
| 氯化聚醚 | 同软 PE | 同软 PE | 70 | 5 |
| 聚苯醚 | 同软 PE | 同软 PE | 70 | 5～15s |
| 聚甲醛 | 同软 PE | 同软 PE | 25 | 10～20s |
| 聚丙烯(PP) | 同软 PE | 同软 PE | 70 | 2 |
| 弹性体(SB 或 ABS) | 同软 PE | 同软 PE | 40 | 10～15 |
| 聚氟化乙烯 | 脱脂 | 23g 的金属钠,同时放入128g 的萘液和1L 的无水 THF | 20 | 5～10 |

| 材料 | 预处理过程 | 酸蚀液 | 酸蚀温度/℃ | 酸蚀时间/min |
|------|-----------|--------|-----------|-------------|
| 聚甲醛（POM）（以甲醛为基的高强塑料） | 脱脂,冲洗 5min,酸蚀,干燥,5min,90℃ | 磷酸（85%）或 0.5%（质量分数）的硅藻土,3%（质量分数）的甲苯磺酸,56.2%（质量分数）的四氯乙烷 | 50 | 5～15s |
| 线型聚丙烯酸 | 脱脂,酸蚀,冲洗,干燥,5 min,90℃ | 氢氧化钠溶液 | 75～90 | 2～10 |

脱脂用有机或碱性溶剂，每个冲过的表面应用无盐水再冲洗。请注意工作规定，决不能把水倒入酸中，否则会发生危险。

酸蚀液可用于聚烯烃、聚乙烯、聚丙烯、聚氟烯烃、聚四氟乙烯、聚氧化乙烯、聚甲醛、聚苯乙烯基塑料。

（5）热处理清洁　热处理就是塑料的火焰表面处理。20 年来，克莱德而（Kreidl）方法已众所周知，聚烯烃表面应力小。粘接和印刷塑料表面需要的应力大，所以，聚烯烃基的塑料（薄膜、块、吹或铸成型件）要进行焙烧预处理。

焙烧时，塑料边缘区的分结构通过氧气燃烧而发生变化。气体燃烧器可控制喷烧已处理的塑料表面。表面的温度在短时间内，可达到 300℃以上。为了防止烧透，在塑料焙烧的另一面同时冷却。塑料表面在此温度下汽化还原。火焰处理后，应尽快粘接和印刷，以便使表面不再变化。丙烯酸产品的生产可用火焰处理法，以打光机械处理表面和零件。聚乙烯表面预处理见图 3-45。

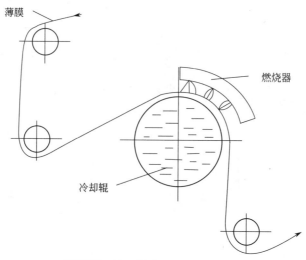

图 3-45　聚乙烯表面预处理示意图

（6）电处理法清洁　通过电晕放电，对聚烯烃薄膜和板进行预处理，在工业上有很重要的意义。它几乎毫无例外地取代了火焰处理法。

电晕处理，高频率（6～100kHz）低电压（5～60kV）的电流迅速连通薄膜并放电，此时薄膜或板表面受到电子辐射。电流间的空气被电离，氧气变化为臭氧（放电效应）。这种臭氧又变成氧和氧原子团，外表易反应并氧化塑料表面。

通过氧化反应，提高了塑料表面的应力，并产生了极性易粘接的表面。同时，高频变电场清除了表面痕迹上的水分和杂质，塑料在高温下放电效果最佳。因此，对表面要预热使表面电阻减小。这种处理方式可用在表面上，也可用在塑料层上。

软聚乙烯的有利温度应高于90℃，硬聚乙烯的温度应高于110℃，聚丙烯和链烯烃的衍生物也适应这种温度。

重要的是，零件在处理后应立即粘接。用电晕放电处理聚乙烯表面如图3-46所示，电晕放电设备的不同类型如图3-47所示。

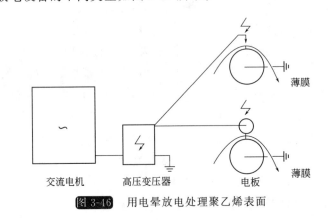

图 3-46　用电晕放电处理聚乙烯表面

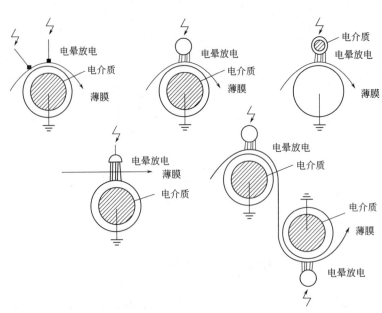

图 3-47　电晕放电设备的不同类型

### 3.3.2.3　橡胶的预处理

（1）天然橡胶　有时，粘接面通过基本打毛然后脱脂就行了。但有时也有必要进行化学处理，粘接面用硫酸浸泡 2～10min，先用凉水后用热水冲洗，最后干燥。

将橡胶弯曲，使之产生细小的绒毛丝状的裂纹。这样橡胶粘接的预处理就足够了。预处理的时间长短取决于橡胶的品质。

（2）合成橡胶　预处理见天然橡胶，只是腐蚀时间比天然橡胶长。若觉得很光滑并有油脂，在酸蚀前一定要打毛。在弯曲试验时，若没有产生头发丝状的裂纹，要用硝酸代替硫酸连续预处理，直到粘接件弯曲时产生细小的裂纹为止。最后用凉水，然后用热水冲洗并干燥。

互尔维也克（Waalwijk）——卤化法是荷兰皮革与鞋研究所（TND）为处理橡胶而研究出来的。橡胶的表面用氯氧化，通过表面的氧化形成较好的极性（利于粘接），同时提高了表面应力。

卤化剂用尼龙刷涂敷到橡胶表面上。这样释放出氯离子，使最终产品橡胶表面氧化。这种方法适用于所有的橡胶类，如丁腈橡胶、丁苯橡胶和油增量橡胶类（含增塑剂）。

塑料、橡胶的预处理的总结见表 3-6。

**表 3-6　塑料、橡胶的粘接性与表面预处理**

| 化学命名 | 缩写 | 自身强度性能 | 预处理 | 粘接性与胶黏剂选用 |
| --- | --- | --- | --- | --- |
| 聚乙烯 | PE | 坚固～软 | 火焰处理，臭氧处理，脱脂酸洗、硫酸铬酸 | 难粘，强度不高，双组分环氧树脂，聚氨酯胶黏剂 |
| 聚丙烯 | PP | 硬，可弯曲 | 同 PE | 同 PE |
| 聚苯乙烯 | PS | 硬，易破碎 | 刮表层、脱脂 | 环氧树脂和双组分胶黏剂，单组分甲基丙烯酸酯和丙烯酸酯 |
| 丁苯橡胶 | SB | 硬，韧可弯曲 | 喷砂、脱脂 | 溶剂胶黏剂，接触胶黏剂，单组分氰基丙烯酸酯，甲基丙烯酸酯 |
| 丙苯塑料 | SAN | 比 PS 硬 | 喷砂、脱脂 | 溶剂胶黏剂，环氧树脂和聚氨酯胶黏剂，氰基丙烯酸酯 |
| 丙烯腈-丁二烯-苯乙烯 | ABS | 非常硬 | 喷砂或酸洗、脱脂 | 环氧树脂和聚氨酯双组分胶黏剂，单组分氰基丙烯酸酯，接触胶黏剂 |
| 聚氯乙烯 | PVC | 硬，易破碎 | 喷砂时要使用碱性清洗剂 | 环氧树脂和聚氨酯双组分胶黏剂，接触胶黏剂，溶剂胶黏剂，氰基丙烯酸酯 |
| 软 PVC | PVC | 可弯曲，韧性好 | 同 PVC | 同 PVC |
| 硬 PVC | PVC | 硬，不易断裂 | 同 PVC | 同 PVC |
| 聚甲基丙烯酸甲酯 | PMMA | 硬，易破碎 | 脱脂，恒温，喷砂 | 溶剂胶黏剂，甲基丙烯酸酯，双组分环氧树脂胶黏剂 |

| 化学命名 | 缩写 | 自身强度性能 | 预处理 | 粘接性与胶黏剂选用 |
|---|---|---|---|---|
| 聚碳酸酯 | PC | 硬,韧,不易破碎 | 喷砂,脱脂 | 双组分环氧树脂胶黏剂,单组分氰基丙烯酸酯 |
| 聚甲醛 | POM | 硬,坚固 | 磷酸腐蚀,喷砂,脱脂 | 双组分聚氨酯,环氧树脂-聚酰胺,氰基丙烯酸酯 |
| 聚酰胺 | PA | 硬,可弯曲 | 金刚石喷砂,脱脂,火焰清理 | 双组分聚氨酯、环氧树脂-聚酰胺 |
| 聚四氟乙烯 | PTFE | 坚固,可弯曲 | 酸洗,火焰清理 | 双组分聚氨酯、环氧树脂和氰基丙烯酸酯胶黏剂,以环氧树脂-聚酰胺为基体的特种胶黏剂 |
| 酚醛树脂 | DF | 硬 | 喷砂,脱脂 | 不饱合聚酯和环氧树脂胶黏剂,甲基丙烯酸酯,氰基丙烯酸酯 |
| 三聚氰胺甲醛树脂 | MFR | 硬 | 喷砂,脱脂 | 接触胶黏剂,不饱和聚酯和环氧树脂胶黏剂,甲基丙烯酸酯,氰基丙烯酸酯 |
| 脲醛树脂 | UF | 硬 | 喷砂,脱脂 | 不饱和聚酯和环氧树脂胶黏剂,甲基丙烯酸酯,氰基丙烯酸酯,接触胶黏剂 |
| 不饱和聚酯 | UP | 硬,非常坚固 | 喷砂,脱脂 | 双组分环氧树脂胶黏剂,接触胶黏剂 |
| 环氧树脂 | EP | 硬 | 喷砂,脱脂 | 单或双组分环氧树脂胶黏剂 |
| 聚氨酯橡胶 | UR | 韧 | 喷砂,脱脂 | 聚氨酯胶、弹性环氧树脂胶黏剂、溶剂胶黏剂 |

### 3.3.2.4 其它非金属材料的预处理

（1）石棉和石棉水泥　打毛,除尘,脱脂,然后使剩余的溶剂完全蒸发。

（2）混凝土　刷去污物和沉积物,用清洁剂脱脂。无论是旧的还是新的,尽可能地按下述方法预处理。

通过喷砂打毛表面,然后除尘（如用吸尘器）或先细心地磨蚀粘接面然后除尘。根据表面特性,可把粘接零件机械打毛大约1～4mm深（若有必要,可更深些）并除尘。

（3）宝石　脱脂。

（4）玻璃　玻璃粘接必须脱脂。除了强碱溶剂外,其它所有的脱脂剂都适合。这些脱脂剂均能腐蚀玻璃。不过,若有专门用途和需形成一定的表面结构,也可以用碱性液腐蚀。此外,玻璃表面常有一氧化层,要除去需用光学清洁法。

光学玻璃的清洁建议。

① 可能性/过程

a. 超声波池、碱性、40～50℃。

b. 超声波池、碱性、40～50℃。

c. 用40～50℃的水冲洗超声波池。

d. 池冲洗用水,40～50℃。

② 可能性/过程

a. 超声波池、碱性、40～50℃。

b. 池冲洗用水，40～50℃。

c. 超声波池、碱性、40～50℃。

d. 用水冲洗池。

e. 用水冲洗池。

f. 超声波池冲洗用蒸馏水，40～50℃。

若在冲洗后玻璃有污点，大都是水进了蒸气池中。若玻璃上有一层薄膜，大多是清洁剂进入了蒸气池中，冲洗不够。

在粘接时，有一个重要的因素不可忽视，即水膜。在许多玻璃粘接时，都没有对这种分子的水膜以足够的重视。"湿度-空气湿度是玻璃粘接最大敌人"。水分子同时是其他化学物质的载体，它们会导致粘接失败。

由于玻璃与水分有大的亲和性，所以在接触后会立即形成水分子大小的湿度层。该湿度层是看不出来的，在粘接前必须除掉。

用一试管夹夹住试管，用火焰从试管玻璃壁的下部向上部扫烧，这样就可以发现玻璃边缘有多少水分，这些水分用肉眼是看不见的。玻璃经过火焰处理后，在短时间内没有水分。

清洁后玻璃要进行干燥。

① 玻璃表面清洁后应在循环空气炉中退火 20min（100℃）。

② 玻璃零件在粘接前至少要有高于室温的温度，湿度必须低于粘接室的 30%。

玻璃框粘接不进行这样的预处理，而常用底剂（黏附剂），例如硅烷连接（用于窗户，房间结构）。

用腐蚀液脱脂，室温下，在下列溶液中浸泡 20min：

| | |
|---|---|
| 硫酸（密度 1.82g/mL） | 80% |
| 重铬酸钾 | 10% |
| 水 | 10% |

此外，两次用蒸馏水冲洗和再冲洗，干燥 30min，温度为 120℃。

（5）石墨和碳　用精细砂纸打毛并脱脂，将多余的溶剂在涂敷胶之前蒸发掉。

（6）石膏　表面仔细干燥。用精砂纸打毛，除尘，用 15% 的盐酸溶液（大约 5L 溶液在 5m² 的面积上）酸蚀。用一硬刷子涂敷胶黏剂，直至无气泡为止（大约 15min 后），用净凉水喷洗（高压设备），直到所有沉积被除掉，以及石蕊试纸表面呈中性反应为止，并要干燥。

（7）陶瓷材料（硬瓷）　表面光滑的零件用精喷砂打毛，干燥并除脂。

玻璃化的陶瓷或硬陶瓷零件，用喷砂法或用砂纸除去并脱脂。

（8）陶土表面　仔细干燥，用刷子刷掉灰尘。

（9）皮革　　用砂纸打毛并脱脂。

## 3.4　涂覆与固化

### 3.4.1　工程胶黏剂的涂覆

粘接表面必须是干净和干燥的，直到涂覆胶黏剂以前，都要维持这种状态。由于潮湿（水分）带来氧化反应，并由此使胶黏剂不能浸入粘接部位的表面层，因此所有粘接部位都要避免与水分接触。水分层还会使胶黏剂失去黏附作用。总的说来，天气不好时，如下雨和寒天，在露天不能进行粘接。

潮湿（水分）是黏附效应的头号大敌。氰丙烯酸胶黏剂却是例外，它在固化时需要空气中水分（OH—）。湿固化有机硅密封胶和所有含水扩散胶黏剂也不例外。

粘接效果取决于下列工作条件。

① 温度；

② 时间；

③ 表面预处理；

④ 空气湿度；

⑤ 室内环境、干净程度；

⑥ 粘接设备。

胶黏剂、助剂、涂覆仪器和粘接工具应处于可直接进行使用的状态。使用机器进行涂覆，则要检查胶黏剂涂覆机的工作性能。并调整适当粘接条件。

经表面预处理后，制件在涂覆前的存放时间要尽量短。在涂覆胶黏剂时，使用的胶黏剂所处的状态是至关重要的。

（1）液体胶黏剂　　可从容器中用细刷、粗刷或辊涂覆胶黏剂，尤其是适合大面积的粘接，可以直接喷涂上去。

在使用中高黏度的胶黏剂时　建议用刮板或刮刀来涂覆。

（2）使用固态胶黏剂　　粒状或粉状，加紧热融化成液状，然后用手或机器涂覆到要粘接的表面上。粉状胶黏剂可筛到粘接面上，再输入热使之融化，有足够的浸润，就会很好的黏附。胶黏剂的黏度有决定性的作用。

（3）粘接膜　　可剪成相应形状放在粘接部位上，或模压在粘接部位上，然后在压力下加热固化。

### 3.4.2　工程胶黏剂的固化

液状胶黏剂系统分为物理固化和化学固化类。

① 溶剂胶黏剂（物理固化）。物理固化型溶剂胶黏剂包括纯溶剂型（THF 四氢呋喃、PVC 聚氯乙烯、三氯甲烷）和在液体中熔化或分散了固体胶黏剂两种。

使用接触剂和粘接溶剂时，要在抽走液体后，才能把粘接件拼接起来。拼接时允许的时间被称为开放时间。错过此时间段，粘接在一般情况下就不可能了。这类胶黏剂应一直在压力下使用。加热会使粘接更好，固化的时间会短一些。

② 液状反应型系统（化学固化）。所有工程胶黏剂都属于这类液状反应型胶黏剂。这种胶黏剂的供货是分瓶装的。在单组成胶黏剂里已混有固化剂。只是在一定条件下才会反应，这类系统胶黏剂的贮存时间大多为 3～12 个月。

两组成系统要按胶黏剂制造时的规定进行混合和粘接。如果胶黏剂不含溶剂的话，则可免去排气过程。含溶剂的反应型胶黏剂则在涂敷后，其中的溶剂全部需要被排走，然后才允许将胶黏剂和粘接零件压合在一起，否则会生成固化缺陷和出现粘接部位软化。

a. 化学反应。在正常条件下直接发生在输入和混合固化组成（固化剂、催化剂）后，在混合阶段，由于放热反应产生温度，黏度也由此降低（见图 3-48）。

b. 有效使用期。依反应温度和反应速度而定，有效使用期结束后不能使用，因为会产生浸润缺陷。

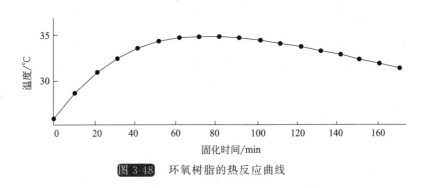

图 3-48　环氧树脂的热反应曲线

③ 膨胀反应型单组分系统（热固化）。进行热固化的膨胀反应型单组分胶黏剂如含有渗入的固化剂，它们的固化仅在温度升高时实现。最佳固化范围可在 120～180℃间得到，在此固化范围内可达最好的强度值（见图 3-49）。

需要提出的是，在 120℃以下不能发生完全的固化，因此造成强度下降。同时胶黏剂防化学物腐蚀性能大大降低，在遇到强度大的动力振动作用时，会使粘接零件裂开。

但超过的 180℃固化温度时，胶黏剂组织结构则可能遇到破坏，也造成强度下降。此时胶黏剂会发生热分解，从而失效。

胶黏剂的固化应关注如下几个问题。

（1）固化时间　使用反应型胶黏剂时，固化过程的长短取决于各自的系统。在所有的固化过程中都会遇到放热现象。在化学反应期间，要释放出热量，它反

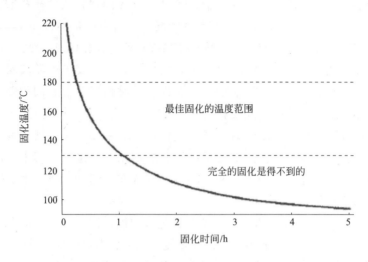

图 3-49 单组分环氧胶的最佳固化温度

过来又加速了反应过程（见图 3-50）。

提示：所有固化过程都与时间和温度有关。冷却胶黏剂混合物可延缓反应。在用某些胶黏剂系统时，使用促进剂一般能控制固化的时间。

注意：加入过量的促进剂，会使物理性能变差或粘接处开裂。促进剂还会使系统变化异常，带来无法控制的分子键生成，从而使某些粘接制品变脆。

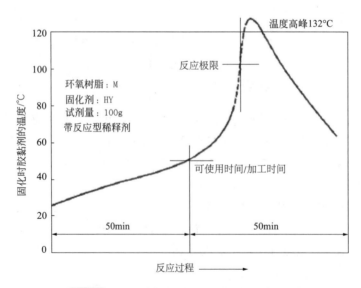

图 3-50 双组分环氧胶黏剂固化时的温度变化

（2）温度和压力 对于胶黏剂的固化过程、拼接和固定，温度起着决定性的作用。

提示：输入热量可大大地缩短粘接过程。大多数反应型胶黏剂和物理黏附型胶黏剂还是在室温下固化的。

提高温度带来下列益处。

① 胶黏剂变稀使其表面润滑改善。

② 提高最终的粘接强度。

③ 固化时间缩短，由此改善生产流程。

粘接强度通过热固化与室温固化相比可提高约 30％。此时一般只需在 60～80℃时进行 2h 的后固化即可。

图 3-51 显示粘接强度与时间、温度的关系。

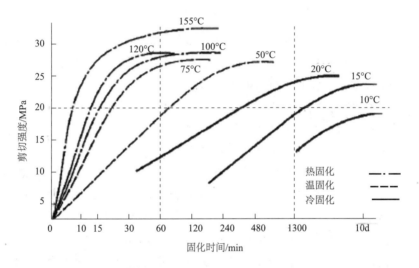

图 3-51　粘接强度与时间、温度的关系

大多数胶黏剂除了热量外，还要一均匀施加在粘接面积上的压力。只有当固化过程结束后，以及粘接零件的温度小于 60℃时，才能停止施压。

热量输入要靠加热板和加热型腔等，并在合适的空间内完成。通常，固化过程在压力下，在通风炉或加热道中进行。

其他的加热系统为：

① 辐射加热，定位或在输送管道中；

② 粘接零件的感应加热（电感应传输）；

③ 在热压机中的固化。

有一事可以确定，一般说来，热固化必须要有昂贵的设备和辅助装置，热固化的粘接处比冷固化有较高的化学和物理值，而且有较高的稳定性。

（3）室内条件　大多粘接施工都需要 23℃ 的室温和 65％ 的相对空气湿度（参

见表 3-7)。玻璃粘接和高强度的粘接却例外，表中的值只有在无另外的加工规定时才有效。

**表 3-7 粘接室内条件**

| 胶黏剂类型 | 温度(空气) | | 湿度(空气) | | 平均值 | | 标准值 | | 无尘度(美国国家标准 209B)/级 |
|---|---|---|---|---|---|---|---|---|---|
| | 最小/℃ | 最大/℃ | 最小/% | 最大/% | 温度/℃ | 湿度/% | 温度/℃ | 湿度/% | |
| 环氧树脂 | 18 | 27 | — | 75 | 23 | 65 | 23 | 50 | Klasse100000 |
| 聚氨酯 | 15 | 27 | 40 | 75 | 23 | 65 | 23 | 50 | Klasse100000 |
| 有机硅 | 15 | 45 | 40 | 75 | 23 | 65 | 20 | 65 | Klasse100000 |
| 氰基丙烯酸酯 | 18 | 20 | — | 75 | 23 | 65 | 20 | 65 | Klasse100000 |
| 第二代丙烯酸酯 | 18 | 27 | — | 75 | 20 | 50 | 20 | 50 | Klasse100000 |
| 厌氧胶 | 20 | 27 | — | 75 | 23 | 65 | 20 | 50 | Klasse100000 |

在粘接零件和胶黏剂的湿度处理时要注意，粘接零件至少要在粘接操作室中存放 24h，这一点很重要。只有这样粘接零件和胶黏剂的温度才能和周围的环境相一致。此情况下，不必对粘接零件进行润湿处理。

如果粘接要求未达到，或者空气湿度太大，粘接效果在一段时间后会变得很差。其后果是在粘接处开裂。什么时间会出现这种现象，仅仅是时间问题。根据经验，粘接缺陷大约在 6～12 个月后开始出现。

（4）真空中固化　对于要承受高压力的粘接件（航空工业），固化过程要在真空中进行。此方法应用在带粘接拼接型零件的粘接中。此时，粘接零件要在高的温度下，在真空中承受一低压，到最终固化状态。此法还有一优点：系统中侵入的空气将被抽走。系统的加热由各种不同的加热装置完成。

（5）在高压釜中固化　要承受更高压力的粘接件可在高压釜中进行固化。固化将在真空加压力和加热的条件下完成。所有的数据由高压釜上的测量仪器监视。粘接零件常常是利用抽真空而被压在制品的另一半部位上的。这样可得到一紧密的、无气泡的接触面。在整个固化过程中，用真空泵抽出中间层的空气。固化经一适合的加热系统（在制品件内和周围）引发。

# 3.5 粘接缺陷与后处理

## 3.5.1 粘接缺陷

### 3.5.1.1 导致粘接缺陷的原因

图 3-52 列出了影响粘接强度的因素。

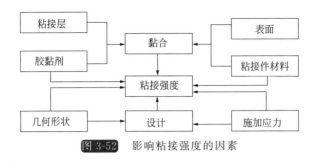

**图 3-52** 影响粘接强度的因素

导致粘接缺陷的主要原因有：

① 胶黏剂；

② 方法；

③ 设计；

④ 制件材料；

⑤ 工作人员情况；

⑥ 不能预见的因素。

（1）胶黏剂导致的原因

① 叠合；

② 溶剂耗失；

③ 冻坏；

④ 界面层分离；

⑤ 沉淀；

⑥ 错用胶黏剂。

控制措施如下：

① 进货时检查；

② 中央库存；

③ 备忘进货时间；

④ 优化库存条件；

⑤ 控制温度变化（库存和加工温度）；

⑥ 防止吸潮；

⑦ 测试胶黏剂厚度；

⑧ 控制凝固过程；

⑨ 实施非破坏性测试；

⑩ 检查尺寸和重量。

（2）施工导致的原因　未遵守混合比例，凝固温度及时间。可使用时间、施工时间、通风时间、压合时压力及胶黏剂涂覆。

（3）设计导致的原因

① 在形状设计和计算中可找出的错误；

② 未考虑静态、动态、热和化学作用；

③ 剥离作用力；

④ 应力集中的产生；

⑤ 缺乏选用制件材料和胶黏剂的知识；

⑥ 设计不正确；

⑦ 粘接件因素；

⑧ 表面因素；

⑨ 老化因素；

⑩ 胶黏剂因素。

（4）制件材料导致的原因

① 可直接归结到粘接零件中的缺陷；

② 内部收缩；

③ 内部温度；

④ 结构变化；

⑤ 塑料材料的低表面能。

（5）人为情绪导致的缺陷

① 这类缺陷纯粹是由工作人员的性能和体力状态引起的；

② 建议：工作人员身体状况差时，就把工作交其他同事进行。

（6）不可预见的原因

① 气候变化；

② 温度波动；

③ 空气湿度变化。

## 3.5.2　胶黏剂开裂形式、拆卸和再粘接

（1）胶黏剂开裂形式　产生胶黏剂开裂处损坏（胶黏剂开裂）的原因，是过高和毫无顾虑地施加机械、物理和化学作用。

长时间于高温下受应力、负荷和化学物腐蚀，承受变换负荷带来的损伤和在苛刻条件下的振动力，会导致材料疲劳和老化（见图 3-53）。与此相关的过程中，粘接零件和胶黏剂的粘接力下降至疲劳，最终导致胶黏剂开裂。

机械因素为材料变形和胶黏剂范围内部的现象，这将不可避免地进一步发展为粘接处开裂。

如果粘接后的制件置于化学剂中而腐蚀，材料和胶黏剂也会发生类似变化。对此已有报道，在化学物的环境中，胶黏剂的分解和老化可能来毁坏性的恶果。

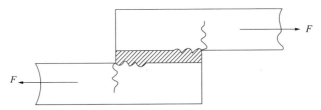

图 3-53　在粘接层方向上的撕裂直到裂纹发展到粘接零件内部

撕裂后的不能再粘接连接制件了，必须进行测试，需要时重新粘接。这里一般说来，软性胶黏剂的性能优于脆性胶黏剂。

粘接中的开裂可归纳为两类，粘接破坏和聚合破坏，两种开裂形式可单独或同时出现。

① 粘接破坏。在粘接破坏时，胶黏剂脱离粘接件表面，并带有该表面整个形状的裂纹。人们往往在这两点连接部位表面都会发现残留的胶黏剂，这是由表面部位的内应力状态所决定的。人们把这种现象称为胶黏剂网联岛屿。

胶黏剂单面的分离可归纳于材料不适合，未有足够的预处理或可能是胶黏剂选择不当。

② 内聚破坏。内聚破坏时胶黏剂内部裂开，也就是说，胶黏剂内部的强度小于粘接部位的表面粘接力。

建议：选择具有较高内聚强度的胶黏剂，检查设计，必要时缩小粘接面积。

最理想的情形为，粘接与内聚的破坏同时发生（混合破坏）。这就意味着，胶黏剂在制件材料表面的粘接力与胶黏剂内部的强度一样大。

③ 粘接件材料破坏。粘接件材料破坏出现的话，这表明胶黏剂内部强度和粘接力大于制件的负荷能力。人们称此为粘接件损伤。

建议：考虑改变设计，必要时选择较高强度的粘接件材料。

粘接件损伤的一种特殊形式为：如粘接牢固但粘接零件较软的话，在粘接基面（胶黏剂、粘接部位的过渡层）有可能出现撕裂。让粘接层流出一点可缓和这些部位（见图3-54）。

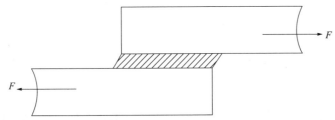

图 3-54　缓和从胶黏剂到粘接处的过渡层，有助于减少转角内应力

（2）破坏粘接连接（拆卸）　分解粘接连接并不是不可能的，但分离粘接连

接时要保证所使用的方法不损坏粘接零件的材料本身。

① 机械分离。只有在粘接介质的动静强度得到克服和粘接与内聚破坏出现时才能达到。只有分离特大型粘接制件时才能施加拉应力、剪切应力、旋转剪切应力或压剪应力，由于此时要克服胶黏剂强度，还是有可能使粘接件变形。

② 施加振动力。通过此手段大多都能保证使粘接后的零件互相分离，这说明，胶黏剂此时的强度低于粘接制件的强度。

利用器械分离：将一楔子插入粘接件的结合处为一剥离过程，该手段将粘接件剥离掉，但可能会产生制件的变形。

③ 化学分离。在这种方法中要使用腐蚀性溶剂。化学溶剂浸蚀、溶化和分解粘接层，但要注意粘接件材料不能遭腐蚀。这样可以化学分离像塑料粘接那样的粘接连接。

④ 物理分离方法。对金属粘接的分离特别有效。可达到以下（依胶黏剂类型选不定期）热效应。

a. 降低胶黏剂的强度值。

b. 分裂胶黏剂交联分子结构。

以此可以有保证地分离粘接零件。

（3）再粘接的准备和再粘接　要获得高品质的再粘接，必须注意下列因素。

无论是有意的或无意的拆卸，在分离粘接后的制件上表面都有可能受到损伤。结合面在这种情形下需重新协调一致。

无论如何都要对表面进行清洗（喷沙、打磨、刷干净、刮层等）。这样可除去胶黏剂的残留物。

在利用化学分离时，应预先选择由弱到强的腐蚀性试剂。

腐蚀性由弱到强的溶剂如下。

① 冷水；

② 热水；

③ 乙醇；

④ 汽油；

⑤ 丙酮；

⑥ 酯类：如醋酸酯、丁烯酯；

⑦ 酮类：如丁酮；

⑧ 芳香类：如甲苯、二甲苯；

⑨ 氯化碳氢化合物（高氯酸盐、三氯和四氯结构）；

⑩ 二甲醛胺（溶解粘接和连接，在高温度下贮存制件要加速该过程）。

由于胶黏剂系统种类繁多，所以不能提出普遍适用的规则，请您向各胶黏剂专家了解合适的溶剂。

# 第 4 章　工程胶黏剂涂胶及固化设备

## 4.1　胶黏剂的涂敷方法和涂胶设备简介

### 4.1.1　涂胶方法、涂布工具、涂胶设备简介

在一个粘接或密封工程中，当胶黏剂或密封胶选定后，首先面临的问题就是要选定施工方法和施工设备及工具。施工方法的正确与否，施工设备及工具选择得当与否，其性能优良与否，均直接影响到粘接或密封工程的质量和效果。

一般来讲，对于涂敷施工设备及工具的基本要求是使胶的涂敷达到快、准、省。所谓"快"就是要满足被涂工件生产速率的要求，针对单件、小批量、大批量和自动化流水线生产等不同的生产速率，就要采用不同的涂敷设备及工具。"准"是要保证涂敷质量，应该涂胶的部位能准确地涂到，不该涂胶的地方就不应粘上胶，同时要保证涂敷处有足够的、均匀的胶线或胶层。"省"是使用涂敷设备及工具的目的之一，通过控制胶滴、胶线、胶条的大小（挤出量）使涂胶用量控制在合适的范围之内，并保持涂敷的一致性。还要考虑涂敷设备的涂胶浪费问题。除上述三点之外，还要考虑到涂敷的方便，价格便宜及安全因素等。针对各种工况条件，设计多种多样的涂敷设备，从而扩大胶黏剂、密封胶的应用范围，提高涂敷质量和效率，以求达到良好的粘接、密封质量和效果。

胶黏剂和密封胶的涂敷方法很多，尤其是随着自动化控制设备的不断出现，以及汽车、电子工业、新能源行业对粘接工艺的要求不断提高，各种新的涂敷工艺不断涌现，总括起来常用的涂敷方法如表 4-1 所列。这些施工方法都各有其优点、缺点及应用条件，因此在选用哪种方法时必须结合具体条件来考虑选用。

胶黏剂和密封胶的涂敷工具与装置按其涂胶的形式分类，大致有点状涂敷、线状涂敷、带状涂敷、面状涂敷等几种主要形式。

按其涂敷的方式有手工涂敷和机械涂敷两大类，而机械涂敷又分为手动机械涂敷和自动机械涂敷两大类。

按胶黏剂和密封胶的涂敷生产过程来分有预先涂敷和现场涂敷等。预先涂敷如网板印刷和微胶囊厌氧胶涂敷等，在装配生产之前即已完成涂敷作业；而现场涂敷则与产品装配同时进行，绝大部分涂敷作业均属现场涂敷。

## 4.1.1.1　刷涂法

刷涂是一种简便的人工涂敷方法。施工时操作者用手握住蘸有胶黏剂或密封胶的毛刷，依靠手腕和手臂的运动，在被涂工件表面涂敷上一层均匀的涂层。

刷涂法的特点如下。

① 工具设备简单，操作方便，不受地点、环境的限制，适应性强，无论是大工件还是微小的装饰件均可采用刷涂法进行施工。

② 除某些特殊的材料外，大多数的胶黏剂和密封胶均可采用刷涂法进行施工。

③ 涂刷法能使胶黏剂或密封胶在工件表面更好地渗透，从而提高了粘接和密封效果。

④ 施工中材料浪费比喷涂法少。

⑤ 刷涂法费工、费时、效率低、劳动强度大，故不适宜于机械化连续性生产。

为了解决刷涂法在工厂连续性生产中的应用要求，可以采用自动供料的毛刷，其原理是采用压力罐将胶压送至涂胶刷，刷头采用特殊结构，中间配有一个或多个供胶管。这种系统既可用于手工连续刷涂作业，也可配自动枪用于自动刷涂作业。

**表 4-1　胶黏剂和密封胶常用的涂敷方法**

| 涂敷工具形式 | | 胶黏剂及密封胶材料 | | | | 用　途 | | | | 作业状态 | | | 动力源 |
|---|---|---|---|---|---|---|---|---|---|---|---|---|---|
| | | 胶黏剂 | | 密封胶 | | 涂敷形式 | | | | 连续作业 | 半连续作业 | 不连续作业 | |
| | | 低黏度 | 高黏度 | 低黏度 | 高黏度 | 点状涂敷 | 线状涂敷 | 带状涂敷 | 面状涂敷 | | | | |
| 简易涂敷工具 | 刮刀 | ○ | ○ | ○ | | | | ○ | ○ | | | ○ | 手动式 |
| | 毛刷 | ○ | | ○ | | ○ | | ○ | ○ | | | ○ | 手动式 |
| | 注射器 | ○ | | ○ | | ○ | ○ | | | | ○ | ○ | 手动式 |
| | 棉签 | ○ | | ○ | | | ○ | | | | | ○ | 手动式 |
| | 挤胶器 | ○ | | ○ | | | | | | | ○ | ○ | 手动式 |
| | 油枪 | ○ | ○ | ○ | ○ | | | | | | | ○ | 手动式 |
| 滚涂 | 手工浸蘸滚轮 | ○ | ○ | ○ | ○ | | | ○ | ○ | | | ○ | 手动式 |
| | 带供胶的滚轮 | ○ | ○ | ○ | ○ | | | ○ | ○ | | ○ | | 手动式 |
| | 滚涂机 | ○ | | ○ | | | | ○ | ○ | ○ | | | 电动式 |
| 卡套式挤胶枪 | 手动挤胶枪 | ○ | ○ | ○ | ○ | ○ | ○ | | | | ○ | | 手动式 |
| | 气动挤胶枪 | ○ | ○ | ○ | ○ | ○ | ○ | | | | ○ | | 气动式 |
| | 电动挤胶枪 | ○ | ○ | ○ | ○ | ○ | ○ | | | | ○ | | 电动式 |
| 压力罐式涂胶枪 | 涂胶枪 | ○ | | ○ | | | ○ | | | ○ | | | 气动式 |
| | 涂胶刷 | ○ | | ○ | | | | ○ | ○ | ○ | | | 气动式 |
| | 喷枪 | ○ | | ○ | | | | | | ○ | | | 气动式 |

| 涂敷工具形式 | | 胶黏剂及密封胶材料 | | | | 用　途 | | | | 作业状态 | | | 动力源 |
|---|---|---|---|---|---|---|---|---|---|---|---|---|---|
| | | 胶黏剂 | | 密封胶 | | 涂敷形式 | | | | 连续作业 | 半连续作业 | 不连续作业 | |
| | | 低黏度 | 高黏度 | 低黏度 | 高黏度 | 点状涂敷 | 线状涂敷 | 带状涂敷 | 面状涂敷 | | | | |
| 压力泵 | 涂胶枪 | ○ | ○ | ○ | ○ | ○ | ○ | | | | ○ | | 气动式或液压式 |
| （柱塞泵） | 喷枪 | ○ | ○ | ○ | ○ | | | ○ | ○ | | ○ | | 气动式或液压式 |
| 双组分 | 涂胶枪 | ○ | ○ | ○ | ○ | ○ | ○ | | | | ○ | | 气动式或液压式 |
| 涂胶装置 | 喷枪 | ○ | ○ | ○ | ○ | | | ○ | ○ | | ○ | | 气动式或液压式 |
| 自动 | 自动涂胶枪 | ○ | ○ | ○ | ○ | ○ | ○ | | | | ○ | | 电动式 |
| 涂胶机 | 自动喷枪 | ○ | ○ | ○ | ○ | | | ○ | ○ | | ○ | | 电动式 |

#### 4.1.1.2　刮涂法

刮涂法是用金属制、木制或橡胶制的刮刀在工作表面进行人工涂敷的一种方法。刮涂法除了直接用于进行胶黏剂、密封胶的涂敷之外，一般还用作挤涂或刷涂后涂敷表面的刮平和修整。

刮涂法用的工具有木制刮刀、橡胶刮刀和金属刮刀。在汽车车身的胶缝修整中橡胶刮刀较为常用。

橡胶刮刀一般采用厚度为 4～12mm 的耐油橡胶板制成。大的刮刀尺寸可为 120mm×125mm。而小刮刀则为 70mm×110mm。外形呈长方形。

刮涂用的工具和刮刀的操作方法分别如图 4-1、图 4-2 所示。

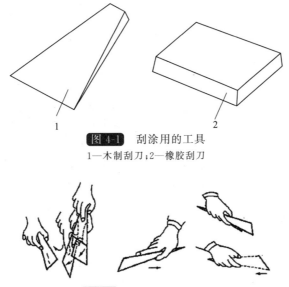

**图 4-1** 刮涂用的工具
1—木制刮刀；2—橡胶刮刀

**图 4-2** 刮刀的操作方法

### 4.1.1.3　滚涂法

滚涂法是利用蘸有胶黏剂或密封胶的辊筒在工件平整的表面滚过,而使工件的表面得以涂敷的一种施工方法。

滚涂法的主要工具为滚轮。按照输胶的方式,可分为手工滚轮、还有贮胶罐的滚轮以及机械送胶滚轮。前两种滚轮是人工滚涂常用的工具,而后一种则属于机械滚涂法的工具。图 4-3 为各种手工用的滚涂工具。

图 4-3　各种手工用的滚涂工具

滚涂法的特点如下。

① 设备、工具简单,操作方便,可涂敷较高黏度的胶液。

② 涂敷质量较好。

③ 适应性较差,被涂物必须是有规则的平面物体,不适应于接头较为复杂的工件涂敷。

④ 采用压力罐或活塞泵进行压力供料方式的滚涂法可以进行连续作业。

### 4.1.1.4　挤压式涂敷法

挤压式涂敷是将软管或注射器内的胶黏剂或密封胶采用人工压挤的方式涂敷于工件表面或粘接密封缝隙内的一种方法。图 4-4 为软管或注射器式的挤压涂敷工具。

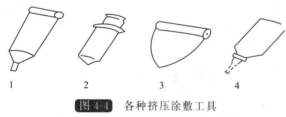

图 4-4　各种挤压涂敷工具
1—软管;2—注射器;3—圆锥袋;4—油壶

除了直接采用手工方式进行挤涂外,还可以采用以下几种专用的挤胶枪进行挤压式涂敷作业。

(1) 手枪式手动滴胶枪　采用蠕动原理,依靠棘轮齿转动凸轮挤压塑料软管,吸入和排出胶液。手枪式滴胶器适用于黏度小于 3000mPa·s 的胶,每次挤出的胶液量可控制在 0.01～0.04mL。工作原理见图 4-5。

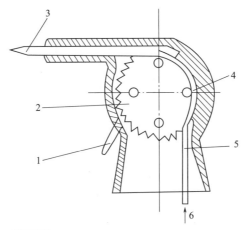

**图 4-5** 50－A 型手枪式滴胶器工作原理图

1—扳机;2—棘轮;3—挤胶滚柱;4—给胶嘴;5—聚乙烯管;6—胶

(2) 卡套式挤胶枪 可用于挤涂中高黏度胶,是适应 330mL 标准包装的施胶设备。使用时将 330mL 胶罐装入手动、气动或电动挤胶枪中,用手指扳动,依靠活塞推动 330mL 胶罐的底端盖,逐次将胶从前端涂胶嘴处将胶挤出。

① 手动机械卡套式挤胶枪。此枪在一般的胶黏剂商店均有出售,价格便宜,常在维修及单件生产中使用。工作原理见图 4-6,双组分自动混合式挤胶枪见图 4-7,其工作原理与单组分手动机械卡套式挤胶枪相同,只是双管胶配有自动混胶器胶嘴,其混合原理是利用狭长的曲曲弯弯的腔道进行机械式混合。

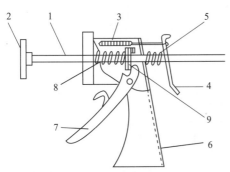

**图 4-6** 单组分挤胶枪工作原理图

1—枪杆;2—活塞推板;3—拉簧;4—止动板;
5,8—弹簧;6—枪柄;7—扳机;9—夹板

**图 4-7** 双组分挤胶枪示意图

② 气动卡套式挤胶枪。其工作原理是采用压缩空气推动 330mL 胶罐的后压盖将胶挤出。通常该枪采用工程塑料制造,质量轻、体积小、操作方便,但需要有外接气源。此枪现在国内外有很多厂家生产,用户选择时应挑选关枪时能快速排气的挤

胶枪,这样关枪时不会产生还继续出胶的现象。工作原理见图 4-8。

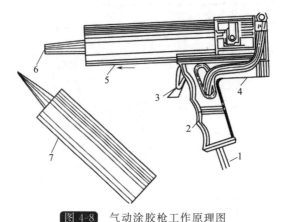

图 4-8  气动涂胶枪工作原理图

1—进气筒;2—枪柄;3—扳机;4—枪体;5—枪筒;6—吐胶口;7—密封胶

#### 4.1.1.5  浸渗法

浸渗密封在机械产品中主要用于铸件,压铸件的微气孔密封,如汽车发动机的缸体、缸盖,变速箱、离合器的壳体等铸件的微气孔密封。随着对发动机排放的要求越来越高,为达到更严格的排放要求,为提高燃烧效率而采用涡轮增压技术,因此对缸体、缸盖等发动机零件提出了更高的耐压要求。不采用浸渗工艺很难达到这一要求。

浸渗工件可以是钢、铁、铜、铝、锌等多种金属材料,能密封的最大微气孔直径、耐压和耐温程度都与浸渗胶和浸渗工艺有关,一般能密封的最大微气孔直径为 0.1~0.3mm,耐压最高可以达到 20MPa 以上。为达到理想的浸渗效果,常使用真空加压浸渗设备(见图 4-9)。浸渗设备一般分为前处理、真空加压浸渗罐、后清洗和固化处理设备等几部分。

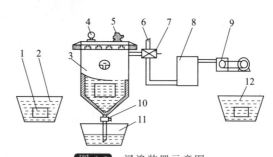

图 4-9  浸渗装置示意图

1—工件;2—前处理液槽;3—真空压力浸渗罐;4—真空压力表;5—气阀;6—空气压缩机气管;
7—二位三通阀;8—真空干燥筒;9—真空泵;10—放液阀;11—贮液槽;12—后理液槽

#### 4.1.1.6  网板印刷法

网板印刷法涂胶类似于油墨印刷,是一种适用于平面涂敷胶黏剂、密封胶的方法,具有快速、准确、重复性好、节约用胶和提高涂敷质量等优点。

### 4.1.1.7　喷涂法和挤涂法

喷涂法是采用动力使胶黏剂或密封胶经过喷枪对工件进行喷涂的一种方法,输送胶黏剂或密封胶的动力源常用的有气动、挤压和电动三种。喷涂法在现代汽车工业生产中是涂敷粘接密封材料的重要方法之一,它正被各个汽车厂家广泛采用,有些厂家已采用自动喷涂设备进行施工作业。

喷涂法分为低压空气喷涂法、混气喷涂法、无气喷涂法三种。上述三种方法是根据不同施工工艺及胶黏剂的特点而采用的。

挤涂法同样是采用动力使胶黏剂或密封胶经过涂胶枪对工件进行点状、线状、带状涂敷的一种方法。与喷涂法的区别在于胶黏剂或密封胶通过枪嘴时喷涂是使其雾化,而挤涂法是其根据枪嘴的形状及大小挤出而非产生雾化。挤涂法是汽车和电子工业生产中最重要的涂敷方法之一,已被各个汽车和电子厂家广泛采用。而且,未来趋势是采用自动化挤涂工艺进行施工,避免人工挤涂的随意性造成的产品质量缺陷,尤其是对于汽车和电子这种大批量、高标准生产的现代化工业生产方法,采用自动化挤胶设备应是各个汽车和电子厂家追求的最高目标。

## 4.1.2　胶黏剂的输送方式

胶黏剂、密封胶供给喷枪或涂胶枪的常用输送方式有重力输送、虹吸输送和挤压输送这三种基本方式。

### 4.1.2.1　重力输送

重力输送方式的使用比现今应用更广泛的挤压输送供料方式要早。在盛装胶黏剂或密封胶的容器上开设有进气孔是重力输送的关键,因为这样空气才能进入容器填补容器的空间而不产生真空。

重力输送设备的原始投入和运行费用较少。由于容器内部保持一个大气压,可以在不停止喷涂的情况下向容器中添加胶料。但这种方式存有一些弊端,如胶料的黏度和流动特性,软管的内径和长度都直接影响到胶料的输送流量,同时喷枪与容器中胶料液面的垂直距离发生变化所产生的压差变化同样对胶料的输送流量产生影响。

可以根据需要确定容器的容积,同时容器的安放位置必须满足喷枪涂流量的要求(要考虑系统的流阻,软管越细、越长,阀门和接头越多,流阻就越大),另外还要考虑便于往容器中添料。

制造容器的材料必须与所盛胶料的组分相适应以防止腐蚀和化学反应的发生。容器应加盖,盖上应开有进气孔,此孔最好采用口朝下的进气方式以减少灰尘的进入。

#### 4.1.2.2　虹吸输送

虹吸输送方式仅用于空气雾化喷枪,更确切地说是外混式空气喷枪,虹吸式喷枪的外部混合式空气喷嘴喷射空芯气柱,在液体喷嘴周围产生真空,于是将胶料从虹吸杯中抽取出来。虹吸进料喷枪由喷枪和接于喷枪上的料杯组成,它们被视为一体,由于喷枪和胶料的重量由操作者单手承担,其操作就受到限制,用于一般喷涂时,料杯容量最大可达 0.95L。

(1) 虹吸输送的优点和局限性　虹吸输送系统所需设备最少,建立喷涂系统所需的原始投入少,特别适用于小规模喷涂。

在虹吸输送方式中,虹吸管的吸料口必须浸入胶料中,实际上这一限制因素并不重要,因为虹吸管是折线形的,虹吸管在料杯中的位置也是可以调整的,因此喷枪在喷涂时可以作 180°的翻转。

喷嘴的设计以及产生虹吸效应所需的气压范围限制了喷雾的形状和流量的大小,同时由于操作者要承担喷枪及料杯的重量,在进行长时间喷涂作业时会十分疲劳。

(2) 使用注意事项　当料杯的密封圈干硬、开裂或出现其它老化现象时应予以更换,要用适合清洗的溶剂对料杯进行彻底清洗。不应使用对料杯产生侵蚀或与料杯发生化学反应的清洗溶剂。料杯被清洗完毕后应装入干净清洁的溶剂以便对喷枪进行彻底清洗。

应经常检查料杯的通气孔以确保其通畅,注意不能将虹吸料杯改造成压力料杯。

#### 4.1.2.3　挤压输送

挤压输送即在压力供料方式下,胶黏剂、密封胶被压力罐(压缩空气加压)或液流泵压送至喷枪或涂胶枪。挤压输送通常分为压力罐压力输送和液流泵输送两种方法。压力罐只可将胶料单向输送至喷枪,液流泵可用来单向输送胶料,又可以将涂装工位未及时使用的胶输送回储料罐,可实现胶料的循环输送。

(1) 压力罐输送　压力罐输送是在封闭的料杯或罐中,通过压缩空气的压力将胶液压送至喷枪或涂胶枪上,压力罐与喷枪可组成一个联结体,也可以用软管将它们连接起来。

压力罐属于压力容器,其耐压值由制造商标识并符合有关国家或地区的工业安全规范规定,用户若对压力罐加热、钻眼、焊接,则压力罐上标识的耐压值将无效。

压力罐不可超压使用,一旦耐压失效将对人身造成伤害,因此所有压力罐应装配有安全阀。

(2) 液流泵输送　液流泵有很多种结构,可满足不同应有的需要。各种结构的液流泵都有其独特的运行特性,液流泵主要分成两大类:叶片式泵和容积式泵。

① 叶片式泵。叶片式泵也称作负排量泵,在小流阻的工况下可提供持续稳定的液流,但在流阻增加时,泵的扬程急剧下降,在液体供应停止后泵仍可运行。离心泵和涡轮泵是两种主要的叶片式泵。

a.离心泵。离心泵运用转动的叶片,将从位于叶片中心附近的液流入口中流出的流体推举到靠近泵壳体的液流出口处,这种泵可以做到大扬程(13788kPa)、大流量(3785L/min),可输送磨蚀性和腐蚀性流体。由于离心泵一般不自吸式的,只可用于输送黏度较低的流体。

b.涡轮泵。涡轮泵的工作原理是采用高速旋转的涡轮输送低黏度流体,流量中等(800L/min),扬程较高(3488kPa)。涡轮泵一般不是自吸式的,用于输送非磨蚀性的低黏度流体。

② 容积式泵。容积式泵也称为正排量泵,泵的每一个循环输送一定体积的流体,流体输送量由泵的运转速度以及每一个循环的排量决定。容积式泵有许多不同的种类,其中主要包括以下几种:齿轮泵、螺杆泵、柔性叶片泵、滑片泵、凸轮泵、隔膜泵和柱塞泵。

a.齿轮泵。齿轮泵的工作原理是啮合在一起的两个齿将液流抽吸到泵中再将其排出,齿轮泵的排量可达 11000L/min,扬程可达 13788kPa。它们可以输送高黏度和有腐蚀性的流体,但不能用于输送含有磨蚀性材料的流体,也不允许空载运行。齿轮泵都是自吸式的,一般可双向支行。

b.螺杆泵。螺杆泵运用一个转动螺杆与其啮合在一起的从动螺杆,沿着泵的轴线方向产生移动的气穴。这些气穴将流体从进口吸入,从出口排出。螺杆泵的扬程可达 3792kPa,排量可达 1022L/min。螺杆泵可提供持续稳定的液流,可输送一定黏度的腐蚀性流体。螺杆泵具有极好的吸入特性,是自吸式的,但不可空载运行。

c.柔性叶片泵。柔性叶片泵的工作原理是通过改变泵室容积的方法将流体抽吸进来,排放出去,其排量在扬程689.5kPa 时可达到 1136L/min。柔性叶片泵最大扬程可达 689.5kPa,可输送黏度达 2000mPa·s 的流体。此种泵是自吸式的,不能空载运行。

d.滑片泵。滑片泵的叶片在转子上可滑进滑出,在泵体内形成空腔,由于转子在泵体内偏心安装,因此随着转子的转动,空腔的体积忽大忽小,于是将流体抽吸进来再排放出去。滑片泵的排量可达 378.5L/min,扬程可达 6894kPa。此种泵可以输送略有磨蚀性和腐蚀性、黏度值达 4500mPa·s 的流体。滑片泵是自吸式的,同时此泵对磨损有一定的自补偿功能。

e.凸轮泵。凸轮泵的工作原理是采用一系列滚珠式凸轮将流体压入一段管子,被抽吸的流体只与管子内壁接触,解决了流体被污染及其它相关的问题。凸轮泵可输送有磨蚀性和腐蚀性的流体,排量可达 1136L/min,扬程可达 690kPa,流体黏度可达 10000mPa·s。此泵可空载运行。

f.隔膜泵。隔膜泵是采用柔性膜片和一系列止回阀将流体抽吸入泵缸,再将流体压出泵缸。隔膜泵有气动双隔膜和电动单隔膜等多种形式。隔膜泵在中压690kPa时,排量可达1136L/min,隔膜泵可以输送磨蚀性和腐蚀性极强的流体以及含有固体颗粒的流体。隔膜泵是自吸式的,但在泵室内壁,被泵送流体不与精密装配的旋转件或滑动密封件接触,因此可空载运行而不对泵造成损害。隔膜泵非常适合空气喷涂系统,不适用于气助无气式以及纯气式喷涂。

g.柱塞泵。柱塞泵的工作原理是运用一个往复式活塞和一系列止回阀将流体从入口处抽吸进泵缸,然后再将其从出口排出。它的排量可达11355L/min,扬程极高,可超过517050kPa。柱塞泵是自吸式的,可以输送黏度高达1000000mPa·s的流体,以及具有腐蚀性和略有磨蚀性的流体。

各种液流泵的特性见表4-2。

表 4-2　各种液流泵的特性

| 液流泵 | 是否正排量 | 排量/(L/min) | 扬程/kPa | 黏度/MPa·s | 胶液的腐蚀性 | 胶液的磨蚀性 | 是否自吸式 | 是否能空转 | 其它特点 |
|---|---|---|---|---|---|---|---|---|---|
| 离心泵 | 否 | 3785 | 13788 | 200 | 有 | 有 | 否 | | |
| 涡轮泵 | 否 | 800 | 3448 | 200 | 无 | | 否 | | |
| 齿轮泵 | 是 | 11000 | 13788 | 10000 | 低 | | 是 | 否 | 双向运行 |
| 螺杆泵 | 是 | 1022 | 3792 | 1000000 | 有 | 有 | 是 | 否 | |
| 柔性叶片泵 | 是 | 1136 | 689.5 | 2000 | 有 | 有 | 是 | 否 | 对磨损有自补偿功能 |
| 滑片泵 | 是 | 378.5 | 6894 | 4500 | 中等 | 中等 | 是 | 否 | |
| 凸轮泵 | 是 | 1136 | 690 | 10000 | 中等 | 高 | 是 | | |
| 柱塞泵 | 是 | 11355 | 517050 | 1000000 | 中等 | 高 | 是 | 否 | |
| 隔膜泵 | 是 | 1136 | 690 | 10000 | 中等 | 高 | 是 | | 胶液中可存在大颗粒 |

# 4.2　工程胶黏剂常用涂胶和固化设备

## 4.2.1　针管包装胶黏剂涂胶系统

针管包装的胶黏剂有单组分的,如氰基丙烯酸酯瞬干胶、单组分环氧胶、厌氧胶、UV胶、单组分有机硅密封胶、单组分聚氨酯胶等。也有双组分的,如双组分环氧胶、第二代丙烯酸酯胶、双组分聚氨酯胶等。针管包装胶黏剂涂胶系统可以设计成半自动的,也可以设计成全自动的。

单管包装单组分低黏度胶液自动滴胶系统动力源是压缩空气,拥有独特的气压控制体系和高速电磁阀系统,能够完成精确、一致的点胶控制。可编程控制,可调式流量控制,断胶干净,具有吸进功能,胶液无滴漏。单管包装自动滴胶系统可用于IC封装,LCD封装,DVD/CD ROM读取头精密点胶控制。

双管包装双组分低黏度胶液自动滴胶系统与单管包装单组分低黏度胶液自动滴胶系统类似,只是双管头部装有静态混合器,静态混合器的混合原理是利用狭长的曲曲弯弯的腔道进行机械式混合,使双组分混合连续化、自动化,节省时间,更无需经人手,更加安全清洁及减少胶液的浪费,操作干净利落。双管包装自动滴胶系统可用于电子、电器结构件粘接、灌封等用途的涂胶工艺。

针管包装低黏度胶液自动滴胶系统装置示意图如图4-10所示。

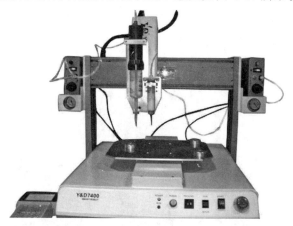

图 4-10　针管包装胶涂胶系统装置示意图

## 4.2.2　压力罐供胶涂胶系统

胶黏剂压力罐供胶涂胶系统,也有单组分与双组分之分,二者的区别主要是双组分涂胶系统是两个压力罐,胶液通过静态混合器混合。单组分胶黏剂压力罐涂胶系统相对简单,这里主要介绍双组分胶黏剂压力罐涂胶系统。

### 4.2.2.1　变比齿轮计量式双组分胶涂胶设备

双组分胶压力罐涂胶设备的外形见图4-11。其工作原理是双组分胶的基料和固化剂(分别装于压力罐中)分别从各自的压力罐底部压出,如果基料度较大,容易混杂气泡,在压力罐上配备自动搅拌器对基料进行搅拌便于其流动,如果固化剂对湿气敏感,在固化剂压力罐空气入口处应配有除湿过滤器(或者往压力罐中充入氮气),两个组分均供到各自的齿轮计量泵(外啮合齿轮泵或内啮合齿轮泵),两处齿轮泵经各自的减速器,然后再与一个无级变速成器相连[(1∶4)～(1∶1)],保证两个组分的配比可以无级调整。齿轮泵的驱动力为气动马达,利用气动的特性保证涂胶枪关枪时系统立即保压停止,涂胶枪开枪时则立即启动,两个组分通过各自的管线接到涂胶枪上,然后通过以下两种方式进行混合。

方式一:两个组分通过手动涂胶枪[图 4-12(a)]枪外静态混合器充分混合后进行涂胶。这种方式适合两种组分黏度差别不是很大的情况。

方式二:两个组分进入自动双组分涂胶枪[图 4-12(b)]枪体混合腔内通过动态混合器充分搅拌混合后进行涂胶,动力可以采用气动也可采用电动。这种混合方式适合两种组分的黏度差别较大、静态混合器混合不均匀的情况。这种混合方式两个组分混合部分体积较小,因此清洗时所用的清洗溶剂较少。

上述两种混合方式的涂胶枪上均有清洗溶剂接口,设备上装有清洗溶剂压力罐,涂胶不用时可手动或自动将两处组分的混合部位清洗干净,使用非常方便。

这种设备适用于中等黏度的环氧类、聚氨酯类、丙烯酸酯类双组分胶黏剂的施工,可手动也可配置成自动施胶设备。

**图 4-11** 双组分胶施工设备的示意图

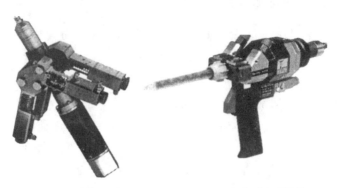

(a)手动涂胶枪 (b)自动双组分涂胶枪

**图 4-12** 涂胶枪的种类

#### 4.2.2.2 变比柱塞式双组分胶施工设备

此种双组分胶施工设备的工作原理与前述设备相同。双组分的基料和固化剂（分别装于压力罐中）从各自的压力罐底部压出供到两处组分的柱塞缸部，保证柱塞缸有良好的吸料。基料柱塞缸直接由气动电机驱动，固化剂柱塞缸通过杠杆机构与基料柱塞缸气动电机连接，通过两个组分柱塞缸排量比外加杠杆可调比例就构成了变比柱塞式双组分胶施工设备。根据需要可以另外配置清洗溶剂泵，用于对涂胶枪两个组分混合部分进行清洗。

### 4.2.3 供胶泵供胶涂胶系统

#### 4.2.3.1 高黏度单组分密封胶涂胶设备

图 4-13 为高黏度单组分胶黏剂涂胶装置图，供胶系统采用的双立柱供胶泵供胶，涂胶部分可设计成手工涂胶或机器人自动涂胶。自动涂胶系统的胶计量装置安置在机器人附近，计量装置采用柱塞式，柱塞缸由滚珠丝杠驱动，滚珠丝杠的转速由伺服电机控制。胶进入柱塞缸由入口阀和出口阀控制，胶输出后接到机器人手腕上的涂胶枪上进行涂胶。此种配置对于高黏度的单组分有机硅密封胶、单组分聚氨酯密封胶、单组分环氧胶都可以进行施工。

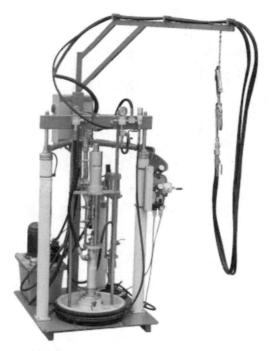

**图 4-13** 单组分胶黏剂双立柱供胶泵

#### 4.2.3.2 双组分胶黏剂涂胶设备

图 4-14 为高黏度双组分自动涂胶系统的配置图。两个组分均采用双立柱供胶泵供胶,而且均是双泵配置,并配有缺料检测装置,胶桶无料时自动切换到另外有料胶桶进行连续供料。胶计量装置安置在机器人附近,计量装置采用柱塞式,两个组分的柱塞缸由滚珠丝杠驱动,滚珠丝杠的转速由伺服电机控制。两个组分进入柱塞缸由各自的入口阀和出口阀控制,两个组分按比例输出后接到机器人手腕上的双组分涂胶枪上进行混合涂胶。由于黏度都很大,采用静态混合器即可混合均匀。此种配置对于高黏度的双组分环氧胶、聚氨酯胶都可以进行施工。

图 4-15 为双组分胶黏剂涂胶设备的配置图。由于两个组分的黏度都很大,两个组分各自均采用压力比为 55∶1 的双立柱供胶泵供胶。两个组分的计量采用液压伺服驱动的柱塞缸进行比例计量。由于供胶管线较长,采用加热保温外套对两个组分的高压胶管进行加温降低黏度(减小压降,保证流量)。计量柱塞缸的进料和排料由入口开关阀和涂胶枪上的各组分的开关阀边锁控制,涂胶枪的组分入口处均装有单向阀防止窜胶造成事故。两个组分混合采用静态混合器进行。洗枪时可以用一个组分清洗混合部分,直到出现该组分的干净胶即可。

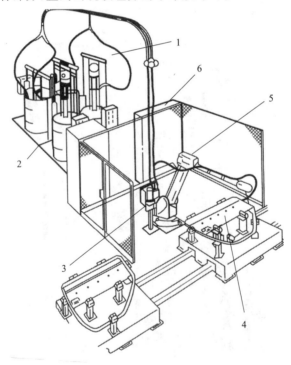

**图 4-14** 高黏度双组分自动涂胶系统示意图

1—A 组分双供胶系统;2—B 组分双供胶系统;3—双组分计量供胶装置;
4—双组分混合自动涂胶枪;5—机器人;6—控制柜

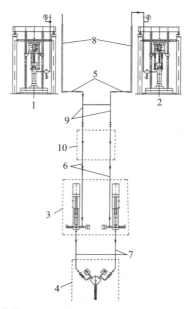

**图 4-15** 高黏度双组分自动涂胶系统配置图

1—55 加仑供胶泵(A 组分);2—55 加仑供胶泵(B 组分);3—双组分计量供胶单元;4—双组分混合枪;
5—高压软管($\phi$20mm);6—高压软管($\phi$12mm);7—高压软管($\phi$10mm);8—钢管($\phi$25mm);
9—加热保温外套(95℃);10—机器人手臂

## 4.2.4　表面贴装用单组分环氧胶的涂胶和固化设备

### 4.2.4.1　贴装胶的涂胶方式

（1）针式转移　先将针定位在贴装胶容器上面;使针头浸入贴装胶中;当针从贴装胶中提起时,由于表面张力的作用,使贴装胶黏附在针头上;然后将粘有贴装胶的针在 PCB 上方对准焊盘图形,要对准所要安放元器件的中心,再使针向下移动直至贴装胶接触焊盘,而针头与焊盘保持一定间隙;当针提起时,由于贴装胶对非金属 PCB 的亲和力比对金属针的亲和力要大,部分离开针头留在 PCB 焊盘上。

实际应用中,针的转移都是采用矩阵式,同时进行多点施胶。

针式转移在手工施胶工艺中应用较多,也可采用自动化的针式转移设备,其成败取决于贴装胶的黏度以及 PCB 的翘曲状态。针式转移的优点是能一次完成许多元器件的施胶,设备投资少,但施胶量不易控制,且胶槽中易混入杂质。

（2）加压注射　又称注射式点胶或分配器点涂,是贴装胶最常采用的施胶方式。先将贴装胶装入注射器中,施胶时从上面加压缩空气或用旋转机械泵加压,迫使贴装胶从针头排出,滴到 PCB 要求的位置上。

气压、温度和时间是施胶的重要参数,除控制进气压力、施胶时间外,贮胶器往往还需带控温装置,以保证胶的黏度恒定。这些参数控制着施胶量的多少、胶点的尺寸大小以及胶点的状态,气压和时间调整合理,可以减少拉丝现象,而黏度大的贴装胶易形成拉丝,黏度过低又会导致胶量太大,甚至出现漏胶现象。为了精确调整施胶量和施胶位置的精度,还可采用微机控制,以便按程序自动进行施胶操作。

加压注射的特点是适应性强,特别适用于多品种的产品;易于控制,可方便地改变胶量以适应大小不同元器件的要求;且贴装胶处于密封状态,性能稳定。

(3) 丝网印刷　丝网印刷法涂胶类似于油墨印刷,是一种适用于平面涂敷胶黏剂的方法,具有快速、准确、重复性好、节约用胶和提高涂敷质量等优点。在完成贴装胶施胶工序后,要根据产品精度、生产量大小以及所具备的设备和工艺条件,采用人工、半自动或全自动等方式贴装元器件,然后再进行贴装胶固化,使元器件固定于印制板上。

贴装胶的施胶设备如图 4-16 所示。

(a)高速点胶设备　　　　　　　(b)丝网印刷设备

图 4-16　贴装胶的施胶设备

### 4.2.4.2　贴装胶的固化设备

在 PCB 上施加贴装胶并安放元器件后,应尽快使贴装胶固化。固化的方式很多,有热固化、光固化、光热双重固化和超声固化等,其中光固化很少单独使用,磁场固化通常用于彩封存型固化剂的贴装胶。最常用的固化方式主要有两种。

热固化按设备情况又可分成烘箱间断式热固化和红外炉连续式热固化。

烘箱固化即是将一定数量已施胶并贴装的 PCB 分批放在料架上,然后一起放入已恒温的烘箱中固化,通常温度设定在 150℃ 为宜,以防 PCB 和元器件受损。固化时间可以长达 20~30min,也可缩短至 5min 以下。采用的烘箱要带有鼓风装置,使形成对流,避免上下层有温差,并使温度恒定。烘箱固化操作简便、投资费用小,但热能损耗大,所需时间长,不利于生产线流水作业。

红外炉固化也称隧道炉固化,目前已成为贴装胶最常用的固化方式。所用设备不仅适用于贴装胶的固化,而且还可用于焊膏的回流焊。由于贴装胶对特定的红外波长有较强的吸收能力,在红外炉中只需较短的时间即可固化。红外炉固化热效率高,对生产线流水作业较为有利。随着贴装胶性能的差异以及红外炉设备的不同,红外炉所采用的固化曲线也不同。

## 4.2.5　汽车环氧折边胶自动点胶系统

折边胶在汽车厂焊装车间里主要用于车门、发动机罩盖和行李箱盖板的装配粘接，取代原有的点焊结构。折边胶的工艺是涂胶要沿着准备冲压折边的钣金外板的周边进行，涂胶的位置要求准确、涂胶量要适当，如果涂胶量过多或涂胶的位置不当，则可能造成胶液外溢而污染翻边冲压模具；如果涂胶量不足，则有可能造成粘接不牢的现象。因此，在现代汽车工业大批量生产的前提下，焊装车间的折边胶涂布如有可能都应采用自动涂胶系统。

折边胶自动涂胶系统主要有两种方式进行涂胶，一种为六轴机器人布置在焊装输送线旁边或机器人悬吊在输送线的上方。机器人手腕拿着涂胶枪进行涂胶。供胶系统通常为双55加仑双柱供胶泵供胶。具体的工艺流程是：流水线输送带将待涂胶的外板输送到涂胶工位，板件自动定位夹紧后给机器人一个信号，机器人拿着涂胶枪沿设定好的轨迹将折边胶均匀地涂在板件上，涂胶完成后机器人回原始位置等待下一个待涂工件的到来。早期的机器人折边胶自动涂胶系统不配备胶流量自动控制装置，只是靠胶调压阀来进行胶流量的简单控制。随着机器人及自动控制技术的发展，现在装备的机器人折边胶自动涂胶系统均配备胶计量装置。胶计量装置有两种配置：如果机器人涂胶时工作空间无大的障碍，则采用图4-17所示的胶的计量装置。该装置采用液压伺服驱动型或交流伺服驱动型来控制涂胶量的大小，涂胶枪直接装在计量缸的出口上，其工作原理是通过液压伺服油缸驱动胶计量缸，或者是交流伺服电机带动滚珠丝杠驱动胶计量缸，胶计量缸为单作用柱塞式，计量缸端头分别装有计量缸的进胶开关阀和涂胶开关阀，如果机器人涂胶时工作空间狭小，机器人手腕的持重量较小，不允许胶计量装置直接装在机器人手腕上，则通常采用图4-18所示的胶的计量装置。该装置可以装在机器人的小臂后部或放置在机器人的旁边，总之，原则是胶计量装置到机器人手腕涂胶枪的管线越短越好，胶的阻力越小越好。

(a)液压伺服驱动型　　　　　　　(b)交流伺服驱动型

**图 4-17**　带涂胶枪的胶计量装置

图 4-18　外置型胶计量装置

为了更好地保证折边胶的流淌均匀性,现在更好的办法是涂胶时涂胶嘴采用螺旋喷嘴使胶线呈螺旋状均匀地喷到板件上,这样可以保证冲压折边时折边胶能均匀地流淌,保证可靠的粘接。

图 4-19 为螺旋状胶线和直胶线外观图。

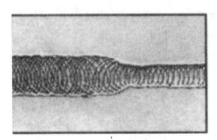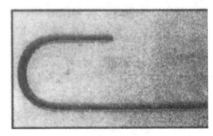

图 4-19　螺旋状胶线和直胶线外观图

折边胶自动涂胶系统的另外一种涂胶方式是机器人手腕不安装涂胶枪或胶计量装置,而是机器人手腕安装带吸盘的定位抓持手爪,机器人拿着板件运动走出涂胶轨迹,涂胶枪不动而板件运动进行精确的涂胶,涂完胶后机器人将板件直接放到冲压折边模具上准备冲压折边。这种涂胶方式的好处是机器人不用拖着很多胶进行作业,充分发挥了机器人搬运工件进行多工位快速操作的特点,同时简化了流水线定位夹具的工作,只需设在机器人手腕上,则通常可以装在机器人的小臂后部或计一套板件定位抓持夹具安装在机器人手腕上即可完成几个工位的工件搬运工作。

## 4.2.6　厌氧胶自动涂胶系统

厌氧胶是一种既可用于粘接又可用于密封的胶,最主要的特点是"厌氧性",即胶中的固化成分只要与空气中的氧接触,就会成为惰性呈液态不固化。当胶渗入工件的缝隙与空气隔绝时,常温下就可自行聚合,起到粘接和密封有作用。由于厌氧胶的这种特点局限了其包装的形式及容量的大小。通常厌氧胶的包装为 300mL 筒装、850mL 筒装或 1 加仑筒装(内装 2kg 左右的厌氧胶)。

汽车工业采用厌氧胶自动涂胶系统主要分为两大类。一类是用于平面密封(用厌氧胶替代垫片)的自动涂胶系统;另一类是用于发动机缸体、缸盖碗形塞孔的自动涂胶系统。

### 4.2.6.1 用于平面密封的厌氧胶自动涂胶系统

由气动或机械力驱动施胶枪,从300mL胶筒中挤出厌氧胶,靠人工进行轨迹控制,会使材料涂布的位置和数量有很大的变化,涂布的好坏很大程度上取决于操作者的技术,因此对于汽车工业大批量生产的要求来讲,采用手工施涂厌氧胶很难保证产品质量的一致性,同时造成胶的浪费。为此,对于平面密封厌氧胶施工来讲,最理想的施工工艺是采用自动涂胶机进行涂胶。

由于300mL或850mL筒装厌氧胶产品均会有一定量的空气在包装中,采用自动涂胶系统涂胶时会产生断胶现象(胶中偶尔会有气泡在其中),因此一般厌氧胶的平面自动涂胶设备在都采用线外设备(见图4-20)。通常自动涂胶机还配备手动涂胶枪,以便有断胶现象时进行补涂作业。

自动涂胶机的轨迹执行机构通常采用正交两轴系统外配z轴(气动)快速提枪和落枪。两轴系统可以实现连续轨迹控制(CP控制),工件的涂胶轨迹事先编写好,运行速度与出胶量协调控制,以达到理想的胶形和施胶轨迹。

自动涂胶机供胶系统通常有以下几种方式。

① 压力罐供胶。如果是低黏度、流动性好的厌氧胶,出厂时通常装在0.5L和2L塑料瓶中。对于这种包装厌氧胶,通常采用压力罐供料,涂胶阀控制胶形和

图4-20 用于平面密封的厌氧胶自动涂胶系统

出胶量。涂胶阀固定在轨迹的执行机构的z轴上,自动涂胶系统通常配双压力供胶,缺料时自动切换供料(压力罐中带有液位传感器)。

② 对于高黏度厌氧胶,出厂时通常装在300mL或850mL筒中,此类胶筒单的配置是直接将厌氧胶安装在轨迹执行机构的z轴上,通过气压直接压迫300mL胶筒中的活塞进行涂胶。这种方法的优点是简单,但z轴承载较大。采用这种供胶方式涂胶,关枪时电磁阀应配有快速排气装置,否则涂胶嘴会出现明显的拖尾现象;另外一个缺点是胶筒无胶时没有显示。

③ 对于300mL和850mL筒装厌氧胶采用外部加压装置将胶输送到涂胶阀中进行涂胶作业。这种方式的优点是采用涂胶阀可快速进行开关枪的控制,自动涂胶机z轴承载较轻,胶筒缺料时可自动报警提示,高配置时可采用双筒供胶自动切换。

外部加压方式有两种。

① 采用外置汽缸同轴挤压300mL或850mL胶筒中的活塞进行供胶,外置汽缸

的作用面积与胶筒活塞的面积比通常为(1∶1)～(4∶1),通过对胶增压供胶至涂胶阀进行涂胶。

② 对于850mL胶筒还可以采用柱塞泵二次加压进行长距离供胶。其工作原理是采用外置式汽缸同轴挤压,850mL胶筒中的活塞对二次加压柱塞泵供胶,柱塞泵入口装有单向阀,柱塞泵出口装有气动开关阀,此阀与涂胶阀边锁控制,其动作顺序是柱塞泵吸料时柱塞泵出口气动开关阀关闭,850mL胶筒中胶通过单向阀进入柱塞缸缸体中,排料时柱塞泵出口气动开关阀打开,此时涂胶阀可以打开进行涂胶作业。

### 4.2.6.2 用于碗形塞的自动胶系统

碗形塞自动涂胶系统是用在缸体、缸盖装碗形塞之前,通过旋转涂胶头将厌氧胶自动均匀涂在工件孔内壁上。采用碗形塞自动涂胶系统可以保证涂胶质量,降低胶消耗量,减轻工人劳动强度。碗形塞自动涂胶系统可以根据用户使用要求配置全自动系统或半自动系统,两种系统的主要区别为:

① 全自动系统。被涂工件的停止、定位、涂胶自动进行,涂后自动放行,然后工件再停止、定位,碗形塞自动供料(振动料斗)自动压装,压装完成后自动放行,整个涂胶压堵过程全部自动完成,人工不参与。

② 半自动涂胶系统。被涂工件的停止、定位及放行由人工辅助完成,碗形塞的供料也由人工完成,工件定位夹紧、孔壁涂胶、压碗形塞为自动进行。

碗形塞自动涂胶系统通常由以下几部分组成:厌氧胶压力罐、厌氧胶涂胶阀、旋杯涂胶枪、涂胶枪气动滑台、自动控制系统。

图4-21为一代四用于碗形塞厌氧胶自动涂胶系统。

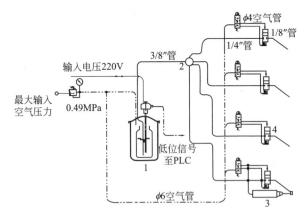

**图 4-21** 一代四用于碗形塞厌氧胶自动涂胶系统
1—厌氧胶压力罐;2——进四出分流块;3—旋杯涂胶枪;4—涂胶开关阀

下面分别对碗形塞自动涂胶系统各组成部分的设备功能进行简单描述。

（1）厌氧胶压力罐　厌氧胶压力罐容积通常为 10～20L，其内部空间可允许将 1 加仑包装的厌氧胶胶筒直接放入压力罐中。压力罐罐盖上的出胶管和胶面检测探杆直接插入厌氧胶的包装筒中。压力罐为 1∶1 压送系统，通过压缩空气将厌氧胶压送至涂胶阀处，出胶速度可通过空气调压阀进行控制。由于厌氧胶具有一定的黏度，理想状态是 1 个压力罐 1 个胶头。如果 1 个压力罐配 2～8 个涂胶头则要在控制系统上采用特殊控制方法，以保证每个涂胶阀在单位时间内的出胶量为可控的。压力罐的胶面自动检测装置在罐中无胶时发出信号至控制系统，控制系统停机并提示换胶。通常自动涂胶系统中配置双压力罐自动切换供胶，以保证换胶时不影响生产。

（2）厌氧胶涂胶阀　厌氧胶涂胶阀在系统中起供胶到旋杯涂胶枪的自动开关阀的作用。比较好的涂胶阀设计为具有倒吸功能，即阀针向下运动时为开枪，阀针向上运动时为关枪，这样可以保证涂胶阀关闭时产生倒吸作用，将出胶嘴的胶吸干净，不会出现流淌胶的现象，以免污染涂胶现场。

通常厌氧胶涂胶阀固定在旋杯涂胶枪上，出胶嘴深入旋杯涂胶枪的喷胶杯中，以便胶能流入旋转杯中。图 4-22 为缸体碗形塞厌氧胶自动涂胶系统。

图 4-22　缸体碗形塞厌氧胶自动涂胶系统

（3）旋杯涂胶枪　旋杯涂胶枪的原理是靠气动或电动高速旋转头带动喷胶杯，胶杯中的厌氧胶在离心力作用下均匀喷到碗形塞孔内壁上。涂胶时的工作顺序是气动滑台带动旋杯涂胶枪深入到碗形塞孔中，旋转动力头带动喷胶杯高速旋转，然后厌氧胶涂胶阀打开将定量的胶流入喷杯中，胶到喷杯中立即被喷到内孔壁上，之后涂胶阀关闭，旋转头停转，气动滑台退回原位，完成一个碗形塞孔的自动涂胶作业。

记速旋转动力头有两种，可根据现场情况选择电动或气动两种方式。

① 气动高速旋转头　转速大于 10000r/min，优点是控制简单，价格较电动高速旋转头低一些，但耗气量较大，对气源质量要求较高。

② 电动高带旋转头　转速大于 8000r/min，电压通常为 24V，控制相对复杂，价格较气动旋转头高。

（4）涂胶枪气动滑台　这是搭载旋杯涂胶枪进出工件碗形塞孔中进行涂胶的动力装置，通常采用双导杆汽缸进行运动，滑台前后位置均有到位检测信号输出。

图 4-23 为气动滑台带动旋转动力头和涂胶阀的配置图。

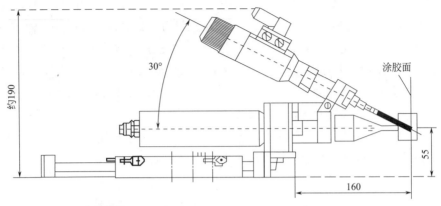

図 4-23 气动滑台带动旋转动力头和涂胶阀的配置图

（5）自动控制系统　厌氧胶碗形塞自动涂胶系统采用可编程序控制器（PLC）对系统各个工件进行控制。

① 手动状态下对各个动作进行单独控制。

② 对涂胶阀的开闭时间进行精确控制。

③ 模拟液位传感器，可指示压力罐中的液位，缺料报警。

④ 控制气动滑头和涂胶阀、旋杯涂胶枪的动作顺序和动作时间。

## 4.2.7　RTV有机硅密封胶涂胶系统

由于 RTV 有机硅密封胶具有优良的耐热、耐油、耐寒性，其密封填隙能力很强，同时不含溶剂，胶固化后形成的膜具有很好的弹性，因此广泛用于汽车零部件产品的防漏密封。采用 RTV 有机硅密封胶代替纸垫，可以解决困扰汽车零部件生产企业的"三漏"问题。采用 RTV 有机硅密封胶代替纸垫的主要零部件有以下几大类。

① 发动机油底壳、前端盖、齿轮室盖板、正时齿轮壳等。

② 机油滤清器接合面、水冷系统接合面、进排气歧管接合面等。

③ 变速箱箱体前后侧盖接合面。

④ 离合器与发动机接合面。

⑤ 后桥壳盖板、桥壳减速器接合面、后桥差速器轴承盖。

⑥ 转向机底盖和侧盖等。

上述零部件在汽车生产中都是非常重要的零部件。采用 RTV 有机硅密封胶可以降低接合面的加工精度 1～2 级。RTV 有机硅密封胶具有优异的填隙功能，可以有效地填满上述零部件在搬运、装配过程中对接合面造成的磕碰、划伤等痕迹，而对于上述缺陷采用纸垫或者带胶的纸垫都很难保证零部件装配完成后不发生渗漏现象。RTV 有机硅密封胶接触空气中的湿气即固化，因此不会出现厌氧胶那种零部件接合面溢出的胶始终固化不了而致使外观污染的现象。另外，RTV 有机硅密封胶的优点是可采用大包装(5加仑、55加仑)进行自动或手动施胶,因为采用柱塞泵供胶(高压)换桶时放净空气后,柱塞泵泵出的胶中无气泡,因此在涂胶时不会产生断胶现象。而厌氧胶解决不了夹杂气泡的问题,因此采用RTV有机硅密封胶代替纸垫是解决"三漏"最理想的办法。采用RTV有机硅密封胶自动涂胶设备可以降低RTV有机硅密封胶的消耗同时提高产成品的质量,因此RTV有机硅密封胶自动涂胶设备是汽车零部件厂家提高产品质量和生产效率降低原材料消耗的最优选择。

根据涂胶与装配生产线的布置关系,RTV有机硅密封胶自动涂胶系统分为以下三大类。

#### 4.2.7.1 线上 RTV 有机硅密封胶自动涂胶系统

线上RTV有机硅密封胶自动涂胶系统是指在自动装配流水线上机器人或三轴自动机械手对装配线上的零部件直接进行涂胶的系统,通常每个零部件(发动机、变速箱)在自动装配流水线上都固定在随行夹具托盘上,托盘在机动摩擦辊道上自动输送。通常,线上RTV有机硅密封胶自动涂胶系统包括以下几大部分及功能。

(1)涂胶轨迹执行机构  采用六轴机器人或三轴自动机械手来实现平面或曲面涂胶轨迹的动作。

(2)双泵供胶自动切换系统  根据生产量的大小采用5加仑或55加仑包装的RTV有机硅密封胶,根据RTV有机硅密封胶的黏度选配合适压力比的柱塞泵,柱塞泵可以采用单立也可以采用双立柱进行举升,同时供胶泵应采用双泵配置。这样,一个胶桶无胶时可自动切换到另外一个有胶桶的柱塞进行不间断出胶,工人换胶时不影响自动涂胶系统的工作,双泵配置也是自动涂胶系统的设计原则所要求的。

(3)胶计量装置及涂胶枪  通常,线上自动涂胶系统均配备胶计量装置,采用胶计量装置可以精确控制出胶量的大小以及与轨迹执行系统协调控制可以实现对胶形的任意控制(全计算机伺服控制)。胶计量装置通常有两种控制方式:一种是采用伺服电机驱动计量齿轮泵来对胶的流量进行精确控制,另一种是采用液压伺服或交流伺服驱动计量柱塞缸来对胶的流量进行精确控制,胶计量装置的入口和出口均应安装压力传感器以对胶出入胶计量装置的状况进行实时监测。由于RTV有机硅密封胶具有遇湿气即固化的特性,所有输胶管线均应采用防湿气固化高压胶管。涂胶枪最理想的配置是采用具有倒吸功能的涂胶枪,这样可以保证关枪时胶嘴不拖尾。另外,应注意的是涂胶枪的开关阀针应配置硅油密封装置,防止阀针运动时使RTV有机硅密封胶与空气接触造成溢出的胶固化进而使阀针密封圈漏胶固化而失效。

(4)胶嘴防干胶装置  线上部RTV有机硅密封胶自动涂胶机应配备胶嘴防干胶装置,以保证胶嘴不固化。

除了以上主要装置以外,线上RTV有机硅密封胶自动涂胶系统还包括隔料停止器和定位停止器、举升定位装置、安全护栏、胶形自动检测系统。图 4-24 为机器人 RTV 有机硅密封胶线上自动涂胶系统配置图。

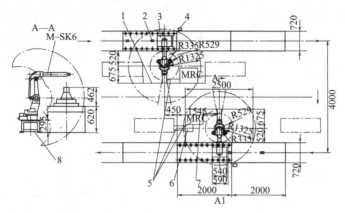

图 4-24 机器人 RTV 有机硅密封胶线上自动涂胶系统配置图
1—安全栅；2—停止器；3—举升定位台；4—操作台；5—电缆盒；
6—变压器；7—机器人控制器；8—机座

#### 4.2.7.2 线下 RTV 有机硅密封胶自动涂胶系统

线下 RTV 有机硅密封胶自动涂胶系统是指在装配线外配置自动涂胶机，由人工将涂胶零件放入自动涂胶机涂胶，然后由人工搬运至装配线进行装配。线下 RTV 有机硅密封胶自动涂胶系统的轨迹执行机构采用三轴自动机械手，根据需要也可配置六轴机器人。图 4-25 为线下 RTV 有机硅密封胶自动涂胶系统配置图。

通常，线下 RTV 有机硅密封胶自动涂胶系统包括以下几大部分及功能。

（1）床身及轨迹执行机构　床身用来支承轨迹执行机构及工件定位夹具，通常床身与控制柜连为一体，床身外装有安全网。

（2）双泵供胶自动切换系统　根据生产量的大小采用 5 加仑或 55 加仑包装的 RTV 有机硅密封胶，根据 RTV 有机硅密封胶的黏度选配合适压力比的柱塞泵，柱塞泵可以采用单立也可以采用双立柱进行举升，同时供胶泵应采用双泵配置。这样，一个胶桶无胶时可自动切换到另外一个有胶桶的柱塞洋进行不间断从胶，工人换胶时不影响自动涂胶系统的工作，双泵配置也是自动涂胶系统的设计原则所要求的。

（3）胶计量装置及涂胶枪　通常，线下自动涂胶系统配备胶计量装置，原理同线上自动涂胶系统。如果系统不配备此装置，则需要人工调整

图 4-25 线下的 RTV 有机硅密封胶自动涂胶机

胶调压阀进行流量控制。

(4) 胶嘴防干胶装置  线下 RTV 有机硅密封胶自动涂胶机应配备胶嘴防干胶装置,以保证胶嘴不固化。

(5) 工件定位夹具  由于是线下自动涂胶机,待涂胶工件由人工搬运放置在涂胶机上,因此需对工件准确定位才能保证涂胶轨迹的准确无误。有时自动涂胶机一次涂 2～3 种工件,则每种工件需配置各自的定位夹具。线下 RTV 有机硅密封胶自动涂胶机的定位夹具应配备工件到位检测信号和工件是否放平的检测信号,以保证自动涂胶机正常的涂胶。

图 4-25 为线下 RTV 有机硅密封胶自动涂胶机。

### 4.2.7.3  线上 RTV 有机硅密封胶半自动涂胶系统

线上 RTV 有机硅密封胶半自动涂胶系统时针对发动机装配生产线(内装线)的工件没有精确定位的状况,有些工件的质量或体积较大,工人搬运工件到线下 RTV 有机硅密封胶自动涂胶机上很费力等情况而设计的。该系统将 x、y、z 三轴轨迹系统涂胶枪、定位夹具装在气动平衡机械手上,借助气动平衡机械手平衡掉重力影响,由人工拿着 x、y、z 三轴轨迹系统胶涂胶枪、定位夹具直接到发动机的缸体上进行自动涂胶,涂胶完成后再装配与缸体的连接零件。线上 RTV 有机硅密封胶半自动涂胶系统的配置与前述两种自动涂胶,涂胶完成后再装配与缸体的连接零件。线上 RTV 有机硅密封胶半自动涂胶系统的配置与前述两种自动涂胶系统基本相同,关键是涂胶系统要轻以便于工人操作,同时涂胶机不工作时应放置在装配线工件移动空间之外并能定位。

## 4.2.8  汽车挡风玻璃单组分聚氨酯胶自动涂胶系统

现代汽车设计尤其是轿车设计,车窗玻璃均采用了直接粘接工艺,这种装配工艺将车窗玻璃与车身连为一体,大大增强了车身的刚性,同时提高了车窗的密封效果。早期的车窗玻璃粘接工艺首先被美国通用公司采用,使用双组分聚硫胶黏剂。由于双组分胶施工设备较复杂,现在汽车挡风玻璃胶黏剂基本上都采用性能更好的单组分湿气固化聚氨酯胶。为保证粘接质量,现今车窗玻璃涂胶基本上都采用自动涂胶设备。

### 4.2.8.1  单组分聚氨酯胶供胶系统

聚氨酯胶的黏度很高,特别是低于 5℃时胶的黏度增加很快,因此通过稍微加热即可使黏度下降。针对聚氨酯胶的这种特点,通常的做法是采用大截面的双立柱柱塞泵,提高压胶盘压胶的力量,同时压胶盘带有加热功能,更好地辅助柱塞泵进行充盈的吸胶和泵胶,柱塞泵选配的压力比通常大于 60∶1。为减小胶的压力降,出胶管均采用带加热保温功能的高压胶管,同时其管径至少应大于 25.4mm,以保证胶的流量满足涂胶速度的要求；再有聚氨酯胶供胶系统均为双泵配置，以保证自动涂胶系统的正常工作（见图 4-26）。

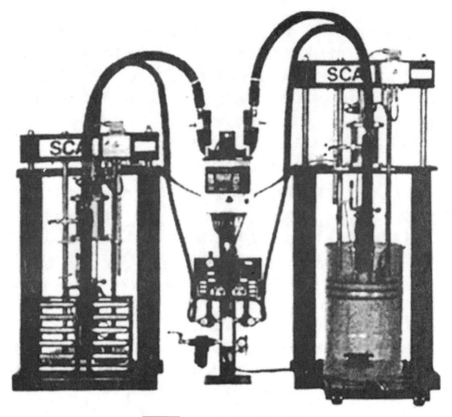

图 4-26　聚氨酯胶双泵供胶装置

### 4.2.8.2　单组分聚氨酯胶计量的供胶装置

由于挡风玻璃的涂胶胶形较粗（三角形），用胶量较大，如不采用胶计量装置，在自动涂胶系统中很难保证胶形的稳定一致，因而在聚氨酯胶自动涂胶系统中都需配置胶计量供胶装置。聚氨酯胶计量供胶装置有以下两种基本形式。

（1）齿轮计量泵供胶　这种计量供胶装置采用伺服电机通过减速器、联轴器带动齿轮计量泵进行供胶。齿轮计量泵靠每个齿的啮合均匀供胶，通过伺服电机控制齿轮计量泵的转速进行胶流量的实时控制。

（2）柱塞式计量泵供胶　这种计量供胶方式是采用柱塞式计量泵供胶。其工作原理是：先通过二位三通阀将胶注入柱塞缸，然后二位三通阀切换到柱塞缸与涂胶枪相通，柱塞缸内的胶（足够一个工作循环的涂胶量）通过液压伺服缸挤出或是通过伺服电机带动滚珠丝杠挤出，同时，通过伺服控制与机器人协调控制胶的挤出速度。图 4-27 为柱塞计量泵供胶装置的原理图。

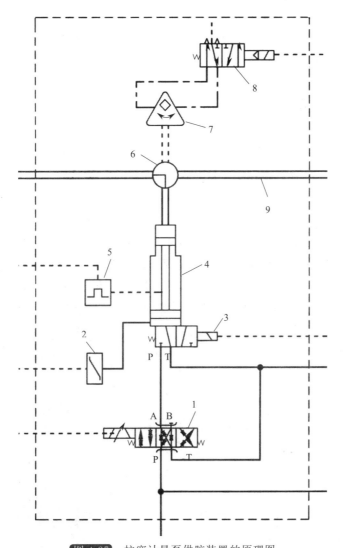

**图 4-27** 柱塞计量泵供胶装置的原理图
1—电磁比例伺服阀；2—卸压放气阀；3—电磁开关阀；
4—计量供胶缸；5—油缸、胶缸连接活塞杆；6—二位三通转阀；
7—摆动油缸；8—电磁换向阀；9—进胶胶管

### 4.2.8.3 涂胶轨迹执行机构

由于挡风玻璃都是空间曲面，而涂胶的胶条开头断面为三角形，因此涂胶轨迹执行机构必须具有 6 个自由度。现大都采用六轴工业机器人选为涂胶轨迹执行机构。六轴工业机器人有两种采用方式，一种是采用持重较小的工业机器人，但至少应持重 10kg 以上。这种方式机器人只拿持涂胶枪，胶计量供胶装置放在机器人附近，原则要求是计量供胶装置到涂胶枪的距离不能太远，而且供胶应采用带加热保温功能的高压胶管,管径应至少 25.4mm 才能保证没有过大的压降(阻力)。另外一种是采用持重 60kg 以上的工业机器人,这种六轴工业机器人计量供胶装置可以安装在机器人的小臂上,这样计量供胶装置到涂胶枪的距离可以很短,高压胶管的长度只要满足机器人手腕转动涂胶枪的需要即可。这种配置可以使胶管的阻力变得很小,涂胶枪开关时几乎不会对胶形造成影响。

#### 4.2.8.4 挡风玻璃工装夹具

挡风玻璃自动涂胶时需要用工装夹具定位,然后用真空吸盘固定。根据设计方式的不同,有以下几种挡风玻璃工装夹具。

(1)平面回转转椅式挡风玻璃工装夹具　这种方式是挡风玻璃倾斜放置,在一个位置上机器人进行涂胶作业时,另一个位置上由人工用待涂胶的玻璃换下已涂完胶的玻璃。这种方式的优点是工装夹具占地面积较小,另外采用倾斜方式放置玻璃,工人可以直接用手工吸盘取走已涂完胶的挡风玻璃,涂胶系统不需要再配一台玻璃翻转机。这种方式的局限性是用于涂胶的部位只能在玻璃边缘里面,如有的车型涂胶的位置紧贴着玻璃边缘则不能采用这种结构。图 4-28 为平面回转椅式挡风玻璃工装夹具,图 4-29 为后挡风玻璃及三角窗定位夹具,图 4-30 为平面回转椅式挡风玻璃自动涂胶系统。

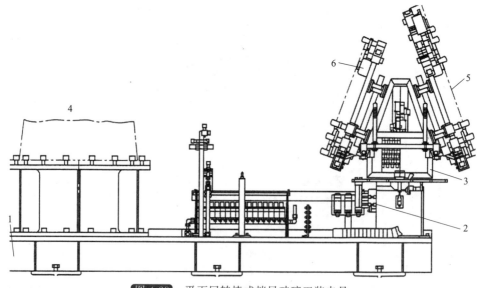

图 4-28　平面回转椅式挡风玻璃工装夹具
1—安装基座;2—定位装置;3—回转夹具台架;4—机器人基座;
5—后车窗及三角窗夹具;6—前车窗夹具

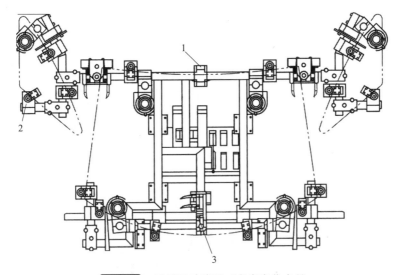

**图 4-29** 后挡风玻璃及三交窗定位夹具

1—车窗左右夹紧机构；2—三角窗定位装置；3—车窗上下夹紧机构

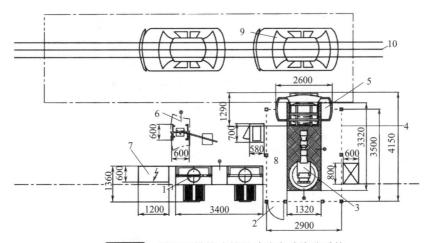

**图 4-30** 平面回转椅式挡风玻璃自动涂胶系统

1—双泵供胶装置；2—安全门；3—机器人；4—安全护栏；
5—转椅式挡风玻璃夹具；6—手动涂胶装置；7—系统总电源柜；
8—系统控制柜；9—装配车身；10—总装配流水线

（2）水平回转挡风玻璃工装夹具　这种方式是挡风玻璃水平放置自动涂胶作业也分为两个工位，一个工位用于机器人涂胶作业，另一个工位用于玻璃翻转机取放待涂和涂后的挡风玻璃。这种方式满足各种玻璃的涂胶要求，对于涂胶部位没有限制，与上一种方式相比只是多了一台玻璃翻转机，占地面积稍大一些。图 4-31 为水平回转挡风玻璃自动涂胶系统。

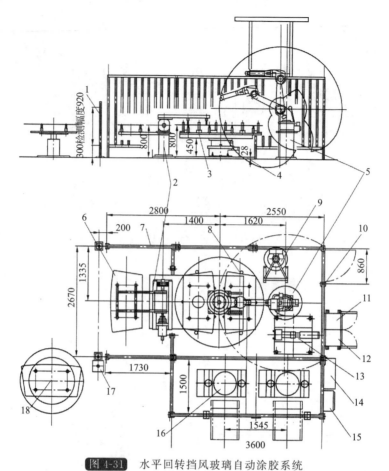

**图 4-31** 水平回转挡风玻璃自动涂胶系统

1—安全区域传感器;2—翻转机;3—玻璃定位夹具;4—转台;5—涂胶机器人;
6—工人取放玻璃工位;7—安全护栏;8—车窗玻璃定位装置;9—枪嘴清理器;
10—安全插销;11—机器人控制柜;12—系统控制柜;13—计量供胶泵;
14—涂胶控制柜;15—温度控制装置;16—55 加仓双立柱泵;
17—启动操作盒;18—手动涂胶装置

　　汽车挡风玻璃自动涂胶系统还应配备胶嘴清理装置和胶嘴防干胶装置,如果是全自动涂胶系统,系统还可配备气泡探测仪,检测胶里的气泡,以通知自动涂胶系统可能出现断胶现象。另外,由于挡风玻璃涂胶时出胶量较大,涂胶枪应专门设计大流道喷枪,同时高压胶管与涂胶嘴最好设计成同心,这样设计的涂胶枪可以避免加热保温高压胶管过度弯曲绞折。如果做得更好,就可采用图 4-32 所示的涂胶枪单元。该单元将机器人的第 6 个自由度(回转动作)通过一套齿轮传动机构传到涂胶嘴,涂胶嘴与涂胶开关阀之间为回转接头连接,采用这种结构涂胶嘴旋转角度时,涂胶开关阀和高压胶管均不动,可以有效地保护加热保温高压胶管不受绞折,同时该单元不装有气动高度调节机构,它可以消除玻璃制造误差引起的定位偏差。

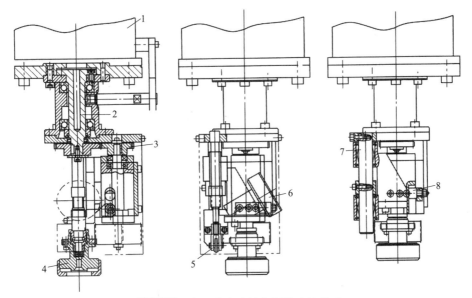

**图 4-32** 自调节防胶管绞折涂胶枪单元

1—机器人手腕；2—枪嘴回转驱动轴；3—回转齿轮；4—胶回转接头；
5—驱动汽缸；6—进胶接头；7—导向杆；8—导向滚轮

## 4.2.9　紫外线固化设备

紫外线固化设备包括光源和附属设备，它是保证高效率而又稳定地产生紫外线的一套装置。

### 4.2.9.1　光源

紫外线可以由碳弧光灯、荧光灯、超高压汞灯和金属卤化物灯。现在比较实用的是超高压汞灯和金属卤化物灯。超高压汞灯的构造如图 4-33 所示。发光管是由石英玻璃制造，其中封入高纯度的水银和惰性气体。金属卤化物灯是高压汞灯的改良形式，封入发光管的物质，除了水银和惰性气体以外，还有铁和锡的卤化物。

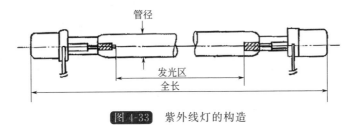

**图 4-33** 紫外线灯的构造

图 4-34 分别表示出了高压汞灯和金属卤化物灯的分光能量分布。金属卤化物灯的优点是光源强度、发光稳定性、分光能量分布均匀性都比较好，表 4-3 归纳出了

各种光源优缺点。

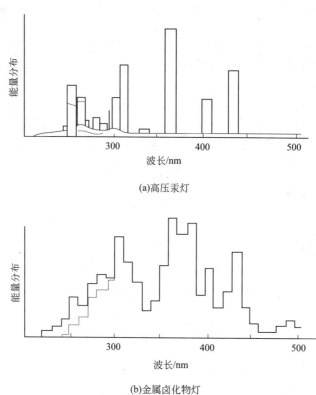

(a)高压汞灯

(b)金属卤化物灯

图 4-34　两种紫外灯的分光能量分布图

表 4-3　各种紫外光源优缺点

| 类型 | 发光稳定性 | 光源强度 | 分光能量分布均匀性 | 安全卫生 | 成本 | 热的不良影响 |
|------|-----------|----------|-------------------|---------|------|-------------|
| 碳弧光灯 | 一般 | 一般 | 好 | 差 | 一般 | 好 |
| 荧光灯 | 好 | 差 | 好 | 最好 | 最好 | 好 |
| 超高压汞灯 | 好 | 好 | 最好 | 好 | 一般 | 最好 |
| 金属卤化物灯 | 最好 | 最好 | 最好 | 好 | 一般 | 最好 |
| 疝灯 | 最好 | 一般 | 差 | 好 | 一般 | 差 |

### 4.2.9.2　照射装置

照射装置中,为了使发射紫外线的效率稳定,必须对高纯度铝制反射板等进行冷却,照射器就是由这些冷却机构、反射板和保护挡板构成。

反射板的形状分为集光型、平行光型和散光型三种。反射板的断面形状及其光型如图 4-35 所示。

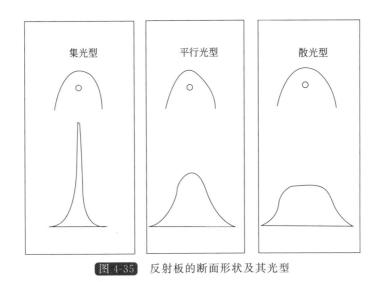

图 4-35　反射板的断面形状及其光型

### 4.2.9.3　冷却装置

为了提高灯的寿命,冷却装置有空冷式和水冷式两种。空冷式和水冷式的构造不同,水冷式是专用的。

### 4.2.9.4　紫外线固化设备的种类

(1) 点光源　紫外光通过紫外专用光导高效传输,在光导输出口集中于一点(SPOT),使 UV 胶在适当的时间内达到最优固化。可随手携带,使用方便自如,UV 光输出有快门控制,分手动和自动设定固化时间,冷却风扇内置。适合小型零件粘接的固化和现场施工。点光源装置如图 4-36 所示。

图 4-36　点光源装置

(2) 泛光源　泛光源也叫紫外光固化箱,紫外光封闭在向内,照射一定的面积,对操作人员友好,箱内可设置转盘,利于获得均匀光照,也可配置可编程的精确电子计时器来获取精确的关照。适合小批量零件粘接的固化。泛光源装置如图 4-37 所示。

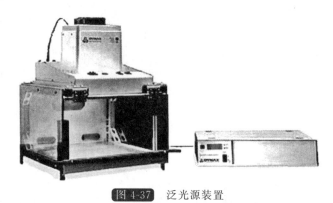

图 4-37 泛光源装置

(3) 传送带式光源 流水线式的光源,传送带速度可调,可配置精确的带速读数,灯泡照射小时累计,完全封闭,工件从两端窗口进出,负压吸附和冷却系统二合一,排风扇内置,灯和带间距离可调。适合于大批量生产流水线作业。传送带式光源装置如图 4-38 所示。

图 4-38 传送带式光源装置

### 4.2.9.5 紫外线固化设备使用注意事项

紫外线固化设备使用时应注意如下事项。

① 紫外线对操作者的皮肤、眼睛等有引起炎症的现象,应避免直接照射。

② 臭氧超过一定浓度时,具有特殊的恶臭,应进行良好的排风。

③ 在安装灯时,要戴手套。灯上附有积碳时,在点灯前用浸酒精的布擦去即可。要想延长灯的寿命,细心操作很关键。

# 第 **5** 章　工程胶黏剂的应用

工程胶黏剂广泛应用于机械制造、汽车、电子、船舶、航空航天、新能源设备、建筑及医用等领域,已成为以上诸行业不可缺少的专门技术之一。工程胶黏剂的应用主要包括以下几方面。

① 粘接。例如机械设备结构件的粘接,飞机蜂窝结构的粘接,汽车风挡玻璃的粘接,建筑幕墙玻璃的粘接、智能卡芯片的粘接、风力发电叶片的装配粘接、光伏发电组件的粘接等。

② 固定、固持。如机械零件的螺纹锁固,轴承、皮带轮、齿轮与轴的固持,线路板上元器件固定等,一般可以拆卸。

③ 密封。应用最多的是建筑行业和车、船制造业,如门窗密封,卫生间嵌封密封,发动机、齿轮箱箱体平面密封,管路密封,LCD 液晶封口等。

④ 灌封。如电子元器件灌封、电源模块灌封等。

⑤ 包封。如芯片包封、COB 包封等。

⑥ 涂层(覆膜)。如机械零件的耐磨、防腐涂层,线路板共性覆膜等。

## 5.1　工程胶黏剂在建筑行业中的应用

### 5.1.1　概述

建筑胶黏剂是人类应用最早的胶黏剂之一。自人类有房屋建筑开始,便使用了粘接材料将建筑材料粘接起来,最早使用的是黏土、石灰、石膏等无机胶黏剂,自从 18 世纪水硬性水泥问世以来,水泥便成为建筑用的主要胶黏剂,至今仍占主要地位。随着科学技术的发展,20 世纪以来相继出现了多种高分子材料,并在建筑业得到越来越广泛的应用,建筑胶黏剂便是高分子材料重要的用途之一。这些胶黏剂不仅用于一些建筑材料的生产,而且在建筑施工中的应用也越来越广泛。在建筑中使用胶黏剂不仅可以提高建筑质量,增加美观舒适感,而且可以改进施工工艺。

如今从一般的民用建筑到高耸入云的摩天大楼,从桥梁到隧道、大坝,各类建筑工程都已离不开粘接和密封技术。以有机高聚物为基础的建筑胶黏剂按使用的聚合物种类可分为 3 种基本类型:热固性、热塑性和弹性体。近年来使用的建筑胶黏剂往往不是单独使用一种类型的聚合物,而是通过相互掺混、共聚等手段使其具有更好的性能,即混合型。本节所述建筑用胶黏剂与密封剂,主要指前面所提到的工程胶黏剂。

建筑工程一般要碰到以下问题，这些问题的解决都离不开胶黏剂的使用。

① 建筑物内墙面及天花板的装饰；

② 室内地面的装饰和铺设；

③ 建筑物外墙面装饰；

④ 玻璃幕墙制造和门窗密封；

⑤ 房屋及构件的预制；

⑥ 屋顶、屋面、墙面、地下工程防水、止漏；

⑦ 砂浆改性和混凝土修补；

⑧ 桥梁加固；

⑨ 地下隧道接缝密封。

### 5.1.1.1 建筑行业中应用的工程胶黏剂的种类

建筑用的工程胶黏剂有环氧胶黏剂、丙烯酸酯胶黏剂、有机硅胶黏剂、聚氨酯胶黏剂、改性硅烷密封剂等。同一般工程胶黏剂相比，建筑用工程胶黏剂有以下特点。

① 要求胶黏剂使用方便，固化条件不太严格，能在生产和施工现场允许的条件下使用；在室温（一般 5～35℃）适当加压的条件下，能较快地固化。

② 能对湿面甚至油面进行粘接，无须进行严格的表面处理。

③ 用量较大，要求原料充足，价格低廉。

④ 无毒、无刺激性。工地没有良好通风条件，要求对操作者无害，且不污染环境。

⑤ 配套施工工具比其它胶黏剂更为重要。被粘材料多种多样，被粘件接头和部位又各不相同，需要多种施胶工具配合使用，如挤胶枪、喷枪、恒压注射器等。

⑥ 固化后不仅要求有足够高的粘接强度，还要求耐大气老化。

建筑用工程胶黏剂的类型及应用部位见表 5-1。

**表 5-1** 建筑用工程胶黏剂的类型及应用部位

| 胶黏剂类型 | 应用部位 |
|---|---|
| 环氧树脂 | 建筑物结构加固；砂浆改性和混凝土修补；桥梁加固；构件的预制；锚固 |
| 丙烯酸树脂 | 结构粘接，锚固 |
| 有机硅 | 幕墙、卫生间附属设备的接头密封；门窗框与墙体之间的密封；地下隧道混凝土嵌板对接接头的密封；复层玻璃及隔热窗框密封；大理石干挂嵌缝密封；铝塑板幕墙嵌缝密封 |
| 聚氨酯 | 建筑物混凝土嵌板水平、垂直接缝的填隙密封；幕墙、卫生间附属设备的接头密封；屋顶、地板、缝隙密封；空调系统中接头密封；供排水、供气管线接插口处的粘接密封；门窗框与墙体之间的密封；地下隧道混凝土嵌板对接接头的密封；复层玻璃及隔热窗框用密封；高速公路、桥梁、飞机场伸缩缝的嵌缝密封等；防水涂层 |
| 改性硅烷密封胶 | 用途同有机硅或聚氨酯 |

## 5.1.1.2 建筑行业中工程胶黏剂的用胶点

建筑行业中工程胶黏剂的用胶点见表5-2。

表5-2 建筑行业中工程胶黏剂的用胶点

| 建筑工程分类 | 应用部位与胶种 |
|---|---|
| 建筑物内墙面及天花板的装饰 | 锚固:环氧胶、SGA |
| 室内地面的装饰和铺设 | 耐腐蚀地面材料:环氧树脂 |
| 建筑物外墙面装饰 | 锚固:环氧胶、SGA;大理石干挂嵌封:RTV有机硅密封胶 |
| 玻璃幕墙制造和门窗密封 | RTV有机硅密封胶,单组分聚氨酯 |
| 房屋及构件的预制 | 环氧胶、SGA |
| 屋顶、屋面、墙面、地下工程防水、止漏 | RTV有机硅密封胶,单组分聚氨酯,双组分聚氨酯 |
| 砂浆改性和混凝土修补 | 环氧胶 |
| 桥梁加固、公路接缝嵌封、跑道涂层 | 环氧胶,RTV有机硅密封胶,单组分聚氨酯 |
| 地下隧道接缝密封 | 单组分聚氨酯密封胶、双组分聚氨酯密封胶 |

## 5.1.2 玻璃幕墙的制造与装配

### 5.1.2.1 幕墙用有机硅密封胶的技术要求

玻璃幕墙和建筑门窗密封是有机硅建筑密封胶用量最大的领域,特别是高档写字楼、宾馆、大厦,玻璃幕墙的应用非常广泛。为了确保建筑质量和安全,我国专门制定了强制性国家标准GB 16776《建筑用硅酮结构密封胶》。该标准主要参照美国标准制定的。该标准规定的主要技术指标及试验方法见表5-3。

表5-3 建筑用硅酮结构密封胶技术要求

| 序号 | 项目 | | 技术指标 | | 试验方法 |
|---|---|---|---|---|---|
| | | | GB 16776 | AS TMC1184 | |
| 1 | 流动性/mm | 垂直流动度 | ≤3 | ≤3 | ASTMC 639 |
| | | 水平流动度 | 不流动 | 不流动 | |
| 2 | 挤出速度/s | | ≤10 | ≤10 | ASTMC603 |
| 3 | 表干时间/h | | ≤3 | ≤3 | ASTMC609 |
| 4 | 适用期/min | | ≥20 | — | — |
| 5 | 邵氏硬度/Shore A | | 20~60 | 20~60 | ASTMC661 |
| 6 | 粘接拉伸强度/MPa | 标准条件 | ≥0.45 | ≥0.345 | |
| | | 88℃ | ≥0.45 | ≥0.345 | |
| | | −29℃ | ≥0.45 | ≥0.345 | |
| | | 浸水后(7d) | ≥0.45 | ≥0.345 | |
| | | UV-热水老化300h | ≥0.45 | ≥0.345 | ASTMC53,5000h |

| 序号 | 项目 | | 技术指标 | | 试验方法 |
|---|---|---|---|---|---|
| | | | GB 16776 | AS TMC1184 | |
| 7 | 粘接破坏面积/% | | ≤5.0 | ≤20 | |
| 8 | 热老化性 | 失重 | ≤10 | ≤10 | ASTMC792 |
| | | 龟裂 | 无 | 无 | |
| | | 粉化 | 无 | 无 | |
| 9 | 贮存期/月 | | ≥6 | — | |

如果用户需要，除了 1、2、3、4、6 各项技术要求外，还可增加一些技术指标。如弹性模量、伸长率、剪切强度、疲劳寿命等，并相应增加试验方法。特别是模量是很重要的一项指标，要求密封胶应有中等模量、适度的硬度和良好的弹性、位移能力，而不是黏附牢固就行了。对表中几项指标的检验方法简介如下。

① 挤出性。在容积为 177mL 的胶管中装满胶液，挤胶枪出口直径 13mm，气压为 0.3MPa，将全部胶液挤出所需时间不应大于 10s。

② 流动性。是指涂胶后胶条的触变性，方法如下。

a. 下垂度：胶液注入宽 20mm，长 150mm 的矩形槽中，垂直悬挂在 50℃烘箱中，胶液向下流动距离不大于 3mm。

b. 水平流动性：将上述矩形槽水平并倾倒 90℃放置在上述烘箱中，胶液不应变形。

③ 表干时间。是指涂胶后至胶表面初固不粘手的时间。

④ 粘接拉伸强度。拉伸压缩循环性能测试用的试片材料为水泥砂浆板、无镀膜浮法玻璃板或铝板。

上述国标中还有如下两个附件。

附录 A 《相容性试验方法》内容是，硅酮密封胶不但可用于玻璃幕墙粘接密封，也可用于其它材质，但是必须进行粘接性和相容性试验，合格之后才可使用。标准中分类符号含义为：S 类——单组分胶；M 类——多组分胶；G 类——玻璃用；O 类——非玻璃基材（如混凝土，花岗石等）用，采购时应认清类别，并按附录 A 中规定进行检验。

附录 B 则是结构粘接配装玻璃结构单元件工艺指南。该附录结合我国玻璃幕墙施工实践经验，综合了道康宁公司、GE 公司的产品使用说明书编制而成，附录 B 详细而严格地规定了各施工工序的技术要求以及成品的检验标记交付，贮运等各环节的具体要求。其要点如下。

① 施工准备。施工前首先对硅酮密封胶包装、合格证、生产厂家、生产日期等进行检验核实，先是符合设计、施工要求，其次对产品的挤出性、表干时间、

流动性、适用期等重要技术指标进行测试，合格后方可投入使用，还要观察施工现场的气温、湿度等是否符合施工要求（例如温度最好在 5～30℃ 的范围内），如果差距较大则采用人工调节的方法使之符合要求。

② 检查接缝形状尺寸。设计书中一般规定了接缝的形状和尺寸，密封施工以前应检查这些接缝是否符合设计要求。若出现下列 4 点不合格问题，就采取措施补正。

a. 对接或锯切接缝深度、宽度和位置不符合要求；

b. 接缝与边接缝未对齐妨碍了构件的自由运动；

c. 预制接缝锯切时机掌握失准，过早造成接缝边缘缺损，干裂；过迟则因砌体收缩产生早期裂纹；

d. 接缝处金属嵌件、附件错位。

③ 密封接缝表面处理。接缝表面应保持干燥和无尘土、污物、夹杂物，混凝土面可用刷子刷净或真空吸附、空气吹净。金属和玻璃表面需用有机溶剂擦拭干净，密封胶供方若规定预涂底胶，应按要求涂刷底胶。

④ 预填防粘衬垫材料。聚乙烯泡沫塑料棒式片状防粘材料尺寸及填埋深度应符合设计要求。

⑤ 密封胶的混合。无论是手工混胶还是机器混胶，均应按附录 B 中规定的"蝴蝶试验"法检查其混合均匀性。混胶量要和其适用期匹配，以免造成凝胶报废，或频繁配胶造成工时浪费。

⑥ 涂胶作业及整形。使用注胶枪或打胶机注意的是出胶嘴的移动方向必须向前，即出胶嘴"推着"胶液向前移动而不是往后撤"拖着"胶液移动，这样才能保证接缝中不缺胶，不会出现气孔或缝隙，涂胶整形是指胶表面要抹干以消除气孔和保持其外观的规整。

⑦ 密封胶的固化和检验。涂胶后至表干之前不准触摸胶表面。密封胶固化硬度不足 20 时，不准搬动粘接密封件。密封胶完全固化后按附录要求检查其外观和密封效果。

### 5.1.2.2 玻璃幕墙制作工艺

玻璃幕墙粘接密封示意图如图 5-1。由图可见，玻璃板与铝框之间全靠硅酮结构密封粘接在一起，而无其它任何辅助机械连接。由此不难理解为什么国标中对硅酮密封胶本身质量及施工工艺做出如此详细而严格的要求了，因为粘接密封质量是玻璃幕墙质量和安全的关键因素。

幕墙板材制作步骤如下。

① 接缝处基材的表面处理。对于非油性污染物可用 50% 异丙醇水溶液清洗；对于油性污染可用二甲苯、丙酮等有机溶剂清洗；清洗干净后 30min 内施胶，以

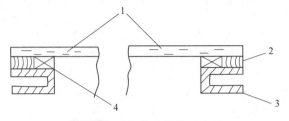

**图 5-1** 隐框幕墙构件示意图

1—玻璃；2—硅酮密封胶；3—铝框；4—双面贴胶条

免造成二次污染。

② 粘贴双面粘胶条。玻璃必须按设计要求与铝框准确定位并固定，定位时使用夹具，偏差须在 ±0.5mm 以内。定位之后要粘接粘胶条，目的是保证胶层尺寸（宽度和厚度）符合要求。选择的胶条规格其厚度应比接缝厚度 $t_s$ 大出 1mm 左右，因为放上玻璃后，胶条受压要变形 10% 左右（见图 5-2）。定位用双面贴胶条已有系列产品供应，规格有以下几种。

胶条厚度/mm：3.2　4.8　6.4　7.9　9.6

每卷长度/m：14.9　14.9　14.9　7.3　7.3

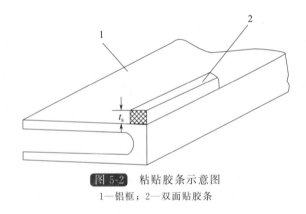

**图 5-2** 粘贴胶条示意图

1—铝框；2—双面贴胶条

粘贴胶条时应特别注意三点：第一，贴胶条时应使胶带保持直线，一边贴一边用力按压使之与铝框密合，胶条上的隔离纸暂不能撕下，防止污染胶合面；第二，将玻璃放到胶条上之前撕下隔离胶污染玻璃的非粘接表面，导致硅酮密封粘接接强度下降；第三，双面贴胶条贮存环境，温度≤21℃，相对湿度≤50%。

③ 注胶与固化。注胶的注意事项前边已讲。注胶粘接后，双组分硅酮胶固化 3d，单组分硅酮胶固化 7d 后幕墙构件方可搬运移动，否则会导致位移变形，固化条件为：温度 18～28℃；RH 65%～75%。

固化时板材可以叠放，以 4～7 块叠放为宜；每块板材间要垫上 4 块尺寸相同的弹性材料制作的等边立方体，立方体尺寸误差不大于 0.5mm。

判断固化是否完全的方法为：每次配胶后留下的试验胶样，用快刀切断，若切口闪闪发光，非常平滑，说明尚无固化完全；如果切口平滑，颜色灰暗说明已经固化，此时方可搬运移动。当板材移出制作现场后，应继续放置14～21d，使粘接强度达最高值，方可用于建筑施工。

安装施工之前，为保证质量可进行粘接力试验。具体方法是：拉住胶样品的一端，用刀在胶样品中间切开一个50mm长的切口，从切口中拉住胶条往后撕扯胶带，若胶条发生内聚破坏，说明粘接合格，若胶带从基材表面上被撕下，即发生黏附破坏，说明粘接不合格。

### 5.1.3 建筑物的嵌缝密封

建筑物的接缝有两类。一类是变形缝，即伸缩缝；另一类是所谓施工缝，即为了建筑整体结构的布局合理而必须留出的接缝，包括墙体接缝、屋顶接缝、门窗接缝，以及地坪、机场跑道、桥梁工程中的接缝等。这些接缝必须用密封粘接密封牢固，才能使建筑物具有防水、防风的密封性能并保证建筑物的使用寿命。所以接缝的密封是非常重要的一道工序。

#### 5.1.3.1 建筑物嵌缝密封的一般工艺

建筑物嵌缝密封工艺主要包括表面处理、涂胶施工和检验修整三个主要步骤。

（1）表面处理　以混凝土构件接缝为例，最常用、最简便的处理工艺如下。

① 用钢丝刷刷掉缝中的机械杂物和松散层；

② 用压缩空气吹掉浮尘或用自来水冲掉灰尘等污染，晾置干燥即可。若是有油污的接缝则按前边提到的脱脂方法处理。

（2）施胶　按照技术要求选好密封胶后，首先熟悉说明书内容，并按说明书及施工技术文件要求调胶、涂胶。对于双组分密封胶而言，配比准确、混合均匀是关键，注胶时则注意缝中一定要注胶充足，不留空穴或间隙。

（3）检验修整　涂胶之后应立即进行检验，及时填补缺胶部件并修整胶缝外形使其整齐美观。总之，既要保证嵌缝的内在质量又要保证其外观质量。

#### 5.1.3.2 屋面接缝的密封

（1）密封胶的选择　因为屋面所用密封胶数量较大，所以在满足质量要求的情况下，屋面防水一般选用价格适中的密封胶，性能要求较高者可选聚氨酯类密封胶。

（2）施工机具

① 表面处理用。钢丝刷、刷缝机、吹尘器等。

② 配胶设备。搅拌机等。

③ 施胶工具。手推式灌缝车、鸭嘴壶等。

（3）屋面板接头设计　屋面板上口缝隙宽度应调整至 20～40mm；若大于 50mm 时，板缝中必须加构造钢筋。

预植钢筋后，板缝下部用细石混凝土灌注并捣实，预留灌胶深度≥20mm。混凝土浇筑后，注水养护数日，直至水泥凝固。检查板缝质量，混凝土表面要求平整，不得有蜂窝、露盘、起砂等现象，浇注密封胶时，板缝中必须干燥。

（4）施胶工艺　一般是先灌垂直于屋脊的板缝，后浇平行于屋脊的板缝。在灌垂直缝时应将板缝纵横交叉处平行于屋脊的两侧各灌 150mm，并留成斜槎。板缝可一次或分次灌满，立即用剪裁好的玻璃布条覆盖其表面。胶泥宽度应每边超出板缝 20mm。

### 5.1.3.3　墙板接缝密封

（1）密封胶选择　根据密封质量要求及墙体接缝的宽度和深度选择密封胶种类。一般选用价格适中的密封胶，性能要求较高者可选聚氨酯和硅酮类密封胶。

接缝宽度大些有利于密封材料的活动，但太宽则密封胶易下垂，影响外观，而且增加建筑成本。所以接缝宽度计算要适中。

（2）表面处理　高分子密封胶施工前表面处理见表 5-4。

**表 5-4**　高分子密封胶施工前表面处理

| 基　材 | 处理方法 |
| --- | --- |
| 混凝土、砂浆 | 用钢丝刷、砂布、干布等清除浮浆，用溶剂清除油污、脱模剂 |
| 加气混凝土、石棉水泥板、石材 | 用钢丝刷、毛刷清除灰尘，用干布擦净 |
| 金属 | 用砂布擦去锈迹，用毛刷、干布擦拭，溶剂除油 |
| 玻璃 | 用布擦灰尘，溶剂除油污 |

（3）主要施工机具　合成高分子密封胶机具有搅拌机、挤胶枪等。

（4）墙板缝结构　表面性墙板缝结构有墙垂直缝、墙水平缝等，见图 5-3。

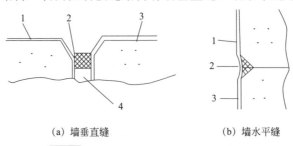

（a）墙垂直缝　　　　　　　（b）墙水平缝

**图 5-3**　加气混凝土墙接缝结构示意图
1—饰面；2—密封胶；3—墙体；4—填充物

图中的衬垫材料一般选半硬度泡沫材料的圆棒、方形板或薄膜材料，目的是控制密封胶灌注深度，并防止密封胶与接缝底部相粘连，形成三面粘接现象。

（5）密封胶施胶工艺

① 表面清理。认真检查接缝尺寸是否合格，并清除缝中污物、杂质。

② 在缝内塞入比缝隙稍宽的衬垫材料以控制灌胶深度，接缝较浅时则安放隔离材料，把它平整地铺在接缝底部。

③ 在接缝的两侧墙面贴防污胶带。胶带对齐缝口的边缘。

④ 在接缝中两个面上涂底胶（一般与密封胶配套供应），底胶干燥后应立即灌注密封胶。

⑤ 涂胶时，胶枪喷嘴与缝底平面呈45°，缓慢移动，使挤出的胶条完全充满缝隙而不留间隙或缺陷，遇到十字缝时，先注满水平缝，再从十字中心开始，分别注满上侧和下侧的纵缝。

⑥ 修整。用刮刀沿一个方向将密封胶抹平抹光，不得往返涂抹。修整完毕后，撕去防污胶条。令密封胶自然固化。

### 5.1.3.4 窗接缝密封

（1）密封胶的选择　可以用有机硅、聚氨酯、MS密封胶等与玻璃和木、钢、铝、混凝土等窗框、墙体材料有良好粘接性的胶种，其性能必须满足表5-5的要求。

表 5-5　窗密封胶的性能指标

| 项　目 | 指　标 | | |
|---|---|---|---|
| | 1 级 | 2 级 | 3 级 |
| 密度/(g/cm³) | 符合规定值，误差 | | |
| 挤出性/(mL/min) | ≥50 | | |
| 适用期/h | ≥3 | | |
| 表干时间/h | ≤24 | ≤48 | ≤72 |
| 下垂度/mm | ≤2 | ≤2 | ≤2 |
| 粘接拉伸强度/MPa | ≤0.4 | ≤0.5 | ≤0.06 |
| 低温贮存稳定性 | 无凝胶、离析现象 | | |
| 初期耐水性 | 不产生浑浊 | | |
| 污染性 | 不污染 | | |
| 热空气-水循环后定伸性能/% | 200 | 160 | 125 |
| 水-紫外线辐照后定伸性能/% | 200 | 160 | 125 |
| 低温柔性/℃ | −30 | −20 | −10 |
| 热空气-水循环后弹性恢复率/% | ≥60 | ≥30 | ≥5 |
| 拉伸-压缩循环性能/次 | 9030 | 7020～8020 | 7005～7010 |

（2）窗框与墙体间的粘接密封　窗框四周的防水构造见图5-4。接缝中的表面处理、施胶方法和墙体接缝密封相似。

（3）窗玻璃与窗框间的密封　采用密封胶将窗玻璃与玻璃、玻璃与木材、塑料、钢、铝质窗框粘接密封成为一个整体，从而起到防水、防风、防尘的作用。由于窗子长期受风吹日晒、温湿度的四季变化，以及风压、地震引起的震动，所以要求窗户密封胶老化性好、弹性优、位移能力强，并且粘接要牢固，因此，要选用优质的密封胶，如硅酮密封胶，特别是高层建筑、玻璃幕墙等大面积窗户更应如此。操作步骤如下。

① 用专用工具将安装玻璃的缝隙加以清理，并在窗框的槽中涂刷底胶；

② 根据玻璃嵌入深度，决定安装衬垫材料的尺寸及安装方法；

③ 外侧下框部分的密封胶应做成斜坡状，以利于流水和避免太阳直射，见图5-5。

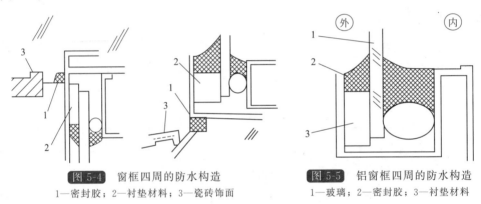

图 5-4　窗框四周的防水构造
1—密封胶；2—衬垫材料；3—瓷砖饰面

图 5-5　铝窗框四周的防水构造
1—玻璃；2—密封胶；3—衬垫材料

### 5.1.3.5　屋顶及墙体渗漏的修补密封

屋面开裂的原因很多，如建筑物件在制作、贮存、运输中造成的早期裂缝，气温变化冷热收缩形成的裂缝，基础沉降形成的裂缝等，外墙板出现裂纹的原因除和屋顶裂缝一样的之外，还有施工顺序有误、施工质量差等原因。

① 屋面裂缝修补法。施工方法是，首先将裂缝四周的涂膜防水层清除掉，将裂纹凿宽，并用刷子等清除裂缝中的碎屑杂物，再向裂缝中填充密封胶，待胶基本固化后，再顺缝粘贴一些宽200～300mm的隔离层，即完成修补。

② 外墙板水平裂缝密封法。首先清除裂缝中的原有缝砂浆，清除里边的塑料条、油毡条等杂物，用钢丝刷刷净裂缝并用清水冲洗，裂缝四周先用1：（2～2.5）的水泥砂浆找平，待砂浆干燥后再在缝内涂刷底胶，在缝底填塞背衬材料，然后分两次注满密封胶。注入密封胶的深度应为缝隙宽度的50%～70%。

### 5.1.3.6　地下隧道的接缝密封

现在的地下隧道大多为所谓"盾构法隧道"，它是由衬砌管片、砌块进行拼装连接而成的。除了衬砌管片、砌块等自身要有防水性能之外，砌块接缝的防水是个关键问题。地下隧道由于承受很高的压力，防止地下水渗漏一定要采用各种措施，形成多道防线方可万无一失。用防水密封胶密封就是重要方法之一。

（1）密封胶的选择　高模量单组分聚氨酯密封胶由于是单组分，使用方便，其主要性能为 100％模量 1.12MPa；拉伸强度 3.5MPa；断裂伸长率 300％；撕裂强度 15kN/m；邵氏（A）硬度 50±5；剥离强度（底胶干后粘接）＞7kN/m，（底胶未干时粘接）5kN/m；下垂度 0～3mm。

（2）嵌缝槽中注胶方式　在隧道接缝面为注胶方便往往预设浅沟槽，它沿环纵面形成一圈，注胶孔放在槽内，用注胶机或齿轮泵由注胶口将密封胶压入，使之与会沟槽壁形成牢固粘接密封。

## 5.1.4　建筑物的结构加固

### 5.1.4.1　建筑物的结构加固所用胶黏剂

（1）双组分室温固化环氧胶黏剂　通用的双组分室温固化环氧胶黏剂基本配方是采用液态双 A 型环氧树脂，以脂肪胺、改性脂肪胺、低分子聚酰胺作为固化剂。对这种配方加以调整可以用于建筑材料的粘接。在粘接和修补混凝土材料时，一般加入水泥和砂作为填料。这类胶黏剂在完全固化后，对混凝土的粘接强度是足够的，广泛用来对水泥混凝土结构进行加固和修补。但是，这些固化体系一般需要在 20℃左右固化，而且固化时间长，不能满足室外施工时较低气温下快速固化的要求。由于所使用的固化剂具有水溶性，而环氧树脂同水混溶性不好，这种胶黏剂不对潮湿面进行粘接，更不能在有水的条件下使用。

（2）潮湿界面粘接及水下固化胶黏剂　为解决环氧树脂在潮湿面的固化问题，发展了酮亚胺缩合物固化剂。用乙二胺、己二胺、二亚乙基三胺等胺类以及它们与酚醛的缩合物与丙酮、甲基异丁基酮等酮类进行反应制备成酮亚胺。

这类固化剂在未接触水时是稳定的，遇到水分时则发生逆反应，亚胺键分解，释放出改性胺使环氧树脂固化。这类胶黏剂的典型性能见表 5-6。

表 5-6　潮湿面、水下固化环氧胶黏剂性能

| 胶黏剂牌号 | 胶黏剂本身强度 | | | 对混凝土粘接强度 | |
| --- | --- | --- | --- | --- | --- |
| | 压缩强度/MPa | 拉伸强度/MPa | 弹性模量/MPa | （湿）拉伸剪切强度/MPa | （干）拉伸剪切强度/MPa |
| MA 固化环氧 | 88.2<br>100 | 7.84<br>15～20 | $7 \times 10^3$<br>— | 3.0～3.5<br>3 | —<br>4～5 |

用带螺环结构的胺类固化剂与双酚 A 型环氧树脂配合也是一种很好的用于潮湿面和水下固化的胶黏剂，并可在－6℃固化。固化后的胶层具有收缩率小、强度

高，柔性好的特点。

（3）专用建筑结构胶　上述两种胶黏剂是通用型环氧胶黏剂，可以用于建筑，也可在其它许多方面使用。对于作为受力较大部位使用的建筑结构胶往往有更高的要求，除在室温、低温、潮湿面等条件下能固化外，还要求固化反应热低，强度高；既要求有较长的使用期，固化时间又不能太长。在固化后的性能方面要求耐高负荷，耐冲击应力，耐热胀冷缩应力，耐振动，耐大气老化，有的建筑物还要求耐较高的温度。要满足这些要求需要对环氧树脂和固化剂进行改性，并在配方中加入适当的添加剂，配制成专用的建筑结构胶黏剂。在世界范围内，这种专用结构胶的出现大约已有 30 多年。现在世界各国已有多种牌号。如法国的西卡杜尔 31#、32#，原苏联的 EP-150#，日本的 E-206，10# 胶等。我国中国科学院大连化学物理所于 1983 年研制成功 JGN 型建筑结构胶，取得了很好的应用效果。这些专用结构胶基本上是环氧树脂型的。

### 5.1.4.2　建筑物的结构加固应用及施工方法

（1）预制混凝土结构件的装配　采用粘接方法可以使混凝土预制构件之间或同旧的建筑物结构件之间连接起来，在施工现场组装成建筑结构。其施工方法是：在预制件匹配端涂上一薄层胶黏剂（一般 1～2mm 厚），将两端贴合，通过预应力钢筋束将其压紧，固化后形成一个整体。这种粘接方法用于一些特殊的建筑物构件，尤其在桥梁建筑中应用较多。至今，法国、英国已用这种方法修筑过多座桥梁。最早的是在 1963 年完成的，多年使用表明效果很好。通过这些建筑实例证明，建筑工程部门非常关心的蠕变问题，在工作应力低于胶黏剂极限强度 20%～25% 时不会出现问题。另外，在一些拱形结构构件的建筑中也已使用。在旧建筑物构件上接新构件，为保险起见，除使用胶黏剂粘接外，有的还辅以锚杆固定。

（2）混凝土制件缺陷修补　钢筋混凝土预制件，包括梁、柱、管、板等成型后往往会有缺陷，存在凹陷或漏洞，影响强度和使用性能，必须在装配前进行修补，不但能保证达到性能要求，还使外观完整美观。高速公路、飞机跑道路面的缺陷也可以用这种方法修补。随着时间推移，建筑物结构件会老化出现缺陷，也需要修补。这些修补工作使用胶黏剂操作很简单，按使用要求拌匀后用刮刀抹平即可。

（3）用恒压注射法修补混凝土结构裂纹　预成型的混凝土结构件或多年使用的旧建筑物结构件，主要是承重的梁、柱等，由于成型或使用中的应力问题，往往会出现裂纹。这些裂纹如果不及时处理会继续加长加深，使结构强度降低，以致造成破坏。所以，出现裂纹必须及时处理。目前修补这种裂纹的比较经济可靠的方法是胶黏剂注入法，即将配制好的胶黏剂灌注到缝隙中去。近年来日本开发了一种新的胶黏剂注入法——恒压注射法。采用这种方法需使用一种特殊的注射器。目前已出现多种注射器，分别利用橡皮的收缩力、弹簧的弹力、空气压缩力等作为外加压力，胶黏剂也可以穿透到深的细小裂纹中去。日本建设省研究所等单位通过应用肯定了这种方法的优点，准备将它作为一种标准方法推广使用。

（4）外粘钢板补强加固技术　建筑物的梁、柱及桥梁、水坝、码头等混凝土结构件因施工问题达不到设计要求或因长期使用，地层变形造成结构变形，承载能力下降；因长期风化腐蚀，钢筋锈蚀，混凝土脱落载荷能力降低；还有的建筑物需要在原设计基础上提高载荷能力。上述种种情况都需要提高建筑结构的载荷能力。基于这种需要发展起来一种简便经济的方法——外粘钢板补强加固技术。这种技术是用建筑结构胶把一定规格的钢板粘在梁、柱混凝土结构件的外表面，既能达到增加承载能力的目的，又不会对结构件本身造成损害。大连化学物理所使用 JGN 型建筑结构胶进行过多项工程加固，效果都很好。

# 5.2　工程胶黏剂在交通运输、设备制造与维修中的应用

## 5.2.1　概述

机械设备包括的范围很广，有机床设备、动力机械、起重机械、冶金机械、化工机械、矿山机械、农业机械、纺织机械、印刷机械、电力机械、建筑机械等，甚至飞机、汽车、火车、轮船也可概称为交通运输机械。一部现代化的机械设备，大都由以下 6 部分组成。

① 动力部分。发动机、电动机。
② 传动及轴系部分。带传动、链传动、螺旋传动、齿轮传动（如减速器等）。
③ 连接部分。螺纹连接、键、花键及销钉连接、铆接、焊接、过盈配合。
④ 控制部分。电器控制、油压与气压控制、温度控制、速度控制。
⑤ 行动部分。如车床的车刀部分、挖掘机的挖掘铲、输送机的传送带等。
⑥ 辅助部分。供水、供油、供气的泵、风机、压缩机、管路及润滑系统。

在机械设备的制造与装配中，以上无论哪一部分都有工程胶黏剂的应用天地，就是在机械设备的使用中因操作不当或发生意外导致机械整体断裂、零件表面磨损、研伤、腐蚀、疲劳等表面破坏以及由于设备振动引起的松动、泄漏，都可以用粘接与密封技术修复解决。

工程胶黏剂在车辆、船舶、机械设备装配与维修中的应用具有如下突出特点。

① 节省能源，减少设备投入。
② 密封剂代替传统的垫片实现螺纹锁固、平面与管路接头密封、圆柱件固持，避免三漏（漏油、漏气、漏水）和松动，提高产品质量和可靠性。
③ 可以实现难于焊接的材料制成零件如铸铁、硬化钢板、塑料和有橡胶涂层的连接。

④ 可以进行现场施工，解决拆卸困难的大型零部件、油、气管路的现场修复。

⑤ 可以使金属零件再生，修复因磨损、腐蚀、破裂、铸造缺陷而报废的零件，使之起死回生，延长设备的使用寿命。

工程胶黏剂在车辆、船舶、机械设备装配与维修中的应用，提高了劳动生产率，同时节省能源和材料。对厂矿企业而言，这项技术的应用意味着每天给企业带来巨大的经济效益，这种巨大的经济效益，来自劳动生产率的提高，来自减少由于停机给机器利用和人工带来的经济损失，来自极大地减少了对配件的消耗，即减少了对配件的投资，以及大大地加强了对材料和维修费用的控制。工程胶黏剂在我国车辆、船舶、机械设备装配与维修中有着广泛的应用前景。

### 5.2.1.1 车辆、船舶、机械设备应用的工程胶黏剂种类

机械设备大都由金属零件制成，承受摩擦、振动、温度等作用，因此要求所用的胶黏剂和密封剂有一定的强度和耐久性。机械设备的制造、装配和维修中所用的工程胶黏剂有环氧类胶、厌氧胶、RTV 有机硅密封胶、改性丙烯酸酯、氰基丙烯酸酯、聚氨酯等。车辆、船舶、机械设备应用的工程胶黏剂种类见表5-7。

表 5-7　车辆、船舶、机械设备应用的工程胶黏剂种类

| 工程胶黏剂种类 | 应用部位 |
| --- | --- |
| 环氧胶黏剂 | 结构粘接;铸件缺陷修补;磨损、研伤零件的尺寸恢复;紧急堵漏;汽车折边粘接密封;焊缝密封 |
| 厌氧胶 | 螺纹螺母锁固密封;法兰、端盖、箱体结合面密封;管路螺纹密封;键与轴、轴承、衬套、皮带轮、齿轮、转子固持;微电机铁氧体、变压器铁芯等结构件粘接;浸渗密封焊缝、铸件、粉末冶金件等 |
| RTV 有机硅密封胶 | 发动机、齿轮箱的箱体结合面、端盖、法兰盘耐油密封等 |
| 改性丙烯酸酯胶 | 结构粘接;带油堵漏等 |
| 氰基丙烯酸酯胶 | 设备铭牌粘接;工艺性暂时定位;制作密封圈;粘接装饰条等 |
| 聚氨酯胶黏剂 | 双组分修补剂用于传送带破损的修补,保护传送带上的铰接器,水泵和螺旋桨的耐蚀涂层,制作橡胶衬里,修补印刷胶辊,制作橡胶叶轮等;单组分密封胶用于粘接和密封车体、玻璃等 |

### 5.2.1.2 车辆、船舶、机械设备工程胶黏剂的用胶点

车辆、船舶、机械设备工程胶黏剂的用胶点见表5-8。

表 5-8　车辆、船舶、机械设备工程胶黏剂的用胶点

| 机械设备分类 | 应用部位与胶种 |
| --- | --- |
| 车体、底盘后桥 | 平面密封;管路接头螺纹密封;螺栓、螺丝的防松密封;圆柱零件的固持;汽车折边粘接密封;焊缝密封;车体密封;风挡玻璃粘接 |

| 机械设备分类 | 应用部位与胶种 |
|---|---|
| 发动机 | 凸轮轴轴承盖用厌氧胶密封;汽缸垫用 RTV 有机硅密封胶密封;活塞柱销及缸体与缸筒用厌氧胶胶持;基体工艺孔碗形塞及锥销用厌氧胶固持;用修补剂修补铸件缺陷,重新制作螺纹,重做或修补腐蚀或损坏的法兰盘,粘接渗漏的管子及箱体,固持松动的轴承等 |
| 动力传送装置(变速箱、减速机等) | 用修补剂修补轴的磨损或研伤部位;修补液压活塞划痕;修补松动的键槽;修补磨损或研伤的轴承座;修补箱体裂纹;箱体结合面用厌氧胶密封;轴承用厌氧胶固持;用厌氧胶锁固螺栓等 |
| 泵、管道和阀门 | 用修补剂修补泵内曲面;重做受腐蚀、冲蚀的部位;修补泵体孔洞和裂缝;恢复叶轮磨损的尺寸;修复磨损的轴和轴承座;现场管道堵漏;用厌氧胶密封管道接头;密封法兰盘及端盖;锁固螺栓等 |
| 鼓风机及压缩机 | 修补风扇损坏的叶边;修补机箱孔洞及损伤;修补、密封渗漏;重做压缩机引导槽;重做、修补承重基座;修复磨损的轴和轴承座;用厌氧胶固持轴承、密封端盖和箱体结合面;锁固螺栓等 |
| 热交换系统 | 修补、保护受腐蚀的孔板;重建端盖和水箱;修补和密封有孔的机箱;管子和法兰盘连接处现场堵漏等 |
| 传送带 | 在线修补磨损的传送带边;无缝粘接传送带接头;修补裂口或有划伤的传送带等 |
| 机床导轨、液压缸 | 用减摩材料填充的环氧胶制作导轨涂层;修补研伤的机床导轨和液压缸内壁等 |

工程胶黏剂在车辆、船舶、机械设备制造与维修中的应用十分广泛,在此不可能一一列举,下面仅以汽车和机械设备几个典型应用实例加以分析介绍,在其它工程车辆、军事车辆、火车、船舶等领域的应用与其类似,在此不再介绍。

## 5.2.2 发动机、变速箱及车底盘的粘接密封

发动机是车辆的心脏,而底盘则相当于人体的脊梁。所以发动机和底盘的密封和防松是衡量车辆质量的很重要的指标。

发动机和底盘上的粘接密封部位包括:发动机的油底壳、后桥壳、缸体孔盖、变速器孔盖的密封;装配螺栓的紧固密封、各种管接头处的密封等。主要作用是防止燃油、润滑油、水、气的泄漏及螺栓的松动。

发动机和底盘上的粘接密封,目前所用的胶种主要是厌氧胶和 RTV 硅酮胶,应根据密封部位的温度、压力、密封间隙和形状以及是否经常拆卸等因素选择适宜的密封胶。

发动机及车底盘上的密封防松部位,主要有 4 种类型:①平面密封;②管路接头螺纹密封;③螺栓、螺丝的防松密封;④圆柱零件的固持。

### 5.2.2.1 汽车发动机、底盘、变速箱用胶点

汽车发动机、底盘、变速箱用胶点分别如图 5-6~图 5-13 所示。

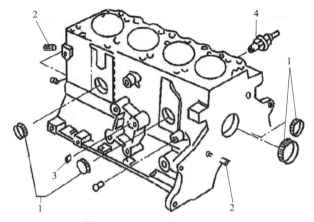

图 5-6　发动机密封部位示意图（1）

1—发动机缸体塞片密封（厌氧胶）；2—润滑油道堵塞锁紧密封（厌氧胶）；

3—润滑油道无头堵塞锁紧密封（厌氧胶）；4—油压开关锁紧密封（厌氧胶）

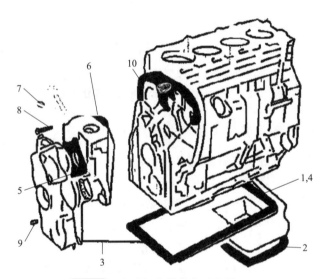

图 5-7　发动机密封部位示意图（2）

1，4—油底壳密封（硅酮密封胶）；2—油底壳下盖密封（硅酮密封胶）；

3—油底壳与正时齿轮盖密封；5—正时齿轮边缘密封（厌氧胶）；

6—正时齿轮盖密封；7—正时齿轮旋塞锁紧密封（厌氧胶）；

8，9—正时齿轮盖螺栓锁固（厌氧胶）；

10—正时齿轮盖与发动机结合面密封（厌氧胶）

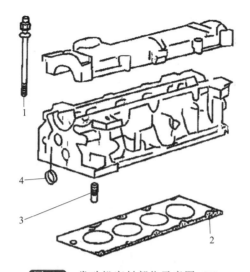

图 5-8 发动机密封部位示意图 (3)

1—汽缸盖螺栓锁固 (厌氧胶)；2—汽缸垫密封 (硅酮密封胶)；
3—气门导管装配 (厌氧胶)；4—火花塞孔镶套密封 (厌氧胶)

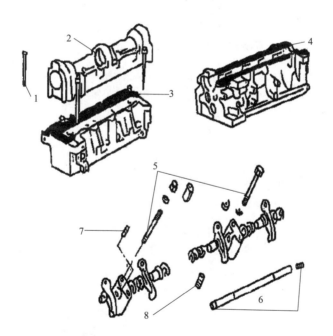

图 5-9 发动机密封部位示意图 (4)

1—凸轮轴支承螺栓锁固 (厌氧胶)；2—凸轮支架衬套装配 (厌氧胶)；
3，4—凸轮轴箱盖密封 (硅酮密封胶)；5—凸轮轴支架螺栓锁固 (厌氧胶)；
6—凸轮轴旋塞锁紧密封 (厌氧胶)；7—凸轮轴固定螺栓锁固 (厌氧胶)；
8—气门传动机构调整螺栓锁固

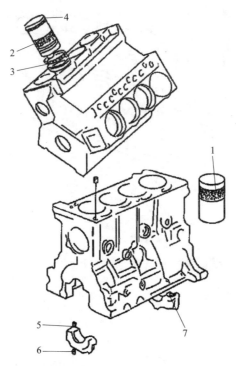

图 5-10　发动机密封部位示意图（5）

1—缸套（干式）与缸体装配（厌氧胶）；2—缸套（湿式）与曲轴箱配合（厌氧胶）；

3—缸套调整环装配（厌氧胶）；4—缸套边缘密封（硅酮密封胶）；

5—主轴承盖双头螺栓锁固（厌氧胶）；

6—主轴承盖螺帽锁固（厌氧胶）；

7—主轴承盖密封（硅酮密封胶）

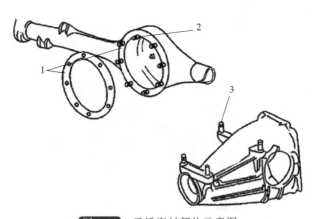

图 5-11　后桥密封部位示意图

1—后桥结合面密封（厌氧胶）；2—后桥紧固螺栓密封（厌氧胶）；

3—桥壳螺栓锁固（厌氧胶）

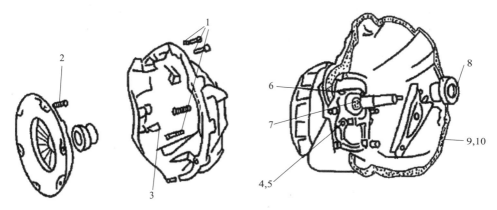

**图 5-12** 离合器密封部位示意图

1—离合器罩螺栓锁固（厌氧胶）；2—离合器装配螺栓锁固（厌氧胶）线；3—离合器锥形枢轴锁固（厌氧胶）；
4，5—离合器锥形枢轴衬套装配（厌氧胶）；6—离合器轴支承管螺栓锁固（厌氧胶）；
7—齿轮箱前轴承支承管装配（厌氧胶）；8—离合器放松轴承配合（厌氧胶）；
9，10—离合器与发动机结合面密封（厌氧胶）

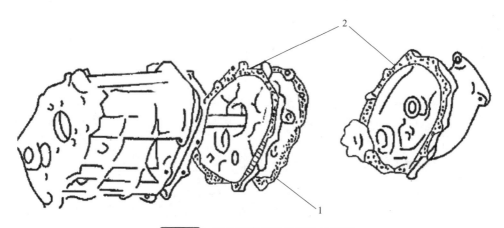

**图 5-13** 变速箱壳体密封部位示意图

1—齿轮箱结合面密封（硅酮密封胶）；2—齿轮箱盖与外缘间密封（厌氧胶或硅酮密封胶）

由于发动机上用胶部位较多，仅举 CA-488 发动机用胶情况加以说明，见表 5-9。

### 5.2.2.2  汽车发动机、底盘、变速箱用胶实例

（1）厌氧胶用于发动机和底盘装配中零件锁固与密封　厌氧胶主要以甲基丙烯酸双酯为主体成分，添加适量引发剂、阻聚剂、填料、颜料制成。它是一类单组分胶黏剂，能在氧气存在时长期贮存，隔绝空气后可在室温下迅速固化成难熔难溶的固体。厌氧胶比传统的密封防松方法可靠性高，系列化的厌氧胶产品，主要用于螺纹锁固、平面密封、管路螺纹密封、圆柱零件固持、结构粘接等。

厌氧胶在发动机、底盘中应用部位主要有：碗形塞密封、化油器紧固螺栓、

曲轴飞轮紧固螺栓、燃油泵螺栓、油底壳紧固栓、曲轴油封座密封、缸体各种塞片、放油丝堵、缸体出砂孔堵盖、水泵紧固螺栓、燃油管接头密封锁紧、缸体紧固螺栓、变速箱紧固螺栓、发动机与起动机连接螺栓转向机紧固螺栓、差速器紧固螺栓、转向机与车架连接螺栓、方向盘紧固螺栓、后桥壳紧固螺栓等。厌氧密封胶也可以用于平面密封，适用于中、小间隙平面，由于不含溶剂，固化后体积几乎不收缩，可取代固体垫片。尤其适用于装配后需立即形成良好密封胶层的部位，如发动机、变速箱等处。平面厌氧型密封胶可以用网版印刷法涂胶或装在塑料筒中直接涂在零件表面，形成一个连续不间隙的液体胶圈。

表 5-9　汽车发动机用胶明细表（CA-488）

| 应用部位名称 | 涂胶点数 | 用胶牌号 | 涂布方法 |
|---|---|---|---|
| 汽缸体碗形塞片 | 5 | 厌氧胶-11747 或 277 | 涂胶机涂布 |
| 汽缸体主油道孔碗形塞 | 2 | 厌氧胶-11747 | 涂胶机涂布 |
| 汽缸体底平面,机油盘结合面 | 1 | 硅酮胶-598 | 涂胶机涂布 |
| 放水龙头总成 | 1 | 厌氧胶-567 | 手工涂布 |
| 机油标尺管与缸体定位结合面 | 1 | 厌氧胶-11747 | 涂胶机涂布 |
| 油压警报开关总成 | 1 | 厌氧胶-11747 | 涂胶机涂布 |
| 曲轴前油封座总成 | 1 | 厌氧胶-515 | 挤胶机涂布 |
| 曲轴后油封座总成 | 1 | 厌氧胶-515 | 挤胶机涂布 |
| 中间轴前油封座总成 | 1 | 厌氧胶-515 | 挤胶机涂布 |
| 机油盘前后密封条圆角处 | 2 | 硅酮胶-598 | 涂胶机涂布 |
| 汽缸盖芯孔碗形塞 | 2 | 厌氧胶-11747 或 277 | 涂胶机涂布 |
| 汽缸盖油道碗形塞 | 2 | 厌氧胶-11747 或 277 | 涂胶机涂布 |
| 汽缸盖垫总成与前凸轮轴承圆角处 | 4 | 硅酮胶-598 | 涂胶机涂布 |
| 汽缸盖上放气阀总成 | 1 | 厌氧胶-567 | 手工涂布 |
| 调温器罩垫密封片 | 1 | 厌氧胶-567 | 手工涂布 |
| 凸轮、轴承盖 | 2 | 厌氧胶-515 | 挤胶机涂布 |
| 进气管曲箱通风管接头 | 2 | 厌氧胶-11747 | 手工涂布 |
| 进气歧管预热管接头 | 2 | 厌氧胶-11747 | 手工涂布 |
| 机油泵与汽缸体结合面 | 1 | 硅酮胶-598 | 涂胶机涂布 |
| 水温传感器 | 1 | 厌氧胶-567 | 手工涂布 |
| 水温行程开关 | 1 | 厌氧胶-567 | 手工涂布 |
| 曲轴正时带轮固定螺栓 | 1 | 厌氧胶-204 | 机械预涂 |
| 中间轴正时带轮固定螺栓 | 1 | 厌氧胶-204 | 机械预涂 |
| 凸轮轴正时带轮固定螺栓 | 1 | 厌氧胶-204 | 机械预涂 |
| 飞轮固定曲轴法兰螺栓 | 8 | 厌氧胶-204 | 机械预涂 |
| 排气管与缸盖配合双头螺栓 | 8 | 厌氧胶-204 | 机械预涂 |
| 机油泵固定缸体上螺栓 | 2 | 厌氧胶-204 | 机械预涂 |
| 单向阀总成拧入缸体端 | 1 | 厌氧胶-204 | 机械预涂 |
| 曲轴皮带轮固定螺栓 | 4 | 厌氧胶-204 | 机械预涂 |
| 大悬置固定螺栓 | 2 | 厌氧胶-200 | 机械预涂 |
| 调温器出水口管接头 | 1 | 厌氧胶-200 | 机械预涂 |
| 水泵固定螺栓 | 3 | 厌氧胶-200 | 机械预涂 |
| 机油收集器固定机油泵壳螺栓 | 1 | 厌氧胶-204 | 机械预涂 |

为适应生产线快节奏的要求，预涂微胶囊厌氧胶螺栓已用于汽车制造。这种胶的原理是，把厌氧胶中的一些组分（例如引发剂）用微胶囊封闭起来，所以将胶液涂在螺纹中后，可长期存放而不会固化，但是，一旦螺栓拧入螺纹中时，微胶囊被挤压而破裂，厌氧胶被引发聚合而迅速固化。这样，需紧固的螺栓预先涂上微胶囊厌氧胶后，可以像普通螺栓一样堆放在工位上随时取用了。

螺栓中使用厌氧胶后，在螺纹的整个接触面上形成了一层连续胶膜，使普通螺栓阴阳螺纹的点接触（即使经精细研磨的金属面，接触面积也不到总面积的25％）变成了面接触，从而即使在强烈振动时螺纹也不会松动，大大提高了行车安全和延长了检修周期；另外，螺纹间由于有了胶层密封杜绝了螺纹的锈蚀，延长了使用寿命。厌氧胶锁固螺栓的其它好处是可取消原有的弹簧垫片、开口销，总成本反而下降。总之，厌氧胶紧固螺栓是一项技术先进、效益显著的新型紧固密封技术，它必然会应用得越来越广泛。

（2）RTV有机硅密封胶用于发动机端盖及汽车后桥密封　RTV有机硅密封胶主要由端羟基的聚二甲基硅氧烷、填料、交联剂、催化剂等组成，挤出后在空气中微量水分作用下，交联剂水解产生活性基团，使端羟基硅氧烷硫化，硫化后形成具有较高弹性的胶层。

在发动机装配中，像端盖、油底壳等平面间密封，传统的密封方法是采用纸垫等，由于存在密封性差、易老化等缺点，使用中往往出现渗透现象，而用硅酮密封胶对发动机端盖、油底壳进行密封，密封效果显著提高。这种密封胶耐热性好、耐介质、施工性能优异，操作简便，可以用牙膏管挤涂或用挤胶枪涂布。在发动机油底壳、变速箱盖、后桥壳等平面密封部位涂布有机硅酮密封胶可以取消垫片，国外汽车制造厂家使用专门设计的程序控制涂胶设备，模拟预密封部位形状自动涂胶，既保证质量，速度也比人工涂布快，适合于批量流水生产。

（3）发动机和底盘用胶注意事项　发动机、底盘装配中，密封胶的作用是不可缺少的，但是密封胶涂布质量如何直接关系是否会出现渗、漏、松动等问题。要保证密封胶能充分地发挥其作用，必须做到以下几点。

① 根据需要密封、锁紧部位的使用条件，选择适宜的、满足性能要求的密封胶。

② 涂胶前应对零件表面进行必要的预处理，除去密封结合面所含的油、水、灰尘等，因为密封胶在水、油污等表面上不易形成连续、完整的胶膜，起不到良好密封作用，附着力也会大大降低。

③ 根据生产工艺、密封胶的包装形式、密封胶黏度的大小等因素确定涂布方法，如采用机械涂胶机涂布、手动或气动挤胶枪涂布、手工刷涂、刮板刮涂、滚涂或浸渍法涂胶。

机械涂胶机适用于批量大、速度快的生产，涂胶前将胶液搅拌均匀，防止沉淀或分层而影响密封效果。刷涂法主要用于黏度较低的胶液或面积比较小的部位；

滚涂法大多用于面积较大部位，浸渍法用于较小的零件或密封垫片。

④ 密封胶的涂布厚度因位置不同而异，绝不能认为胶液越厚越好。

⑤ 管路密封时，通常在管路端部 2～3 个螺纹处涂胶。

⑥ 螺栓涂胶时，端部前 1～2 个螺纹涂胶，只涂在中间螺栓上。

⑦ 法兰面、密封垫涂胶时应在内、外缘分别留出 3～5mm 的空隙不涂胶，防止多余的胶液挤出而污染工件。

## 5.2.3　焊装工艺过程中的密封

焊装是汽车车身制造的关键工序。为了钢板焊缝的防水、防风、防尘密封，需要在缝中涂敷密封胶，里外钢板的边接处采用折边粘接接密封。

### 5.2.3.1　折边粘接密封

（1）用胶部位　汽车车门、发动机罩盖、行李箱盖板等部件。通常是将外钢板折边，将内钢板插入折边内用折边粘接接密封的，其构造及工艺如图 5-14 所示。

这种工艺与点焊相比，不但消除了焊接造成的钢板变形，使汽车表面更美观，而且消除了焊点腐蚀和应力集中，提高了汽车质量。

（2）折边胶种类及性能要求　折边胶是一种兼具密封性能的结构或半结构胶，即它比一般密封粘接强度要高得多，只有这样，粘接的强度才能不低于点焊的强度，目前国内的汽车折边胶多半是单组分环氧树脂型。折边胶性能指标主要包括：

① 粘接强度，预固化强度≥1.4MPa，全固化强度≥7.0MPa；

② 良好的工艺性，加热不流淌，可用机械或手工涂布；

③ 具有油面粘接性；

④ 贮存期≥3 个月；

⑤ 耐候性、耐腐蚀生优异。

（3）折边胶的固化工艺

① 预固化　即初步固化，使之达到可以搬运、装卸、组装的强度，但又不必达到最高强度。固化方式有两种，一是在加热炉中加热固化；二是采用感应加热固化，即用高频发生器产生的高频电磁波穿透折边处的钢板时产生热量，升温使胶固化，固化时间仅需 5～30s 即可，可以在流水线上完成；而加热炉固化温度为 170～180℃，时间 10～15min。

② 完全固化　因为车身在涂敷底漆和面漆后都要加热烘漆，底漆一般要 170℃/20min，面漆 140℃/20min，在油漆干燥的同时，折边胶自然会固化完全了。

（4）折边胶使用注意事项

① 涂胶部位应沿外钢板折边的边缘涂布，涂胶部位要准确，不可使胶污染周

围的钢板；

② 涂胶量要精确、适度，胶太多，在冲压时余胶会溢出污染冲压模具和周围的车身钢板；涂胶不足，则有缺胶现象，达不到强度和密封性要求；

③ 在折边密封完成后，为了进一步加强折边处的耐腐蚀及密封能力，往往再涂一道焊缝密封胶。

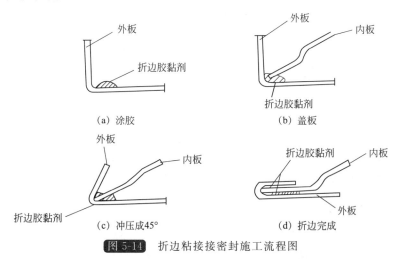

图 5-14　折边粘接接密封施工流程图

### 5.2.3.2　焊缝密封

聚氨酯密封胶可以在室温下固化，也可以加热到100℃左右固化。而且胶膜耐冲击，挠曲性好，粘接性强度高，固化后体积收缩率小，耐老化性优异。是一种优良的焊缝密封材料。但目前国内单组分聚氨酯密封胶价格相对较高。大多只作为车身外表焊缝的装饰性密封。

这种单组分聚氨酯密封胶，在涂胶 60min 后，随后进入烘漆室于 90℃ 烘干1min 即可完全固化。聚氨酯密封胶施工性好，与环氧底漆黏附力强，触变性好，易刮平，固化不收缩，胶面平滑，不影响车的外观质量。例如，南京依维柯旅行车蒙皮焊缝就是用单组分聚氨酯密封胶密封的，见图5-15。

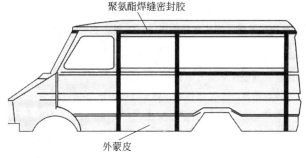

图 5-15　聚氨酯密封胶在车身蒙皮焊缝密封中的应用

### 5.2.4 挡风玻璃、车窗玻璃的粘接密封

目前汽车车窗玻璃固定密封的方式有胶黏剂粘接密封、橡胶条固定和橡胶条-密封胶结合使用等不同方法。

#### 5.2.4.1 橡胶条-密封胶相结合密封法

汽车制造业通用的风挡玻璃、后窗玻璃装配结构是用橡胶条进行玻璃包夹，然后使橡胶密封条与车窗框结合。由于在窗框与橡胶密封条之间、密封条与窗玻璃之间可能出现装配间隙，或经过行车的振动及橡胶密封条在日晒、雨淋等大气环境影响下老化而丧失密封能力，发生车窗漏雨、透风、侵尘现象，也有些车装配后一做淋雨试验时就漏水，应该用密封胶对密封条与车窗玻璃及窗框的间隙进行密封。

车窗玻璃密封胶的涂布方式有两种（见图5-16）。一种是只在橡胶密封条-车窗玻璃结合缝内注胶密封；另一种是在橡胶密封条-车窗玻璃和密封条-车身两个结合缝中分别注胶密封。

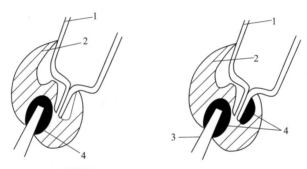

图 5-16 车窗密封胶涂胶位置示意图
1—车身；2—密封条；3—玻璃；4—密封胶

#### 5.2.4.2 轿车窗玻璃的直接粘接密封

现代化汽车的车速越来越快，对车窗玻璃安全性的要求也日益增加。为了提高汽车的安全性，保障乘员的安全，防止在高速行进中急刹车或撞车时因车窗玻璃装配不牢而使乘客受到伤害，采用了车窗玻璃（主要是风挡玻璃和后窗玻璃）直接粘接工艺。这种装配工艺使得车窗玻璃与车身结合成为一个整体，大大加强了车体的刚性和玻璃与车身结合力，同时提高了车窗的密封效果（见图5-17）。

直接粘接密封汽车窗玻璃的工艺，最早是由美国通用汽车公司采用的，涂胶设备是带有自动计量泵的涂胶机（见图5-17）。以单组分湿气固化聚氨酯粘接接汽车窗玻璃目前已成为主流。这种单组分聚氨酯胶。粘接剪切强度达3.5MPa以上，拉伸强度5.0MPa，断裂伸长率≥350％，可以用涂胶机涂布，用300mL型塑枪筒

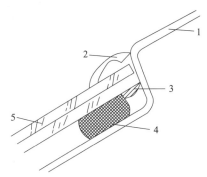

**图 5-17** 车窗玻璃直接粘接示意图

1—车身；2—装饰条；3—橡胶条；4—胶黏剂；5—安全玻璃

包装的单组分聚氨酯胶，可以用于气动涂胶设备涂胶。

涂胶工艺如下。

① 表面处理，用有机溶剂将窗玻璃及窗框清洗干净；

② 用小毛刷分别在玻璃和窗框的粘接处涂专用底胶并晾置 3～5min；

③ 涂胶，用挤胶枪将胶涂在被粘玻璃内侧边缘，胶条是三角形，底边宽 8mm，高约 10mm，在风挡玻璃内侧常带有一圈可以防止胶溢出并限制胶黏剂高度的金属块，此金属块增加了有效粘接面积，加强了粘接件整体安全性；

④ 涂胶后马上安装玻璃，适当施压或用压敏胶带将玻璃固定，固化 4h 即可拆除胶带。如我国一汽奥迪风挡玻璃、后窗玻璃、三角窗玻璃就都是用此方法粘接的。

## 5.2.5 零部件制造中的粘接密封

### 5.2.5.1 铸件砂眼的浸渗堵漏

汽车制造中所需的一些零件，如发动机缸体、管接头、油泵、水泵体等都是铸造件，在铸造中难免出现个别零件组织缺陷和疏松现象，如砂眼、细小的裂纹等，都会造成零件报废。尤其是目前大量采用的一些薄壁铸件，渗漏现象时有发生。为了解决这个问题，减少浪费，可以采取真空浸渗堵漏工艺弥补铸件缺陷。

厌氧胶真空浸渗技术是由美国乐泰公司开发并于 20 世纪 70 年代用于工业生产的新技术（见图 5-18）。由于密封质量好，浸渗的一次成功率高，用胶量较无机浸渗胶节省 85%，浸渗工艺的周期比较短等，在汽车制造厂铸件堵漏中得到广泛应用。

### 5.2.5.2 汽车车灯的粘接密封

汽车车灯灯栅与反射镜的组装，长期以来一直沿用机械固定、橡胶密封圈密封的方式。采用机械包合工艺时，如果灯栅外缘较厚、灯栅玻璃尺寸稍有偏差或

**图 5-18** 铸件砂眼的浸渗

在反射镜外缘涂漆超厚时，在包合过程中往往发生玻璃破碎现象，造成很大损失，而且在机械力的作用下，反射镜会发生变形，使原来理想的抛物面逐渐蠕变成不规则的反射面，使光线照射出现偏差；而当灯栅外缘过薄时，包合后出现密封不严现象，或因密封件老化，使车灯密封性变差，致使水汽侵入灯内，影响车灯的照明效果，且缩短了灯的使用寿命。

随着现代汽车制造技术的发展，国外大量采用塑料反射镜和聚碳酸酯等透明塑料制造灯栅，这就要求采用新的灯具组技术，使用胶黏剂粘接车灯灯栅与反射镜，既能起到固定、密封灯栅的作用，又可取消橡胶密封条，保证反射镜不发生形变，增加光线透过面积。

现在，一些车灯已由聚碳酸酯塑料制成的灯栅取代了玻璃灯栅，而反射镜也采用了强化聚丙烯代替了金属，这对灯具胶提出了更高的要求。为此，一些厂家开始采用热熔型单组分湿气固化聚氨酯粘接接车灯，耐振动、耐水、粘接速度快，在灯栅装配中有很好的应用前景。

### 5.2.5.3 汽车燃油箱粘接密封

汽车燃油箱是由钢板冲压、折边组合而成。折边咬口部位先涂布密封胶再折边咬合，以防止燃油在折边缝隙中泄漏。对密封胶的要求是：耐油性好、耐振动、耐低温、室温固化。可选用双组分聚氨酯胶，例如一汽 CA-141 油箱就是用聚氨酯密封胶，使用前将甲乙组分按规定比例混合均匀，然后用毛刷在油箱壁板外侧咬口处均匀涂一层胶，然后滚边咬口。待胶固化后，对油箱进行水压试验，合格方可出厂。

## 5.2.6 机械设备维修中的粘接、密封、修补

### 5.2.6.1 机床导轨的制造和修复

传统的机床导轨副为金属导轨副（例如：铸铁-铸铁导轨副），即使在油润滑的情况下，摩擦系数也比较高，摩擦特性曲线呈负斜率，当推动力聚积至超过静摩擦力时，导轨面之间开始滑动，随着滑动速度的增大，摩擦阻力迅速下降，导致滑动突然加速，这就形成了周期性的"粘-滑"运动状态，由此导致机床工作台

的"爬行"，降低了零件的加工精度，当润滑系统发生故障或其它原因使摩擦面润滑油供应中断时，金属导轨副之间很容易发生"咬合"或粘着，致使机床导轨面研伤。机床导轨防止"爬行"的重要措施之一就是选用具有零斜率或正斜率摩擦特性曲线的摩擦副材料。

北京天山新材料技术有限公司从 20 世纪 90 年代初开始进行减摩材料（如石墨、二硫化钼、聚四氟乙烯等）填充环氧胶的研究及开发，在减摩机理及应用方面的研究获得重大进展，一对机床导轨摩擦副中，一个摩擦面用金属制成，另一个摩擦面用减摩材料填充的环氧胶制成减摩涂层，引起了传统制造工艺的变革，这项技术解决了在直线滑动导轨、回转滑动导轨制造、修理中碰到的许多难题，特别是解决了重型机床导轨制造和磨损后修复工艺上的困难以及低速重载运行条件下的爬行问题。图 5-19 为 TS316 涂层-铸铁摩擦副及铸铁-铸铁摩擦副的摩擦特性曲线。由图可见，铸铁-铸铁摩擦副在 0～10m/min 范围内摩擦特性曲线均带有负斜率，而 TS316 涂层-铸铁摩擦副在 0～10m/min 范围内虽也有负斜率，但绝对值比铸铁-铸铁摩擦副小得多。因此，TS316 涂层-铸铁摩擦副的防爬行能力十分突出，克服摩擦力所损耗的功率较少，实际测量重型龙门刨床和重型龙门铣床使用 TS316 涂层导轨后的工作传动损耗比铸铁-铸铁导轨低 30%～50%。

TS316 导轨耐磨涂层在德阳第二重型机器厂 ZKD6300 立式车床，X2150 超重型龙门铣床 12m 导轨减摩涂层及北京第一机床厂的应用取得了很好的效果。采用压配复印法制作或修复 ZKD6300 及 XZ2150 重型机床导轨，首先混合 TS316，然后涂胶，将已涂敷好的导轨起吊翻转并迅速、准确而平稳地扣合在复印导轨面原预定位置上。起吊，翻转时不得碰撞或接触涂层面，扣合后立即检查定位。当涂层已靠近复印导轨面时，必须缓慢平稳下落。涂层与复印面接触后任何情况下均不得重新掀涂层面，以免空气进入涂层中形成空洞、夹层。为了保证涂层致密、无缺陷和便于挤出多余的涂料，可在工件上适当加压重物。但为避免工件因刚性不够而产生变形，在多余料挤出后应立即撤除外加重量。

一般情况下 TS316 涂层固化 24h 后可起模。在环境温度较高或较低时，可适当缩短或延长固化时间。起模时间用千斤顶使工件脱模。先顶起工件一端，然后再顶起另一端，待复印面完全脱离后再用吊车起吊。起吊翻转时应注意保护涂层面不受碰撞。

ZKD6300 及 XZ2150 导轨修复后使用以来，效果非常好，采用该技术制造与修复机床导轨，有以下突出特点。

① 由于减摩涂层具有低的摩擦系数和良好的阻尼作用，能防止机床导轨在低速重载下发生爬行。

② 若工作台铸件导轨间有砂眼或气孔等缺陷，使用涂层导轨可避免铸件报废的损失。

③ 采用减摩涂层导轨减少了机床大修工作量。由于机床床身导轨受到保护，大修时只需重新复制工作台涂层，不需大型设备加工床身导轨和工作台导轨，给机床使用单位解决了维修上的难题。

④ 降低机床功率消耗，机床工作台传动功率一般可降低30%左右，采用减摩涂层导轨后节能效果十分显著。

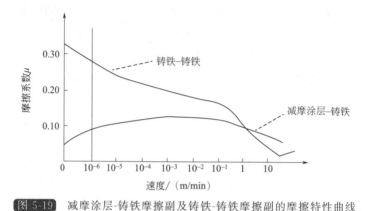

**图 5-19** 减摩涂层-铸铁摩擦副及铸铁-铸铁摩擦副的摩擦特性曲线

### 5.2.6.2　轴、轴承座、键槽磨损修复和铸件缺陷修补

北京天山新材料技术有限公司20世纪90年代初开发的金属填充的环氧胶（也称聚合金属）作为聚合物复合材料一种特殊形式，以环氧胶为粘接相，以金属、纤维为骨材（增强相），采用颗粒、纤维双重增强机制，是新一代功能型复合修补与防护材料（见图5-20），固化前为胶泥状，任意成形，固化后成为坚硬的聚合物金属，具有优异的耐磨性和机械强度，用于抗磨耗、磨蚀、设备损伤修复及铸件缺陷修补和堵漏，该材料已在国内几千家企业成功应用，主要修复部位见图5-21。

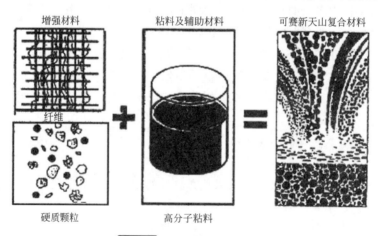

**图 5-20**　金属填充的环氧胶

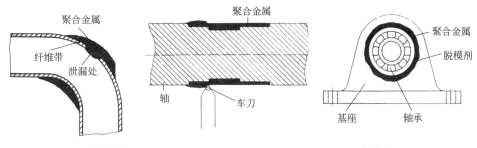

图 5-21　金属填充的环氧胶（也称聚合金属）用于零件修复

### 5.2.6.3　离心泵、泥浆泵的预保护和修复涂层

北京天山新材料技术有限公司 20 世纪 90 年代初开发的陶瓷填充的环氧胶（也称聚合陶瓷）以陶瓷圆珠、纤维为骨材（增强相），以环氧胶为粘接相。以TS218 聚合陶瓷耐磨修补剂为例，针对抗冲蚀，抗气蚀，严重磨耗和侵蚀，设计以陶瓷为骨材的复合材料，原理如下。

| 陶瓷骨材 | + 环氧胶底材 | = 复合材料成品 |
|---|---|---|
| • 耐磨性：极优 | • 一般 | • 耐磨性极优 |
| • 易脆/易裂 | • 可吸收能量 | • 有韧性，抗冲击 |
| • 不易成形 | • 易于成形 | • 易于成形 |
| • 黏附性差 | • 极优 | • 极优 |
| • 耐高温 | • 中度 | • 中度 |

吸取陶瓷材料与聚合物的优点构成的复合材料耐磨性是碳钢、耐磨铸铁的2～8倍。例如在九江石化总厂一台离心泵涡形体、泵盖内壁严重冲蚀磨损，深度1～20mm 不等，1994 年 6 月用 TS218 修复，1996 年 8 月拆卸检查，胶层仅磨损0.5mm，目前该泵仍在使用中，大大延长了该泵的使用寿命。陶瓷填充的环氧胶用于离心泵、泥浆泵的预保护和修复涂层见图 5-22。

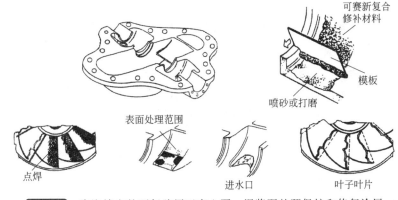

图 5-22　陶瓷填充的环氧胶用于离心泵、泥浆泵的预保护和修复涂层

#### 5.2.6.4 运输带及橡胶制品的粘接与修补

聚氨酯是柔性胶黏剂，冲击强度好，剥离强度高，用于运输带及橡胶制品的粘接与修补，典型应用见图 5-23。

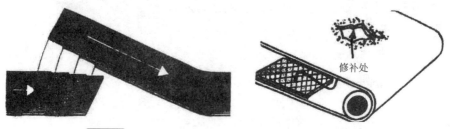

图 5-23 聚氨酯用于运输带及橡胶制品的粘接与修补

# 5.3 工程胶黏剂在电子、电器工业中的应用

## 5.3.1 概述

电子工业各类电子设备（包括军事电子装备）、仪器仪表及其元器件和电子材料的生产制造中，胶黏剂的应用有着重要而特殊的作用。由于电子电器尤其是军事电子装备向小型化、轻量化、多功能、高性能发展，必须采用新型的粘接工艺和胶黏剂。如胶黏剂除可满足不同粘接强度的要求，有高强度、中强度；还可按生产工艺需要，设计高温、中温和室温固化；还有耐高温和超低温以及具有绝缘性、导电性、导磁性、导热性、阻尼性、吸收微波功能等性能各不相同的胶黏剂，可粘接各种性质各异、厚薄不均、大小不同乃至于微小的两种材料，达到以粘代焊、以粘代铆、以粘代螺纹连接、以粘代静配合的目的，可大大简化工艺、降低成本、缩短生产周期、提高生产效率。

电子设备和元器件为保证其电性能的稳定及在各种恶劣环境下正常有效地工作，必须采用先进的技术措施提高其绝缘性和环境适应性。通常的方法是采用胶黏剂进行绝缘防潮密封，以阻止外部灰尘、潮气、盐雾的侵入，并防止元器件为机械振动、冲击所损伤或达到隔音、隔热和阻燃作用等。

目前在电子工业领域，从各种雷达、导航，到通讯、广播电视、仪器仪表、大型计算机；从晶体管、大规模集成电路、印制电路板、接插件，到变压器、微特电机、微电子器件等的生产，都广泛地应用各种粘合密封材料。工程胶黏剂在电子/电器工业中用途主要有：

① 元器件灌封；

② 芯片包封、COB 包封；

③ PCB 板覆膜；

④ 芯片粘贴；

⑤ 元器件密封、固定；

⑥ 导电、导热粘接；

⑦ 结构件粘接。

#### 5.3.1.1　电子电器工业应用的工程胶黏剂种类

电子电器工业应用的工程胶黏剂种类见表 5-10。

表 5-10　电子电器工业应用的工程胶黏剂种类

| 工程胶黏剂类型 | 主要用途 |
| --- | --- |
| 环氧类（单/双组分） | ①灌封、包封（包括 COB）；②粘接、固定；③SMT 贴片、底部填充、裸芯片粘接；④导电、导热 |
| 有机硅类（单/双组分） | ①灌封、包封；②粘接、固定；③电子装置抗辐射/抗静电；④导电、导热 |
| UV 胶 | 灌封，粘接，密封，覆膜 |
| SGA | 粘接，固定 |
| 瞬干胶 | 粘接，固定 |
| 厌氧胶 | 粘接，密封，螺丝锁固 |
| 聚氨酯类（双组分） | 灌封 |

#### 5.3.1.2　电子电器工业工程胶黏剂的用胶点

电子电器工业工程胶黏剂的用胶点见表 5-11、表 5-12。

表 5-11　电子元器件封装及 PCB 板保护用胶点

| 元器件封装及 PCB 保护 | 应用部位与胶种 |
| --- | --- |
| PCB 线路板保护 | ①元器件固定：RTV 有机硅密封胶；②散热器连接：导热胶，导热膏；③共形覆膜：硅胶、UV、丙烯酸酯，聚氨酯等（刷涂、浸涂、喷涂等）；④跳线固定/线圈终端固定：瞬干胶、UV 胶 |
| COB 芯片包封 | 单组分中温固化环氧胶，手工点胶/自动点胶机，用于电子表、电动玩具、计算器、电话机、遥控器、PDA 等 PCB 上芯片包封 |
| SMT 贴片 | 单组分中温固化环氧胶，点胶（半自动/自动点胶机）或刮胶（移印） |
| 倒装芯片底部填充 | ①粘贴：单组分中温固化环氧胶，手工点胶/自动点胶机，用于各种倒装芯片、数据处理器、微处理器；②导电连接：单组分环氧导电银胶 |
| 裸芯片粘接 Die Attach | ①粘贴：单组分中温固化环氧胶、瞬干胶；②导电连接：单组分环氧银胶 |
| 液晶显示屏 LCD 封装 | ①封口：UV 胶，有一定韧性，粘接力好，耐酒精和水；②接脚（封 PIN）：UV 胶(3)导电粘接：单组分环氧导电胶 |
| 发光二极管 LED 封装 | ①灌封：环氧、有机硅、UV 胶，要求透明，透光率 98%；②导电：单组分环氧导电银胶，点胶/刮胶 |
| 继电器/开关封装 | ①封边：UV 胶；②灌封：单/双组分环氧胶 |
| DC/DC 电源模块封装 | 灌封：加成型 1∶1 中温固化硅橡胶 |

| 元器件封装及 PCB 保护 | 应用部位与胶种 |
|---|---|
| 晶体谐振器 | 导电粘接：单组分环氧导电胶 |
| 电感器 SMD 封装 | ①线圈固定：瞬干胶、UV 胶；②磁芯粘接、接脚固定：单/双组分环氧 |
| 端脚板封装 | UV 胶、环氧胶 |
| 光盘/磁盘驱动器 | 光头固定：瞬干胶、UV 胶等 |
| 电子装置防电磁波辐射 | EMI SHIELDING：导电硅橡胶 |
| 微电机(马达)装配 | ①磁钢粘接：厌氧结构胶、单/双组分环氧胶、AB 胶（SGA）；②平衡胶：单/双组分环氧胶、UV 胶；③轴承固定：厌氧胶；④导线固定：单组分环氧胶、UV 胶；⑤端盖与外壳的密封：RTV 有机硅密胶胶 |
| 扬声器(喇叭，耳机)传话器(麦克) | ①硬件粘接(磁钢等)：AB 胶、厌氧胶；②软件粘接(纸盆等)：氯丁胶、瞬干胶；③八字线固定：RTV 有机硅密封胶、UV 胶 |
| 整流器/蜂鸣器灌封 | 单/双组分环氧胶 |
| 汽车点火线圈灌封 | 单/双组分环氧胶 |
| 变压器、互感器等线圈的灌封、磁芯粘接、跳线固定 | 单/双组分环氧胶，UV 胶 |
| 电容器、传感器等封装 | 单/双组分环氧胶 |

表 5-12 信息产品/家用电器装配用胶点

| 信息、家用电器 | 应用部位与胶种 |
|---|---|
| DVD 机及光盘/数码音响系统 | ①DVD 激光头粘接(透镜的固定)、调节盘固定：UV 胶，透明环氧胶；②马达磁钢粘接：厌氧结构胶、单/双组分环氧胶、AB 胶（SGA）；③DVD 光盘粘接：UV 胶；④扬声器组装：AB 胶、厌氧胶、UV 胶、RTV 有机硅密封胶 |
| 电视机(显像管/液晶) | ①高压包灌封：环氧树脂；②导线固定：RTV 有机硅密封胶；③液晶显示屏 LCD 封口、接脚(封 PIN)、导电粘接：UV 胶、导电胶 |
| 数码相机/摄像机 DV | ①透镜的固定：UV 胶；②PCB 板上芯片包封：单组分环氧胶；③液晶显示屏 LCD 封口、接脚(封 PIN)、导电粘接：UV 胶、导电胶 |
| 移动电话 | ①液晶显示屏 LCD 封口、接脚(封 PIN)、导电粘接：UV 胶、导电胶；②蜂鸣器磁铁的粘接：单组分环氧胶；③各种芯片的固定：导电胶、环氧胶 |
| 电话交换机 | ①散热器连接：导热胶，导热膏(非固化型)；②SMT 贴片 |
| 智能卡(IC 卡) | ①单组分环氧、UV 胶、热熔胶、瞬干胶；②导电胶(单组分环氧) |
| 电脑(台式/笔记本/PDA) | ①光盘/磁盘驱动器：瞬干胶、UV 胶；②散热片：导热胶；③液晶显示屏 LCD 封口、接脚(封 PIN)、导电粘接：UV 胶、导电胶 |
| 计算器/游戏机 | ①PCB 上芯片包封：单组分环氧胶；②液晶显示屏 LCD 封口、接脚(封 PIN)、导电粘接：UV 胶、导电胶 |
| 汽车导航系统 | ①PCB 上芯片包封：单组分环氧胶；②SMT 贴片：单组分环氧胶；③晶体谐振器导电粘接：单组分环氧导电胶 |
| 电池/充电器 | ①PCB 上芯片包封：单组分环氧胶；②电池密封：厌氧胶 |
| 电动玩具 | ①芯片 COB 包封：单组分环氧胶；②零件粘接固定：瞬干胶、SGA、UV 胶等 |

| 信息、家用电器 | 应用部位与胶种 |
|---|---|
| 电子表 | ①芯片COB包封:单组分环氧胶;②表盘粘接:UV胶、SGA、透明环氧胶 |
| 电子秤 | 玻璃板与金属脚粘接:UV胶 |
| 吸尘器 | ①底板密封:RTV有机硅密封胶;②螺栓固定:厌氧胶;③标牌粘接:快固环氧胶、SGA、瞬干胶 |
| 洗衣机/干衣机 | ①变速器:平面/法兰密封(RTV有机硅密封胶),金属齿轮片与箱体密封(厌氧胶);②马达:磁铁粘接、轴承保持、螺栓固定(厌氧胶);③泵/马达搅拌器:螺栓固定(厌氧胶);④皮带轮固持:厌氧胶 |
| 冰箱/冷藏箱/空调器 | ①拉门:门的平面密封(RTV有机硅密封胶),螺栓固定(厌氧胶);②空压机/马达:磁铁粘接、轴承固持、螺栓固定(厌氧胶) |
| 洗碗机 | ①变速器:平面/法兰密封(RTV有机硅密封胶);②泵/马达搅拌器:螺栓固定;③马达:标牌粘接,轴承固持、螺栓固定(厌氧胶);④面板装配:面板粘接、平面密封(RTV有机硅密封胶) |
| 热水器 | ①阀门密封:厌氧胶;②底盘密封(RTV有机硅密封胶),桶底密封(RTV有机硅密封胶) |
| 炉灶(燃气/电) | ①控制面板:螺栓固定(厌氧胶);②烹调顶板:密封(RTV有机硅密封胶);③阀门密封:厌氧胶 |
| 电磁炉/微波炉 | 零件密封、粘接:RTV有机硅密封胶 |

## 5.3.2 电子元器件和模块灌封

电子元器件如整流器(桥式电路)、蜂鸣器、变压器、互感器、高压线圈、电容器、滤波器、传感器、电感器SMD、继电器、电子开关、汽车点火线圈、LED、DC/DC模块(见图5-24)等都需要灌封,以达到防潮、绝缘等目的。目前用的灌封胶有环氧树脂、有机硅、聚氨酯等。

**图5-24** 电子元器件和模块灌封

### 5.3.2.1 灌封胶的选用

(1)环氧树脂灌封胶 环氧树脂由于它的优异的电性能,机械性能及良好的工艺性,因而在电子工业中大量地应用于灌封料。环氧树脂是一种热固性的聚合物，品种很多，通常使用的、最早为人们所熟知的是双酚 A 型环氧树脂（如E-44、E-51）。近年来，为满足电子工业生产的需要，许多不同性能的新品种不断出现，有耐热性的脂肪族环氧树脂、耐低温性缩水甘油酯环氧树脂、低黏度环氧树脂、韧性环氧树脂、透明环氧树脂、阻燃性环氧树脂、高纯度双酚型环氧树脂等。

众所周知，环氧树脂必须与固化剂配合，在一定的条件下交联固化才能具有实用价值。因此，固化剂的性能直接影响固化产物的性能。应合理地选择环氧树脂的种类及不同结构类型的固化剂方可达到预期效果，获得优异的性能。

（2）RTV 室温固化硅橡胶 硅橡胶是以—Si—O—链为分子主链的弹性聚合物，根据分子结构中取代基 R 和 R′ 的不同及端基的不同，硅橡胶分为许多品种。主要有二甲基硅橡胶、甲基乙烯基硅橡胶、甲基苯基乙烯基硅橡胶、氟硅橡胶、腈硅橡胶、硼硅橡胶、室温硫化硅橡胶等。电子工业中常用室温固化硅橡胶（RTV）。

室温固化硅橡胶是低分子量（2 万～15 万）两端带羟基的线形硅氧烷。同一般橡胶具有弹性外，尚有突出的耐高温（可耐200℃以上）和耐低温性能，优异的电气性能和防潮湿性能。室温固化硅橡胶分单组分和双组分胶。主要用于各种电子元件及组合件的绝缘、防潮、防震、密封等。

由于它具有良好的耐高（低）温（－60～＋200℃）、耐臭氧、耐大气老化、防潮、防震和优异的电气性能，并具有操作简便，易于灌封涂覆，可深部固化、线收缩率低，无毒，无腐蚀，尚具有良好的物理机械性能和对异种材料表面的粘接性能，所以被广泛用于电子工业上作为涂覆、封装材料，在仪器绝缘包封、航空航天电子产品小体积高压电源和印制电路板的固体封装方面应用效果较好。还可用于粘接加热片、封装低温元件、局部防热密封材料等。它还可以掺入适量银粉等作为导电胶使用。

被封装、涂覆或粘接的电子元器件表面应清洁，除去油污、蜡质或杂质。按配比将两组分充分混合均匀，在真空中排出胶液气泡（要间歇地抽气和放空），即可进行使用操作（若是灌封件，在倒胶料后，还需在真空下将灌封件的气泡排出），固化后即得到基材有较好粘接性的透明弹性体。

（3）聚氨酯灌封胶 一般为双组分，固化快，弹性好，粘接强度高，可制成透明、黑、白多种颜色。

### 5.3.2.2 灌封工艺

（1）环氧树脂灌封胶电子元器件灌封典型工艺 环氧树脂灌封小型敞开式变压器工艺适用于航空机载及地面使用的电子设备、雷达设备中各种小型敞开式变压器和小型零部件之灌封防潮处理。工艺过程见表 5-13。

表 5-13　灌封工艺规程

| 工序 | 技术要求 | 温度/℃ | 时间/h |
|---|---|---|---|
| 模具准备 | ① 将灌封配套用的模具表面用汽油清洗干净晾置;<br>② 将配制好的脱模剂薄而均匀地涂于凹模表面,然后置于 50～60℃左右烘箱中保温 30min,使脱模剂扩散分布均匀后,取出备用 | — | — |
| 零件的预处理 | ① 用毛刷或压缩空气去除零件表面灰尘或它物;<br>② 以直径 0.5mm 漆包线或编织线焊接在变压器绕组的引出线上,做灌注后零件的引出线并使位置垂直向上不得晃动;<br>③ 用兆欧表测定绕组间、绕组和铁芯间的绝缘电阻不得低于 $1×10^2 MΩ$;<br>④ 将测定合格的零件端正地放入凹模,再置于电烘箱内升温至 110℃±5℃ 干燥 4～10h(视零件体积大小而定) | 110±5 | 4～10 |
| 配制灌封料 | ① 视所需用量按 100g 环氧树脂和 45g 顺丁烯二酸酐的质量比分别称量。然后将环氧树脂置于干燥箱内进行除潮处理,温度 120℃,时间 2～4h;<br>② 待环氧树脂除潮处理快结束时,将固化剂置于烘箱中(120℃)加热熔化;<br>③ 将熔化后的固化剂和环氧树脂混合并搅拌均匀,待用 | 120 | |
| 灌封 | ① 从烘箱中取出预先干燥后的零件和模具,并再次校准其在凹模中的位置;<br>② 将配好的灌封料徐徐倾入凹模,并使灌注液面略高于凹模壁。倾入速度的大小,以控制灌封料温度110℃并不产生气泡为宜;<br>③ 去除气泡,一为抽真空,二为火焰法,前者效果优于后者,视具体情况而定,以无气泡存在为原则 | 110 | |
| 固化 | ① 将完成上道工序的零件连同模具置于烘箱中,并按右列温度和时间进行固化处理。保温时间不包括升温时间;<br>② 固化过程中,严禁打开干燥箱 | 60<br>120 | 5<br>10 |
| 冷却脱模 | ① 完成上道工序后即关闭电源使零件随烘箱冷却至室温,然后再停放 4h 左右方能取出零件,以免零件开裂;<br>② 将彻底冷却至室温的零件取出脱模,脱模时不得使零件表面造成机械损伤 | — | — |

试验和实际使用证明,航空机载和地面使用的电子设备及雷达设备中各种小型敞开式变压器,经环氧树脂灌封处理后,均具有较高的防潮性能,显著地提高了该类零件在高温高湿等恶劣气候条件下的工作可靠性和寿命。

(2) 双组分 RTV 有机硅密封胶典型灌封工艺　真空灌封的工艺过程见图 5-25。

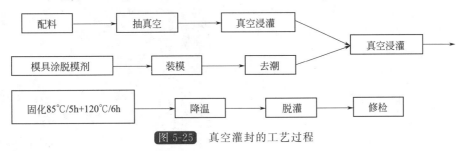

图 5-25　真空灌封的工艺过程

## 5.3.3　印刷线路板共性覆膜与元器件固定

### 5.3.3.1　线路板覆膜

为了使线路板上元器件能防震、绝缘、防潮,往往给线路板覆膜,覆膜胶有

RTV 有机硅胶、聚氨酯、丙烯酸酯、UV 胶等，施工方法有浸涂、刷涂、喷涂等，见图 5-26。

图 5-26　线路板覆膜

#### 5.3.3.2　元器件固定

在 SMT 焊接工艺完成后，为了使元器件能防震、绝缘、防潮，特别是对线圈类元器件，要使其固定密封，还需采用一种起定位密封作用的胶黏剂。定位密封胶应具备以下特性。

① 适当的黏度，便于施胶操作；

② 防震、防潮、绝缘性能良好；

③ 表面干燥时间不宜太短，通常以 30min 左右为宜，以便在此期间尚可对线圈类等元器件进行调整；

④ 根据产品需要，有时需采用完全固化的胶黏剂，有时则需采用不干胶类型，以利于元器件的替换和维修。

各种合成橡胶和聚酯可作为定位密封胶的粘料，这类胶耐寒性、气密性和电绝缘性都高，粘接强度和伸长率也较高，这类胶在作定位密封胶使用时都需配制成溶剂型胶黏剂，当黏度变化时，可随时用溶剂稀释。施胶时采用气压注射设备以及喷壶、毛笔或刷子进行手工涂布。

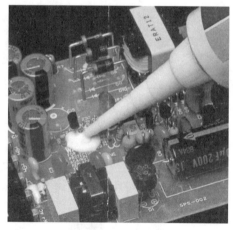

但由于这类胶含有溶剂，对大气和人体有害，有被 RTV 有机硅胶替代的趋势。作为定位密封使用单组分室温硫化硅橡胶，具有良好的电绝缘性、粘接性，塑料圆筒包装，可直接施胶（见图 5-27）。

图 5-27　元器件固定

### 5.3.4　芯片封装与包封

COB包封胶专门用于线路板板载芯片（Chip on Board）的保护，保护金线与硅片免受机械、腐蚀及电器接触的损坏。COB包封胶分冷胶和热胶，热胶使用时PCB板要预热至120℃左右，成型性好，目前使用较多。包封胶属于单组分环氧胶，一般要5℃贮存，在150℃加热固化15～30min。目前已开发出UV固化的包封胶，瞬间固化，生产效率更高。

COB包封见图5-28。

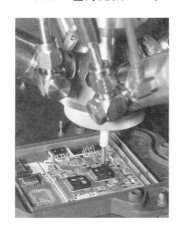

图 5-28　COB芯片包封

### 5.3.5　元器件贴装与芯片底部填充

#### 5.3.5.1　元器件贴装

随着微电子技术的不断发展，电子产品也正向着高功能、高密度、高可靠性、小型化发展，电子元器件向集成化、微型化发展。大量的片状元器件用于电子产品，使电子行业的整机装配技术发生了一系列变革，贴装元件和表面贴装技术就是其中最显著的变革之一。

贴装元器件可分成两大类。

① 表面贴装元件（SMD）有电容器、电阻器、电感器、晶体滤波器、半导体晶体管等；

② 表面贴装组件（SMC），它主要以集成电路为基本元器件进行各式封装。

贴装元器件的体积很小，现在常用的长方体元器件尺寸为3.2mm×1.6mm×0.6mm、2.0mm×1.25mm×0.5mm。

20世纪80年代中期又有1.6mm×0.8mm×0.4mm和1.0mm×0.5mm×0.25mm规格投入市场，2000年后大量使用0.25mm×0.25mm×0.2mm尺寸规

格产品。又由于充分利用空间减少安装面积和提高焊接的可靠度，贴装元器件采用倒装式，其引出线直接做在基板上与印制电路板在装配时可紧密贴合，故贴装元器件又称无引线元器件或片状元器件。

所谓用表面贴装技术乃是指特定的微型元器件的焊接（粘接）面与印制电路板或其它基板焊接（粘接）面直接连接的装联技术。其具体内容包括贴装元器件（SMC）、贴装技术（SMT）、贴装设备（SMM）三个方面。

（1）元器件的贴装　元器件的贴装形式有自动贴装和人工贴装。采用高速自动贴片机可大大提高贴装速度和可靠性，贴装速率可达 0.3 秒/片。

SMT 就其焊接过程而言，典型的工艺过程是：刷焊膏（或点胶）→贴放元器件→焊接（或胶层固化）→清洗→检查。

在整个表面安装过程中，粘接贴装是其中比较关键的工序，除精确的点胶和放置定位设备外，胶黏剂（贴片胶）的质量必须严格控制，才能保证贴装产品高质量的要求。

（2）贴片胶的特性和工艺要求　对 SMT 工艺过程最重要的是贴装胶，又称贴片胶，有面组装元器件胶黏剂或片式元器件胶黏剂。它主要与波峰焊工艺相配合，既适用于单面组装，也适用于通孔插装和表面组装的双面混装，还可用于波峰焊和再流焊的双面表面组装。

从 SMT 的工艺要求出发，它应具备以下特性。

① 稳定的单组分体系。在 SMT 开发初期，曾采用双组分贴装胶，即将粘料与固化体系分开保存，使用时再按一定比例混合。随着 SMT 的不断发展及生产速度的加快，这种临时混合的操作不仅手续麻烦，浪费时间，而且常因粘料和固化体系配比不准而影响胶的性能。目前，在 SMT 的工艺中都采用单组分贴装胶，省时间、便于操作，且产品质量稳定。

② 工艺性好，合适的黏度。贴装粘接度要适用于针式、加压注射和丝网印刷等多种施胶方式，并能满足不同设备、不同施胶温度的需要。如黏度过大，在点胶过程中会出现拉丝现象，甚至沾污焊盘影响可焊性；黏度大还会使胶点不光滑出现锯齿状，不利于安放和粘接元器件。能应用于方形、片状、圆形、柱状等多种形状元器件的粘接；能满足由微电脑控制的自动点胶臂点胶法的条件；黏度具有可调性，室温使用寿命要长，点胶量要适当。胶的黏度和点胶时的温度直接影响点胶量。一般情况下，点胶时的温度应恒温在 25～30℃ 之间为好。点胶针管内径大小要适当。一个点的针管为 $\phi 0.7～0.8mm$；两个点的针管 $\phi 0.3～0.4mm$。点胶的位置要定位精确，点的大小要适当，胶的位置应于元件位置正中央处，一般位移不得超过 0.5mm。

胶液应有可清洗性，便于流水线产品的维修和工具的清洁处理。

③ 低的塌落度。贴装胶应有良好的触变性，触变指数一般以 3～6 为宜。胶

点在 PCB 上应保持原有的形态、不塌落，在贴片和固化过程中不流淌，以免出现虚焊或漏焊现象。贴片后的胶液一般不能外流，特别是绝对不能向两端焊点处溢流，以免影响焊接质量。

④ 可鉴别的颜色。贴装胶应具特有的颜色，以便对漏贴、漏焊、胶流水到片式元器件周围等现象进行目测检查。通常贴装胶为红色、黄色或白色，能引起视觉的注意。加入的颜料不应参与贴装化学反应，而且其色泽应具有稳定性。

⑤ 快速固化。贴装前应在尽可能低的温度下以最快速度固化。这样可以避免 PCB 翘曲和地器件的操作，也可避免焊盘氧化，还可节省能源，缩短时间，提高生产能力。

在 20 世纪 80 年代中期，我国引进了多条彩色电视机电子调谐器的 SMT 生产线，所用贴装胶的固化温度为 150℃、固化时间为 20min。近年开发的贴装前已达到在固化温度 150℃下，固化时间小于 3min 即能固化的水平。固化时间太长、温度过高，对印制电路板和元器件均有影响。

⑥ 贮存稳定。对于单组分胶黏剂，不仅要求快速固化，而且还要求贮存稳定，有较长的贮存期，这是贴装胶最关键的特点。通常的贴装胶要求在室温下能贮存 1~1.5 个月，5℃以下贮存期为 3~6 个月。

⑦ 粘接强度适中。在贴装胶固化后，其粘接强度既不能太高又不能太低。在波峰焊前，应能有效地固定表面组装元器件，波峰焊后贴装胶的作用已完成，要求粘接强度偏低，便于检修时替换不合格的元器件。贴装胶的剪切强度通常为 6~10MPa。

⑧ 耐高温。固化后贴装胶能短时间承受焊接，特别是波峰焊所需的高温，从 240~260℃温度下维持 15s 左右，贴装胶不分解，不致产生元器件脱落现象。耐高温且粘接强度要大，由于贴片后经波峰焊高温 250℃左右元件不能脱落。

⑨ 良好的电性能。固化后的贴装胶电性能应优良。通常贴装胶所粘接的元器件处于高频区，要求贴装胶应有低的介电损耗、高的体积电阻率和表面绝缘电阻值。介电损耗 $tg\delta < 0.02$（1MHz）；体积电阻率 $\rho_v \geqslant 1 \times 10^{13} \Omega \cdot cm$；表面绝缘电阻 $R_s \geqslant 1 \times 10^{12} \Omega$。绝缘性能良好，体积电阻系数 $\geqslant 10^{13} \Omega \cdot cm$；

⑩ 化学性能稳定，不会放出气体。贴装胶在固化过程中不会产生气体，出现气孔，影响电性能，也不会腐蚀元器件和 PCB，与焊剂、阻焊剂和清洗剂不发生反应。另外，从环境保护和安全的角度考虑，贴装胶还应无毒、无臭、不具挥发性，对环境和人体安全无害，有时还要求贴装胶具有阻燃性。

（3）贴片胶的组成　目前，贴片胶多为引进国外生产线时由外方提供，市场上供应的贴片胶有美国 Loctite 公司 Chipbonder 系列贴装胶、美国 Ciba（汽巴）公司 Epibond 系列贴装胶、德国 Heraeus（贺利氏）公司 PD 系列贴装胶、日本富士公司 MR 系列贴装胶等。贴片胶主要有环氧树脂、填料、颜料和固化剂、促进剂组成，近年来，国内报道已研制出数种贴片胶用于电子行业生产。其中有单组分中温固化耐高温环氧型贴片胶，质量可靠。点胶可采用针头传送器、气动贴片机或丝网印制。

（4）贴片胶的施胶方式　贴片胶的施胶方式主要有以下三种。

① 针式转移。先将针定位在贴装胶容器上面；使针头浸入贴装胶中；当针从贴装胶中提起时，由于表面张力的作用，使贴装胶黏附在针头上；然后将粘有贴装胶的针在 PCB 上方对准焊盘图形，要对准所要安放元器件的中心，再使针向下移动直至贴装胶接触焊盘，而针头与焊盘保持一定间隙；当针提起时，由于贴装胶对非金属 PCB 的亲和力经对金属针的亲和力要大，部分离开针头留在 PCB 焊盘上。

实际应用中，针式转移都是采用矩阵式，同时进行多点施胶。

针式转移在手工施胶工艺中应用较多，也可采用自动化的针式转移设备，其成败取决于贴装胶的黏度以及 PCB 的翘曲状态。针式转移的优点是能一次完成许多元器件的施胶，设备投资少，但施胶量不易控制，且胶槽中易混入杂质。

② 加压注射。又称注射式点胶或分配器点涂，是贴装胶最常采用的施胶方式。先将贴装胶装入注射器中，施胶时从上面加压缩空气或用旋转机械泵加压，迫使贴装胶从针头排出，滴到 PCB 要求的位置上。

气压、温度和时间是施胶的重要参数，除控制进气压力、施胶时间外，贮胶器往往还需带控温装置，以保证胶的黏度恒定。这些参数控制着施胶量的多少、胶点的尺寸大小以及胶点的状态，气压和时间调整合理，可以减少拉丝现象，而黏度大的贴装胶而易形成拉丝，黏度过低又会导致胶量太大，甚至出现漏胶现象。为了精确调整施胶量和施胶位置的精度，还可采用微机控制，以便按程序自动进行施胶操作。

加压注射的特点是适应性强，特别适用于多品种的产品；易于控制，可方便地改变胶量以适应大小不同元器件的要求；且贴装胶处于密封状态，性能稳定。

③ 丝网印刷。由于丝网印刷在涂胶的工艺中用得更为普遍，在完成贴装胶施胶工序后，要根据产品精度、生产量大小以及所具备的设备和工艺条件，采用人工、半自动或全自动等方式贴装元器件，然后再进行贴装胶固化，使元器件固定于印制板上。

（5）贴片胶的固化　在 PCB 上施加贴装胶并安放元器件后，应尽快使贴装胶固化。固化的方式很多，有热固化、光固化、光热双重固化和超声固化等，其中光固化很少单独使用，磁场固化通常用于含封存型固化剂的贴装胶。最常用的固化方式是热固化。热固化按设备情况又可分成烘箱间断式热固化和红外炉连续式热固化。

烘箱固化即是将一定数量已施胶并贴装的 PCB 分批放在料架上，然后一起放入已恒温的烘箱中固化，通常温度设定在 150℃ 为宜，以防 PCB 和元器件受损。固化时间可以长达 20～30min，也可缩短至 5min 以下。采用的烘箱要带有鼓风装置，使形成对流，避免上下层有温差，并使温度恒定。烘箱固化操作简便、投资费用小，但热能损耗大，所需时间长，不利于生产线流水作业。

红外炉固化也称隧道炉固化，目前已成为贴装胶最常用的固化方式。所用设备不仅适用于贴装胶的固化，而且还可用于焊膏的回流焊。由于贴装胶对特定的红外波长有较强的吸收能力，在红外炉中只需较短的时间即可固化。红外炉固化热效率高，对生产线流水作业较为有利。

随着贴装胶性能的差异以及红外炉设备的不同，红外炉所采用的固化曲线也不同。

(6) 贴装胶使用过程的注意问题。

① 贴装胶应在 5℃ 以下的冰箱内低温密封保存。

② 使用时从冰箱取出后，使其与室温平衡再打开容器，以防胶结霜吸潮。

③ 使用后留在原包装容器中贴装胶仍要低温密封保存。

④ 贴装胶用量应控制适当，用量过少致使粘接强度不够，波峰焊时易丢失元器件，用量过多会使胶流到焊盘上，妨碍焊接，给维修工作带来不便。

### 5.3.5.2 芯片底部填充

芯片底部填充（Underfills）专门用于芯片保护，底部填充胶一般为低黏度单组分环氧胶，胶液在毛细作用下流入芯片底部，加热固化，从而保护芯片底脚。

芯片的粘接定位是借助于自动（手动）的点胶设备之针头挤出（注射）一滴直径约 0.076mm 这样微小的一滴胶液，精确地滴于基片上规定的位置，因而要求胶黏剂必须有如下的特性。

① 流动性好，可填满基片之间的空隙，形成紧密的粘接；

② 低表面张力，以能充分润湿基片表面和形成致密的接触；

③ 胶液与基（晶）片之间的黏附力必须大于针头内余胶的内聚力及与针管的亲和力。这是为使胶液沾滴基片表面后，能在细长的胶体内自行截断，不致发生拉丝现象；

④ 胶液固化后应有足够的粘接强度，甚至超过基片材质的强度。

芯片的底部填充与固化如图 5-29 所示。

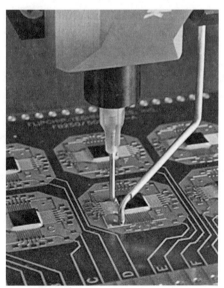

图 5-29　芯片的底部填充与固化

### 5.3.6 LCD 与触摸屏的装配

#### 5.3.6.1 LCD 的装配

笔记本电脑、液晶电视等液晶显示屏，LCD 应用越来越广，LCD 封装主要用 UV 胶和单组分各向异性环氧导电胶。

① UV 用于 LCD 液晶封口　要求胶液与液晶不起反应，固化后胶层耐水煮。

② UV 胶用于 LCD 接脚。

③ 单组分各向异性环氧导电胶用于导电粘接。

④ 单组分环氧胶或 UV 胶用于主板边框密封。

⑤ UV 胶用于柔性线路板和薄膜电极的保护。

LCD 封装用胶点如图 5-30 所示。

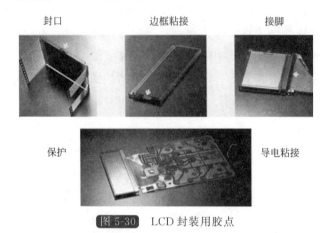

封口　　边框粘接　　接脚

保护　　导电粘接

图 5-30　LCD 封装用胶点

#### 5.3.6.2 触摸屏的装配

触摸屏的应用越来越多，如智能手机、PAD 都采用触摸屏，笔记本电脑甚至电视机应用触摸屏的也越来越多。目前触摸屏市场主要有电阻式和电容式两种。触摸屏由两片玻璃贴合而成，中间就是通过液态光学 UV 胶或双面胶带粘在一起的。相对于 OCA 胶带，LOCA 液态光学 UV 胶的优势在于更强的粘接力，可以灵活控制的胶层厚度，更好地解决大中屏幕的贴合，减少光线折射，消除彩虹纹等视觉现象，增强显示的对比度，减少电池消耗量等。

（1）LOCA 胶的性能要求　一般 LOCA 胶水一般较软，需要 80% 以上的伸长率，拉伸强度大于 2MPa，电阻率大于 $10^{11}\Omega$，HAZE（雾度测试）要求在 0.5% 以下。

（2）粘接工艺　触摸屏用 LOCA 胶的点胶与固化流程见图 5-31，采用的是自动点胶与压合。

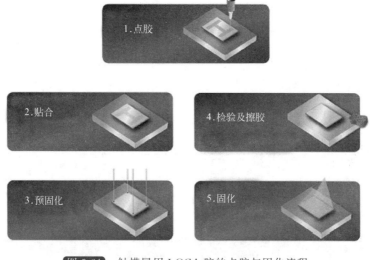

图 5-31　触摸屏用 LOCA 胶的点胶与固化流程

## 5.3.7　扬声器装配

扬声器（喇叭）装配用到的工程胶黏剂包括丙烯酸酯结构胶（SGA）、氰基丙烯酸酯瞬干胶（CA）、厌氧胶（AN）、环氧胶（EP）、紫外线固化胶黏剂（UV）等。

扬声器（喇叭）装配的用胶点及所用的胶种见图 5-32。

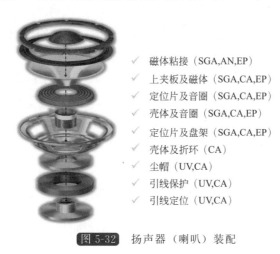

✓　磁体粘接（SGA,AN,EP）
✓　上夹板及磁体（SGA,CA,EP）
✓　定位片及音圈（SGA,CA,EP）
✓　壳体及音圈（SGA,CA,EP）
✓　定位片及盘架（SGA,CA,EP）
✓　壳体及折环（CA）
✓　尘帽（UV,CA）
✓　引线保护（UV,CA）
✓　引线定位（UV,CA）

图 5-32　扬声器（喇叭）装配

## 5.3.8　微电机装配

微电机（马达）装配用胶点主要有以下几种。

① 转动轴与轴承的固定。用厌氧胶或 UV 胶。

② 平衡调整。用单组分环氧胶或 UV 胶。

③ 磁铁与外壳粘接。用 SGA、单组分环氧胶或厌氧胶结构胶。

④ 电线的固定与保护。用单组分环氧胶或 UV 胶。

⑤ 线圈的防护涂层。用单组分环氧胶。

⑥ 马达端盖与外壳密封。用 RTV-1 硅橡胶。

微电机（马达）装配用胶点如图 5-33 所示。

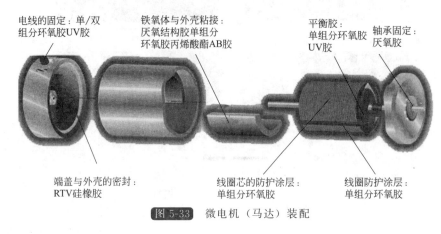

图 5-33　微电机（马达）装配

## 5.3.9　导电、导热粘接

### 5.3.9.1　导电粘接

（1）导电胶的组成　导电胶是导电性填料、胶黏剂、溶剂和添加剂组成。

① 导电性填料。常用的导电性填料有：金属粉、石墨粉、乙炔炭黑和碳素纤维等，其中以金属粉应用最为广泛。在金属粉中，金粉化学稳定性好，导电性高，但价格高昂，只能用于要求高度可靠性的航空、航天或军工等方面和厚膜集成电路上；铜粉、铝粉、镍粉则易氧化，导电性不稳定，而应用最多的是银粉。

银粉具有优良的导电性和耐腐蚀性，在空气中氧化极慢，故是较理想的导电填料。

银粉的大小和形状对配制导电胶的导电性能有很大影响。一般而言颗粒越小、形状不规则（如树枝状）其导电性能就越好。

银粉的缺点是密度大、易沉淀、迁移。由于迁移可引起绝缘不良，有人报道加入钯可防止迁移，加入少量 $V_2O_2$ 也可防止迁移。此外，选用玻璃化温度高、吸湿性低的树脂材料配胶也可以改善迁移。

碳、石墨等分散性较好，价格低，但导电性差（$\rho_v = 10^{-2} \sim 10^6 \ \Omega \cdot cm$），耐湿性不好。若非特殊原因，一般不使用。

② 树脂、溶剂和添加剂。常用的有单组分和双组分环氧树脂胶，因其固化物坚韧、耐磨和耐热，所以常用于硬件；丙烯酸类是单组分的胶黏剂，它具有通用性、弯曲性和粘接强度高的特点；酚醛类树脂可以专用于要求硬度高和耐磨的地方；聚氨酯用以既需弯曲、又极光滑的表面；聚酰亚胺为基础的树脂，可在高温使用。树脂常常可以并用或加增塑剂和添加剂改性。

使用时，可在胶液中加入稀释剂，以调节黏度及干燥速度，通常使用醇类、酸类溶剂较多。添加剂还有分散剂能使导电填料分散良好；调节剂可提高丝网的印刷性；补强剂可使附着力提高。添加剂的加入可以改进胶液的性能，但加入的量大了，对导电性有不良的影响，所以要尽量少用。

（2）导电胶的种类与应用

① 各向同性导电胶（Isotropically Electrically Conductive Adhesives，ICAs）。各个方向上都能导电，广泛用于电子工业中不允许锡焊的场合，典型的应用有芯片粘贴、原件与模块连接、表面贴装维修应用和电子装置防电磁波辐射。

② 各向异性导电胶（Anisotropically Electrically Conductive Adhesives，ACAs）。只在一个方向上导电，而在另外方向上电阻很大或几乎不导电，通常称为 z 轴导电胶，这种导电胶广泛用于 LCD 装配，由于它可以解决 LCD 装置和驱动模块间的导电连接，而锡焊不适合连接玻璃基材。

### 5.3.9.2 导热粘接

导热胶主要是在胶黏剂中加入导热填料，加入金属粉的导热胶导热性非常好，但绝缘性差；若要求既导热又绝缘，成本就比较高，一般碳酸钙、氧化硅、氧化铝填料可以使导热胶热导率达到 $0.5W/（m \cdot ℃）$；若要达到热导率 $0.8W/（m \cdot ℃）$以上，需采用氮化铝、氮化硅、氧化铍等填料，配制的导热胶价格很高。导热胶主要用于晶体管、微处理器与散热片之间的导热粘接（见图 5-34）。

图 5-34　导热粘接

### 5.3.10 手持设备外壳粘接及电器部件的粘接密封

#### 5.3.10.1 手持设备(笔记本电脑、平板电脑、手机)外壳的粘接

(1)笔记本外壳粘接 笔记本电脑外壳的用胶点和所用的胶种见图 5-35,主要有前盖、键盘和铝镁合金支撑件。采用的是 10:1 双针管包装的丙烯酸酯结构胶,施工过程是设备自动点胶,然后热压固化。典型热压条件是 60℃时 70s,或 90℃时 30s。固化后,粘接性能要求拉拔力≥25kgf(1kgf=9.8N),凿刀测试≥10kgf,摇摆测试≥15000 次,高低温测试-20℃(-60℃)/7d,湿热测试 60℃/95%RH/21d。

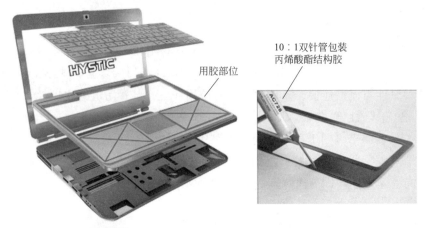

10:1双针管包装
丙烯酸酯结构胶

用胶部位

图 5-35 笔记本电脑外壳的用胶点和所用的胶种

(2)手机、平板电脑外壳粘接 手机、平板电脑外壳粘接用胶点见图 5-36,主要是前盖和后盖,采用的是 10:1 双针管包装的丙烯酸酯结构胶,施工过程是设备自动点胶。施工工艺包括涂胶、热压、整形、包装。典型热压条件是 60℃时 70s,或 90℃时 30s。固化后对胶黏剂性能要求的测试见表 5-14。

表 5-14 手机、平板电脑外壳的用胶固化性能要求

| 测试项目 | 样品状态 | 测试条件 |
| --- | --- | --- |
| 滚筒跌落 | 整机 | 0.5m,200 次,每 50 次检查一次 |
| 低温跌落 | 整机 | 大理石平台,-20℃储存 2h,高度 1m,6 个面 |
| 温度冲击 | 点胶后成品 | 70℃ 2h,-40℃ 2h,5 个循环 |
| | 整机 | 70℃ 1h,-40℃ 1h,24 个循环 |
| 交变湿热 | 点胶后成品 | +25~+55℃,95%RH,24h 一个周期,共 3 个周期 |
| | 整机 | 条件相同,2 个周期,48h |
| 拉拔力测试 | 整机及点胶后成品 | 参考测试项 |

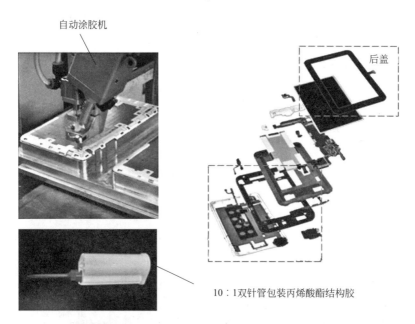

图 5-36　手机、平板电脑外壳的用胶点和所用的胶种

### 5.3.10.2　电器部件的粘接密封

吸尘器、洗衣机/干衣机、冰箱/冷藏箱/空调器、洗碗机、热水器（燃气/电）等都需要密封和粘接，其用胶点如下。

① 变速器。平面/法兰密封（RTV 有机硅密封胶），金属齿轮片与箱体密封（厌氧胶）；

② 马达。磁铁粘接、轴承固持、螺栓固定（厌氧胶）；

③ 泵/马达搅拌器。螺栓固定（厌氧胶）；

④ 皮带轮固持。厌氧胶；

⑤ 面板装配。面板粘接、平面密封（RTV 有机硅密封胶）；

⑥ 冰箱拉门。门的平面密封（RTV 有机硅密封胶），螺栓固定（厌氧胶）；

⑦ 阀门密封。厌氧胶；

⑧ 底盘密封（RTV 有机硅密封胶），桶底密封（RTV 有机硅密封胶）。

## 5.4　工程胶黏剂在新能源设备制造中的应用

### 5.4.1　概述

近年来，人们对能源和环保问题的关注程度日益加大，从而引领新能源产业快速发展。光伏组件和风机制造需要大量的工程胶黏剂，随着光伏发电和风力发电在能源消费结构中的比重进一步提高，相应产业对工程胶黏剂的需求将进一步增大。

### 5.4.1.1 新能源行业发展趋势

面对石化燃料日益枯竭的威胁以及日益严峻的环境污染形势，绿色能源特别是太阳能发电、风能发电等行业发展迅速，给工程胶黏剂的应用带来了良机。图5-37是世界能源发展趋势，可以看出，过去十几年和未来相当长的时间内光伏发电、风能发电将会高速发展。

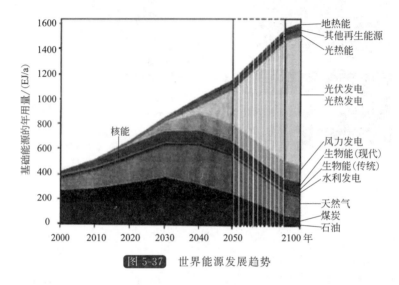

图 5-37　世界能源发展趋势

（1）光伏行业　作为可再生能源的重要应用领域，光伏发电在过去的10年中得到了快速发展，图5-38是2005～2015年全球光伏市场的装机规模。

根据太阳能行业研究机构 Solarbuzz 的统计资料，按交付到安装地的光伏组件

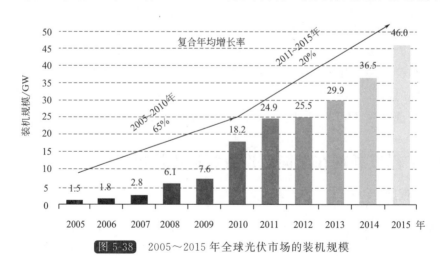

图 5-38　2005～2015年全球光伏市场的装机规模

容量计算，2005～2010 年全球光伏市场以 65％复合年均增长率高速发展，2010 年更是达到了创纪录的 18.2GW，比上年增加了 139％；除了传统的欧洲市场外，中国、日本、美国等市场也取得了飞速发展，2010 年分别实现增长 128％、101％和 96％。2011～2015 年全球光伏市场以 20％复合年均增长率增长，中国装机增长更快。世界能源组织（IEA）、欧洲光伏工业协会（EPIA）预测，到 2020 年全球光伏发电的发电量占发电总量的 11％，2040 年占总发电量的 20％。未来随着光伏组件成本的进一步下降和更多国家和地区相关产业支持政策的出台，全球光伏市场将继续保持快速的增长趋势。

2015 年年底中国光伏市场累计装机 43GW，根据中国"十三五"规划目标，中国光伏发电 2020 年累计装机目标是 150GW。在国际市场的拉动下，我国的光伏产业发展极为迅速，已成为世界光伏产业发展最快的国家之一，并已基本建立起从原材料生产到光伏系统建设等多个环节组成的完整产业链，产业规模的扩大和成本的下降为我国光伏发电的规模化发展奠定了良好基础。

（2）风能发电行业　世界各国尤其是美国和西欧国家为了替代传统能源，投入了大量经费研制现代风力发电机组，并出台了一系列支持风电发展的政策措施。在过去的 30 多年，风电发展不断超越其预期的发展速度，一直保持着世界增长最快的能源地位。图 5-39 是 2006～2015 年全球风能发电市场的装机规模。据全球风能理事会统计，2006～2010 年全球新增和累计装机容量复合年均增长率分别达到 28.0％和 27.7％。

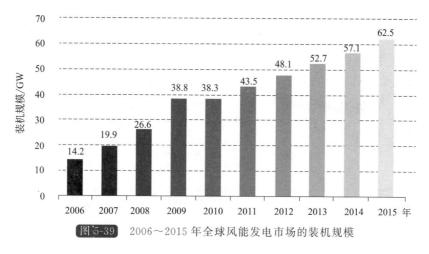

图 5-39　2006～2015 年全球风能发电市场的装机规模

近年来，特别是自 2006 年《可再生能源法》实施以来，我国的风电市场和风电产业发展十分迅速。中国风电市场 2006～2009 年连续四年实现累计装机容量翻番，2010 年新增装机容量约占全球新增容量一半，超越美国，新增和累计装机容量双居全球第一。2015 年新增装机 30.7GW，同比增长 32％，累计装机 145.3GW，同比增长 27％。

我国风力资源丰富，政府规划建设七大10GW级风电基地，2020年将实现总装机容量138GW。国家电网在2011年4月发布的《国家电网公司促进风电发展白皮书》中预测，到2020年将达到150GW以上。考虑到分布式风电等其他因素，实际装机容量将超过上述规模。

中国已成为世界主要的风电装备制造基地，目前全球前十大风机设备制造商中，中国本土厂商已占据四席，同时外国著名风机厂商也已在中国投资设厂。

中国风电行业的持续发展和风机企业逐步进入国际市场为风机设备制造过程中应用的工程胶黏剂提供了广阔的市场空间。每台1.5MW风机的叶片粘接平均需要环氧胶800～1000kg，同时风机制造过程中还有对有机硅胶等其他胶粘剂的需求。若考虑国外市场对我国风电装备的进口需求，未来风电用胶的需求量将更大。

### 5.4.1.2　新能源装备制造与装配应用的工程胶黏剂种类

新能源装备制造与装配应用的工程胶黏剂种类见表5-15。

表 5-15　新能源装备制造与装配应用的工程胶黏剂种类

| 工程胶黏剂种类 | 应用部位 |
|---|---|
| 环氧胶黏剂 | 风能发电装备风机叶片制作、结构粘接；光伏行业硅片切割定位 |
| 有机硅密封胶 | 光伏组件边框粘接、接线盒灌封与粘接；光伏发电厂组装；风能发电发电机、变速箱平面密封 |
| 聚氨酯胶黏剂 | 风能发电装备风机叶片结构粘接 |
| 第二代丙烯酸酯 | 风能发电装备风机叶片结构粘接 |
| 厌氧胶 | 风机发电装备螺纹锁固 |

### 5.4.1.3　新能源装备制造与装配行业工程胶黏剂的用胶点

新能源装备制造与装配工程胶黏剂的用胶点见表5-16。

表 5-16　新能源装备制造与装配行业工程胶黏剂的用胶点

| 装备种类 | 应用部位与用胶点 | 应用的胶黏剂种类 |
|---|---|---|
| 光伏发电装备 | 铝边框粘接 | 有机硅胶黏剂 |
| | 接线盒灌封与粘接 | 有机硅胶黏剂 |
| | 硅棒切割中的定位 | 环氧胶黏剂 |
| | 光伏电厂组装 | 有机硅胶黏剂 |
| | 逆变器装配 | 有机硅胶黏剂 |
| 风能发电装备 | 风机叶片制作 | 环氧胶黏剂 |
| | 风机叶片组装 | 环氧胶黏剂、丙烯酸酯胶黏剂、聚氨酯胶黏剂 |
| | 发电机、变速箱制造 | 有机硅密封胶、厌氧胶 |
| | 维修 | 环氧胶黏剂 |

## 5.4.2　工程胶黏剂在光伏发电设备制造中的应用

### 5.4.2.1　铝边框的粘接

光伏用有机硅密封胶的技术要求：铝边框粘接是光伏有机硅密封胶用量最大的领域，为了确保质量和安全，我国专门制定了强制性国家标准 GB/T 29595—2013《地面用光伏组件密封材料　硅橡胶密封剂》。该标准的规定的主要技术指标及试验方法见表 5-17。

**表 5-17**　光伏用有机硅密封胶技术要求

<table>
<tr><th colspan="2" rowspan="2">指标要求</th><th colspan="5">胶粘剂品种</th></tr>
<tr><th>边框密封剂</th><th>接线盒粘接剂</th><th>接线盒灌封剂</th><th>汇流条密封剂</th><th>薄膜组件粘接剂</th></tr>
<tr><td colspan="2">外观要求</td><td colspan="5">产品应为细腻、均匀膏状物或黏稠液体，无气泡、结块、凝胶、结皮</td></tr>
<tr><td colspan="2">黏度/(mPa·s)</td><td>—</td><td>—</td><td>15000</td><td>—</td><td>—</td></tr>
<tr><td rowspan="11">固化后产品性能</td><td>拉伸强度/MPa</td><td>≥1.5</td><td>≥1.5</td><td>—</td><td>—</td><td>≥1.5</td></tr>
<tr><td>100%定伸强/MPa</td><td>≥0.6</td><td>—</td><td>—</td><td>—</td><td>≥0.6</td></tr>
<tr><td>剪切强度(Al-Al)/MPa</td><td>≥1.5</td><td>—</td><td>—</td><td>—</td><td>≥1.5</td></tr>
<tr><td>体积电阻率/(Ω·cm)</td><td>≥1.0×10$^{14}$</td><td>≥1.0×10$^{14}$</td><td>≥1.0×10$^{14}$</td><td>≥1.0×10$^{14}$</td><td>—</td></tr>
<tr><td>击穿电压/(kV/mm)</td><td>≥15</td><td>≥15</td><td>≥15</td><td>≥15</td><td>—</td></tr>
<tr><td>RTI/℃</td><td>≥105</td><td>≥105</td><td>≥105</td><td>≥105</td><td>≥105</td></tr>
<tr><td>热导率/[W/(m·K)]</td><td>—</td><td>—</td><td>≥0.2</td><td>—</td><td>—</td></tr>
<tr><td>阻燃级别</td><td>满足要求</td><td>满足要求</td><td>满足要求</td><td>满足要求</td><td>满足要求</td></tr>
<tr><td>定性黏结性能</td><td>—</td><td>≥C80</td><td>≥C50</td><td>≥C50</td><td>—</td></tr>
<tr><td rowspan="6">环境试验后性能</td><td>拉伸强度/MPa</td><td>≥1.0</td><td>≥1.0</td><td>—</td><td>—</td><td>≥1.0</td></tr>
<tr><td>100%定伸强/MPa</td><td>≥0.3</td><td>—</td><td>—</td><td>—</td><td>≥0.3</td></tr>
<tr><td>剪切强/MPa(Al-Al)</td><td>≥1.2</td><td>—</td><td>—</td><td>—</td><td>≥1.2</td></tr>
<tr><td>体积电阻率/(Ω·cm)</td><td>≥1.0×10$^{14}$</td><td>≥1.0×10$^{14}$</td><td>≥1.0×10$^{14}$</td><td>≥1.0×10$^{14}$</td><td>—</td></tr>
<tr><td>击穿电压/(kV/mm)</td><td>—</td><td>—</td><td>15</td><td>15</td><td>—</td></tr>
<tr><td>定性黏结性能</td><td>—</td><td>≥C80</td><td>≥C50</td><td>≥C50</td><td>—</td></tr>
</table>

光伏组件铝边框粘接密封设备图如图 5-40。玻璃、背板与铝框之间全靠有机硅胶黏剂粘接在一起，而无其它任何辅助机械连接，而且要求室外用 25 年以上。由此不难理解为什么国标中对有机硅密封胶本身质量及施工工艺做出如此详细而严格的要求了，因为粘接密封质量是光伏组件质量和安全的关键因素。

光伏组件粘接密封工艺主要包括涂胶施工和固化修整两个主要步骤。

① 施胶。按照技术要求选好密封胶后，对于大型生产厂商一般采用自动涂胶

设备进行涂胶。对于小规模生产的企业也有的采用人工涂胶。

②装配与固化。涂胶之后应立即进行装配，然后进行室温固化。并检查保持外观美观，也不能缺胶。总之，既要保证嵌缝的内在质量又要保证其外观质量。

图 5-40　光伏组件铝边框粘接自动涂胶设备图

### 5.4.2.2　接线盒灌封与粘接

（1）接线盒用有机硅密封胶的技术要求　接线盒粘接固定用的胶黏剂与铝边框所用胶相同；而接线盒灌封用的胶有单组分与双组分两种。接线盒用有机硅密封胶其性能要符合国家标准 GB/T 29595—2013《地面用光伏组件密封材料　硅橡胶密封剂》，见表 5-17。

（2）灌封工艺　接线盒的灌封工艺分线上灌封和线下灌封两大类，线下灌封是接线盒在线下灌封固化好再粘接到光伏组件背板上，线上灌封是指把未灌封的接线盒先粘接到光伏组件背板上，然后在自动生产线上进行。

接线盒灌封施工设备与工艺示意图见图 5-41。

图 5-41　接线盒灌封自动涂胶设备车工艺示意图

### 5.4.2.3 硅棒切割中的定位

（1）硅棒切割中的定位胶的技术要求　这种胶黏剂主要用于晶圆硅棒切割时的固定，要求胶黏剂黏度适中，易于操作，具有易辨别的颜色，并能快速固化，粘接强度要满足切割过程不脱胶、不变形，而切割完毕后在热水中能快速脱胶。还要保证胶黏剂性能稳定，质量可靠，提升优质切片率，不碎片。

（2）粘接与脱胶工艺　硅棒切割工艺示意图见图5-42。

硅棒切割工艺主要包括表面处理与粘接、切割和脱胶三个主要步骤。

① 粘接。首先保证硅棒与粘接基体表面清洁，然后把配制好的胶黏剂涂于硅棒表面，室温固化1h后进行下一步操作。

② 切割。硅棒粘接定位后，按照工艺要求进行自动切割。

③ 脱胶。切割后把硅片沉浸在60～80℃热水中浸泡7～15min，快速脱胶。

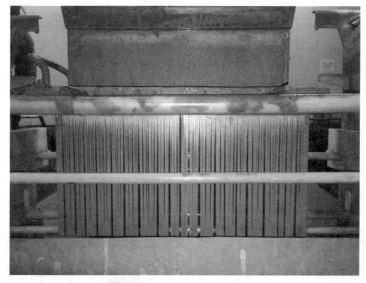

图 5-42　硅棒切割工艺示意图

## 5.4.3　工程胶黏剂在风能发电设备制造中的应用

### 5.4.3.1　风机叶片合模粘接

（1）风能发电叶片组装结构胶的技术要求　目前，风能发电叶片制造厂家都要求结构胶黏剂生产厂家通过GL认证，胶黏剂厂方在申请时准备并提交的材料除基本申请材料外，还需包含胶粘剂种类、固化收缩率、玻璃化转变温度。若通过材料初步审核后，申请样品会送到具有相关资质的第三方实验室进行测试。测试分为物理性能及机械性能，具体技术指标及试验方法见表5-18。

表 5-18　风力发电叶片结构胶性能要求

| 序号 | 项目 | 性能指标 |
|---|---|---|
| 1 | 外观 | 蓝色或用户指定颜色 |
| 2 | 剪切强度（25℃）/MPa | ≥25 |
| 3 | 本体拉伸强度（25℃）/MPa | ≥30 |
| 4 | T 型剥离强度/（N/25mm） | ≥75 |
| 5 | 冲击强度/（kN/m） | ≥8 |
| 6 | 垂挂性 | 3～5cm 堆高不塌陷 |
| 7 | 热变形温度/℃ | ≥70 |
| 8 | 热膨胀系数/（mm/℃） | $(45～75)×10^{-6}$ |

（2）粘接工艺　大型风机叶片主要采用组装的方式制造，在两个阴模上分别成型叶片壳体，芯材及其他玻璃纤维复合材料部件分别在专用模具上成型，然后在主模具上把叶片壳体与芯材以及上下半叶片壳体相互粘接，并将壳体缝隙填实，合模加压后制成整体叶片。

风力发电风机叶片组装中涂胶与合模示意图见图 5-43。风力发电风机叶片组装工艺主要包括表面处理与涂胶、合模和固化三个主要步骤。

① 表面处理与涂胶。首先保证粘接基体表面清洁，然后进行涂胶，涂胶要均匀细致。

② 合模。涂胶均匀后将叶片合模。

③ 固化。常温固化即可。

（a）风力发电机叶片涂胶　　　　　　（b）风机发电叶片合模粘接

图 5-43　风机叶片涂胶与合模示意图

### 5.4.3.2　发电机与齿轮箱的装配

发电机与齿轮箱的用胶点见图 5-44。有机硅密封胶用于上下箱体结合面的密封，厌氧胶用于螺纹锁固等，这些应用与前面介绍的机械密封一样，这里不再赘述。

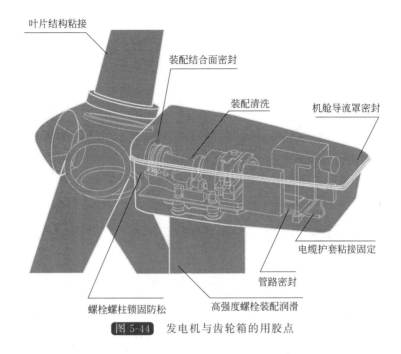

叶片结构粘接

装配结合面密封

装配清洗

机舱导流罩密封

电缆护套粘接固定

管路密封

高强度螺栓装配润滑

螺栓螺柱锁固防松

图 5-44　发电机与齿轮箱的用胶点

# 5.5　工程胶黏剂在航空、航天、军工领域中的应用

## 5.5.1　概述

各种飞机、运载火箭、导弹、卫星以及其它航空、航天飞行器，均不断寻求提高结构效率的措施，以进一步改进并提高它的性能和经济效益。采用性能优良的先进结构材料和先进的制造工艺技术，是提高结构效率的重要措施之一。随着高分子科学的发展，合成胶黏剂及相应的粘接技术不仅已成为一种先进材料，成为现代科学技术的一个重要分子，而且已形成持续增长的工业化产品，满足航空、航天及其它工业中日益提高的各种使用要求。

各种轻质金属合金材料和先进复合材料是航空、航天飞行器上使用的主要材料，此外还有品种繁多的许多其它材料，它们的性能各异，且差别悬殊，由这些不同材料构成的结构件，它们之间的连接往往不能采用传统的连接方法，而只能采用粘接工艺。由于这些结构件在各种不同的特殊环境下使用，要求所采用的胶黏剂必须具备相应的特殊特性。例如导弹弹头和返回式航天飞行器将经历严酷的热环境，所采用胶黏剂必须具备优良的耐烧蚀性能；而在空间轨道上运行的航天飞行器，处于大温差频繁交变的温度环境，则采用的胶黏剂不仅需具有优良的耐高、低温交变特性，还要求具有优良的耐空间辐射（如耐紫外辐射、耐质子辐射、耐电子辐射等）及在高真空空间环境下，没有或极少释放挥发性物等特性。有的航天及航空飞行器中用的零部组件，接触各种不同环境和介质，要求它们具备相应的密封特性并满足各种密封条件，而施工工艺应简便。如要求耐油密封、耐压密封、导热密封等。只有胶黏剂具备多品种、多特性、多工艺的特点，能满足上述各种要求。因而非结构胶黏剂成为航天、航空飞行器上不可缺少的密封材料。

采用胶黏剂和粘接技术较传统的连接工艺有许多优点：可粘接任何形状的薄的或厚的结构或难于焊接的多种不同材料组成的构件；无需连接孔，从而避免连接区有效连接面积减小和连接孔导致的应力集中；所粘接的构件变形小，外形平滑，不影响气动特性；可防止不同材料间出现电化学腐蚀；具有阻尼减振性，适当选择胶黏剂，可改善甚至消除损伤共振频率；密封性好；工艺较简单，可缩短制造周期；由于减少了连接件、紧固件数量及所占质量，从而减轻结构件质量，对次（要）结构件的粘接可减轻约 25%，对主（要）结构件粘接可减轻 5%～10%；大面积粘接时成本较低。因而胶黏剂成为航天航空工业中的一种重要材料，粘接技术成为制造航天航空飞行器的重要工艺技术。

### 5.5.1.1 航空、航天、军工领域应用的工程胶黏剂种类

航空、航天、军工领域应用的工程胶黏剂种类见表 5-19。

表 5-19 航空、航天、军工领域应用的工程胶黏剂种类

| 工程胶黏剂种类 | 应用部位 |
|---|---|
| 环氧类 | 结构粘接,如蜂窝结构、蒙皮粘接、点焊结构粘接 |
| 厌氧胶 | 螺纹螺母锁固密封,法兰、端盖、箱体结合面密封,管路螺纹密封,键与轴、轴承、衬套、皮带轮、齿轮、转子固持 |
| RTV 有机硅密封胶 | 发动机内压气机机匣与燃烧室匣的结合面密封,热防护层的粘接与防热密封粘接 |
| 改性丙烯酸酯 | 结构粘接,带油堵漏等 |
| 氰基丙烯酸酯 | 铭牌粘接,工艺性暂时定位,粘接装饰条等 |
| 聚氨酯 | 超低温粘接与密封 |

### 5.5.1.2 航空、航天、军工领域工程胶黏剂的用胶点

航空、航天、军工领域工程胶黏剂的用胶点见表 5-20。

表 5-20 航空、航天、军工领域工程胶黏剂的用胶点

| 机械设备部件分类 | 应用部位与胶种 |
|---|---|
| 金属结构件的粘接(机身、机翼外蒙皮) | 酚醛-缩醛型(如 204 胶,JSF-4 胶)、酚醛-丁腈型(如 JX-9 胶)、环氧-丁腈型(如 SY-13 胶)等 |

| 机械设备部件分类 | 应用部位与胶种 |
|---|---|
| 蜂窝夹层结构的粘接 | 酚醛-缩醛型(如 204 胶,JSF-4 胶)、酚醛-丁腈型(如 JX-9 胶)、环氧-丁腈型(如 SY-13 胶)等 |
| 点焊结构粘接 | 改性环氧胶 |
| 机械部位的密封、锁固 | ①发动机减速器密封:双组分聚氨酯密封胶;②发动机内压气机机匣与燃烧室匣的结合面密封:双组分硅酮密封胶;③螺栓紧固密封:厌氧胶紧固;④管路接头螺纹密封:厌氧胶紧固 |
| 热防护层的粘接与防热密封粘接 | 改性环氧胶、硅橡胶 |
| 超低温粘接与密封 | 聚氨酯胶 |
| 光、电器件及构件等的粘接与密封 | 硅橡胶 |

## 5.5.2 工程胶黏剂在飞机制造中的应用

工程胶黏剂在飞机上的应用已有很长的历史,随着飞机先进性的完善、飞行速度不断增快和飞机结构效率的提高,飞机上采用的材料和结构有很大变化,对胶黏剂品种和要求更加苛刻,同时也促进了胶黏剂本身的发展。由于各种飞机在大气层内的各种环境下频繁起落和飞行,对所采用的胶黏剂要求是很严格的,归纳起来主要有以下几方面。

① 粘接强度高 包括剪切强度、剥离强度、不均匀剥离强度等,尤其作结构胶黏剂时,不仅要承受载荷,还应具有适当的韧性传递载荷,不致造成接头处提前破坏,静态粘接强度好而性脆的胶黏剂是不能满足现代航空结构使用要求的。

② 耐湿热性好 航空飞行器经常处于高湿和高温环境,例如典型的湿热环境是 55℃±5℃ 和 95%～100% 相对湿度,对超音速飞机还要经受 -55℃±5℃ 至 +100℃ (1 冯赫) [+200℃ (3 冯赫)] 的高低温交变温度变化。因此航空飞行器上采用的胶黏剂不仅要求高温上、高湿热环境下粘接强度保持率高,耐冷热交变环境,而且耐湿热老化性能要好。

③ 耐环境性好 在大气环境中除湿热作用外,耐盐雾、耐紫外线辐射及耐其它腐蚀性介质性能好,从而才具有良好的耐老化性能。

④ 耐疲劳强度高 航空飞行器结构常处于反复加载的状态下,对应力的耐久性直接与结构件的寿命和使用安全性有关。

⑤ 耐各种航空燃油和滑润油及其它化学腐蚀介质并具有良好密封性。

⑥ 具有良好的工艺特性 适于大面积粘接,或具有良好的装卸、修补特性,适于不同部位的各种不同要求。

### 5.5.2.1 金属结构件的粘接

低速飞机,如直升机、运输机、轻型轰炸机、农林用机等,主要以亚音速或跨音速飞行，机身、机翼外蒙皮采用厚度在 1.5mm 以下的铝合金板材，有的仅 0.4～0.8mm 厚，其下由长桁或皮纹型材加强。铆接蒙皮如此薄的结构是很困难的，而采用粘接结构，不仅可克服铆接薄蒙皮易引起的变形、铆钉划窝造成的整体强度损失、减少工装、缩短装配周期，且增加了结构抗腐蚀性、耐疲劳特性以及破损安全性。根据模拟轰炸机结构试验结果表明，耐弯曲疲劳振动性提高 6% 以上，张力场临界剪应力提高 40% 以上，压缩载荷、失稳载荷提高 45% 以上。因此粘接结构在各种飞机的上使用日益扩大，以波音民航客机上采用的板-板粘接面积：波音 707 为 92.9m²；波音 727 为 325.2m²；波音 737 为 298.7m²；波音 747 为 924.3m²。我国运输机上的板-板粘接面积在以上，板-板粘接件的使用部位很广，应用在包括垂直尾翼等重要部位上（见表 5-21）。

表 5-21　我国某运输机金属粘接件

| 部件名称 | 粘接面积/m² | 蒙皮面板厚/mm | 波纹型材厚/mm |
|---|---|---|---|
| 垂直尾翼 | 7.080 | 0.8 | 1.0 |
| 方向舵 | 18.596 | 0.4 | 0.4 |
| 升降舵 | 19.900 | 0.4 | 0.4 |
| 外　翼 | 19.230 | 0.6 | 1.0 |
| 中外翼 | 21.890 | 1.0 | 1.0 |
| 外副翼 | 5.860 | 0.8 | 1.0 |

飞机上有的结构，如水上飞机机身船底，每经飞行起落，飞机船底将在水面受到剧烈冲撞。此动载荷将使传统铆接结构的铆钉松动，造成机舱进水。机舱进水后，不仅必须将水排出，如进入的是海水，排出后还必须用淡水冲洗，更换松动的铆钉，有的还需更换新的蒙皮，给飞机的维修带来很大困难。而采用粘接结构，不但可有效地解决漏水问题，减轻质量；还提高了结构的强度和刚度以及抗疲劳特性，增长飞机的使用寿命。

航空结构使用的耐热结构胶黏剂，一般分为 3 种类型：

Ⅰ型：长时间在 −55～80℃ 使用，多用于亚音速、跨音速飞机的粘接件。

Ⅱ型：长时间在 −55～149℃ 使用，多用于超音速飞机的粘接件。

Ⅲ型：长时间在 −55～149℃ 使用，较短时间暴露在 149～260℃ 环境，主要是飞机局部高温的粘接件。

各种类型胶黏剂均有许多品种，可以分属Ⅰ型的胶黏剂如自力-2 胶、J-15 胶、J-40 胶、J-42 胶、SY-18 胶、SY-18A 胶等（见表 5-22）。可属Ⅱ型的胶黏剂如 J-01 胶、J-03 胶、J-04 胶、SF-1 胶、SY-16 胶等而 HS-1 胶、J-15-HP 胶等（见表 5-23）可属Ⅲ型。

**表 5-22** 使用温度在 120℃以下的板-板结构胶黏剂

| 胶黏剂 | 基本组成 | 使用温度/℃ | 固化条件/(℃/MPa/h) | 剪切强度/MPa | | | 不均匀扯离强度/(kN/m) | 90°剥离强度/(kN/m) | 应用情况 |
|---|---|---|---|---|---|---|---|---|---|
| | | | | −60℃ | 室温 | 100℃ | | | |
| 自力-2 | 环氧树脂、丁腈橡胶、潜伏性胺类固化剂 | −55～80 | (160±5)/(0.1～0.3)/(2±0.5) | 30 | ≥27.5 | 13.9 | ≥58.9 | 8～12 | 运输机、直升机、强击机 |
| SY-18、SY-18A | 环氧树脂、丁腈橡胶、固化剂、促进剂 | −55～80 | (125±5)/(0.1～0.3)/(2±0.2) | — | ≥20 | ≥15 | — | ≥5.0 | 无人驾驶侦察机、导弹 |
| J-42 | 酚醛环氧树脂、丁腈橡胶,双氰胺 | −60～100 | (175±5)/(0.3～0.5)/(2～3) | ≥34 | ≥20 | ≥10 | — | ≥12 | 直升机 |
| J-40 | 环氧树脂、羧基丁腈橡胶、双氰胺、间苯二甲酰肼 | −60～100 | (125±5)/(0.1～0.5)/3 | ≥20 | ≥25 | ≥10 | ≥75 | ≥7 | 直升机 |

　　作为结构胶黏剂,应具有优良的环境适应性。表 5-22 及表 5-23 中各种胶黏剂,均具有良好的耐湿热老化和耐介质性能,经 55℃±5℃、相对湿度 95%～100%环境作用数千小时以上,在各种介质(如盐水、人造海水、燃油、润滑油等)中浸泡数天至数十天,共性能均不低于表中所列值。

**表 5-23** 使用温度在 150℃以下的板-板结构胶黏剂

| 胶黏剂 | 基本组成 | 长期使用温度/℃ | 固化条件/(℃/MPa/h) | 剪切强度/MPa | | | 不均匀扯离强度/(kN/m) | 90°剥离强度/(kN/m) | 应用情况 |
|---|---|---|---|---|---|---|---|---|---|
| | | | | −60℃ | 室温 | 150℃ | | | |
| SY-16 | 环氧树脂、聚硫橡胶、胺类固化剂 | −55～150 | (140±2)/(0.05～0.1)/(2±0.5) | 24.6 | 21.9 | 17.7 | 48.6 | 2.5 | 导弹 |
| HS-1 | 改性环氧树脂、有机酸酐咪唑化合物 | −40～150 短期200 | 室温放16～20h 后120/(0.01～0.05)/3 | ≥18 | ≥20 | ≥15 | ≥26 | — | 固体火箭发动机喷管 |

## 5.5.2.2 蜂窝夹层结构的粘接

　　蜂窝夹层结构首次使用是在飞机上,现代飞机中使用的蜂窝夹芯结构件很广泛,以波音民航客机为例,其中所采用的蜂窝夹芯结构的粘接面积分别为:波音 707 飞机,23.5m²;波音 727 飞机,139.4m²;波音 737 飞机,92.9m²;波音 747 飞机,344.4m²。与金属板-板粘接结构面积加在一起,每架波音客机中所采用粘接面积，在几百至上千平方米，足见粘接结构在航空工业中起着重要作用。蜂窝夹层结构如图 5-45 所示。

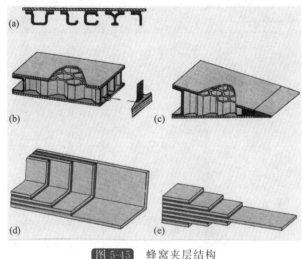

图 5-45　蜂窝夹层结构

　　制造蜂窝结构用的蜂窝芯，其质量和力学性能是直接影响蜂蜂窝夹层结构质量和力学性能的决定因素之一。影响蜂窝芯质量和力学性能的主要参数有：

　　① 蜂窝芯的节点强度，足够的节点强度以保证蜂窝芯壁不失稳；

　　② 蜂窝格子的规整性，如边长需符合公差范围，蜂窝芯端部无卷边；

　　③ 蜂窝芯容量变化尽量小。即要求制造蜂窝芯所采用的芯和胶，其节点强度好，用胶量及涂胶工艺均匀稳定。广泛采用的芯条胶主要有以下几类：酚醛-缩醛型（如 204 胶，JSF-4 胶）、酚醛-丁腈型（如 JX-9 胶）、环氧-丁腈型（如 SY-13 胶）等，其性能和特点见表 5-24，可以看出酚醛-缩醛型胶性能稍差，因而逐渐为 JX-9 和 SY-13 等性能好的胶黏剂所代替。

　　蜂窝结构的发展，经历了有孔蜂窝、无孔蜂窝、耐久性蜂窝的过程，此过程与胶黏剂及粘接技术的发展密不可分。20 世纪五六十年代多用有孔蜂窝，粘接时采用的胶黏剂是固化过程将释放同一定挥发分的以酚醛树脂为主的胶黏剂。为了克服蜂窝结构的密封性问题，60 年代以后，无孔蜂窝结构代替了有孔蜂窝结构，从而要求采用固化过程不释放挥发物的胶黏剂，此即以环氧树脂为主的胶黏剂。之后由粘接蜂窝结构时需预先浸胶的环氧胶黏剂，发展为不必浸胶的环氧胶黏剂，且固化温度由高温固化发展为中温固化的高性能胶黏剂。加上先进的表面处理方法，大大提高了蜂窝结构的耐久性和可靠性，这种耐久性蜂窝结构进一步扩大了蜂窝结构作为承力结构的应用范围。粘接蜂窝芯与面板用的主要胶黏剂及其性能见表 5-25。

表 5-24  制蜂窝芯用芯条胶黏剂

| 胶黏剂 | 基本组成 | 长期使用温度/℃ | 固化条件/(℃/MPa/h) | 剪切强度/MPa | | | 不均匀扯离强度/(kN/m) | 90°剥离强度/(kN/m) | 节点强度/(kN/m) | 应用情况 |
|---|---|---|---|---|---|---|---|---|---|---|
| | | | | −60℃ | 室温 | 150℃ | | | | |
| SY-13 | 环氧树脂、丁腈橡胶，芳胺固化剂 | −55~150 | (175±5)/(0.2±0.1)/2 | ≥19.6 | ≥19.6 | ≥8.8 | ≥68 | ≥6.9 | ≥1.7 | 歼击机、强击机、直升机铝合金蜂芯及Nomex蜂窝芯 |
| J-44-1 | B阶环氧树脂、固体羧基丁腈橡胶、硅烷偶联剂 | −60~180 | (180±5)/(0.3~0.5)/(2~3) | ≥20 | ≥24 | ≥10 | ≥39 | ≥6.9 | 2.57 | 制造Nomex蜂窝芯 |

表 5-25  蜂窝芯与面板粘接用胶黏剂

| 胶黏剂 | 基本组成 | 长期使用温度/℃ | 固化条件/(℃/MPa/h) | 剪切强度/MPa | | | 不均匀扯离强度/(kN/m) | 90°剥离强度/(kN/m) | 板-芯剥离强度/(kN/m) | 应用情况 |
|---|---|---|---|---|---|---|---|---|---|---|
| | | | | −60℃ | 室温 | 150℃ | | | | |
| J-23-1 | 酚醛树脂、丁腈橡胶、双氰胺 | −60~150 | (175±5)/(0.3~0.5)/(2~3) | ≥30 | ≥25 | ≥8 | ≥60 | ≥7 | ≥5 | 歼击机、直升机、运输机、无孔蜂窝结构 |
| J-23-2 | 环氧树脂、聚酚氧树脂、双氰胺 | −60~100 | 175/(0.3~0.5)/3 | ≥35 | ≥20 | ≥7 | ≥60 | ≥7 | ≥3.5 | 飞机、导弹 |
| J-47 | 环氧树脂、固体羧基丁腈橡胶、聚酚氧树脂 | −60~100 | (125±5)/(0.1~0.5)/(2~3) | ≥35 | ≥30 | ≥5 | — | ≥6 | ≥5 | 飞机、卫星 |
| SY-14 | 环氧树脂、聚砜树脂、潜伏性固化剂 | −55~175 | (175±5)/(0.1~0.3)/(2±0.5) | ≥27.5 | ≥29.4 | ≥17.7 | ≥59 | ≥4.9 | ≥4.4 | 歼击机、轰炸机、通讯卫星、火箭导弹 |
| J-30 | 环氧树脂，固体羧基丁腈橡胶、单醚酐、聚醚树脂、酚醛树脂 | −60~175 | (170~175)/(0.2~0.3)/3 | ≥30 | ≥25 | ≥13 | ≥60 | ≥7 | ≥4.5 | 飞机、卫星、运载火箭 |

制造蜂窝结构除上述胶黏剂外，还需使用填充胶，又称泡沫胶，其作用在于增加质量很少，而可填充粘接零件间过大的装配间隙，以增加抗压强度和刚度，并用于蜂窝芯拼接。因此此类泡沫胶应具有一定粘接强度，挥发分含量低，其胶凝时间适当以便使用于任何位置而不发生流动。用于无孔蜂窝结构的泡沫胶不宜采用 SF-45 泡沫胶，因其固化过程中释放出的挥发分量约 9％，常用的泡沫胶及其性能见表 5-26。泡沫胶的用量应适宜，量少将填不满而出现空穴，量过多将导致面板被顶出，都将影响蜂窝结构件强度下降。

由于航空飞行器的特点是重复使用，多次频繁起落，使用于各种环境地区，其最高使用温度随飞行速度不同，在 $100\sim200℃$ 以上，最低温度一般为 $-55℃\pm5℃$，并经受含盐雾空气及相对湿度达 95％ 甚至雨气候等，因而环境条件对航空飞行器的结构和所用材料均有很大影响。尤其对粘接结构，耐环境性的优劣是选择胶黏剂和评价粘接工艺质量可靠性及耐久性的重要因素。经过多年的研究和实际使用效果表明，除长期受应力作用外，受湿热的综合作用是影响粘接结构耐久性的最主要因素。凡对湿热作用综合敏感的因素，均是直接影响粘接结构耐久性的不可忽视的重要因素。

最初人们对表面处理的认识是为了除油、除锈及增加有效粘接面积，因此，采用溶剂擦洗、碱洗、化学处理或喷砂等方法进行表面处理，以增加胶黏剂对被粘物表面的浸润，从而提高粘接强度。后来为了形成粘接界面层的化学键接，采用等离子体表面处理、涂偶联剂等措施；或为了增强抵抗水对胶层的弱化作用而进行相应化学处理，以形成具有足够内聚强度的表面氧化膜等处理方法，均是有效的，但是处理后粘接质量的耐久性效果相差很大。例如以几种方法对铝合金进行表面处理，其结果见表 5-27，可以看出，只有磷酸阳极化表面处理最理想，不仅粘接接头粘接强度高，耐水侵蚀性优良，经 45℃ 水浸泡 500h 后，剪切强度未变化，经浸泡 1000h 后，下降率仅 1％。尤其耐腐蚀，在无应力下腐蚀，其剪切强度未变化；在有应力下腐蚀，其裂纹扩展速率最慢，达平衡时裂纹长度最短，抗应力腐蚀的时间是化学氧化法处理结果的 4 倍以上，而且磷酸阳极化处理结果重复性好。

表 5-26　蜂窝结构用发泡胶黏剂

| 胶黏剂 | 组成 | 性状 | 长期使用温度/℃ | 固化条件/(℃/h) | 压缩强度/MPa | | | 剪剪强度/MPa | | | 应用情况 |
|---|---|---|---|---|---|---|---|---|---|---|---|
| | | | | | −60℃ | 室温 | 高温 | −60℃ | 室温 | 高温 | |
| FFP-125 | B 阶环氧树脂、铝粉、发泡剂 | 粉状 | −60～125 | 125±5/2～3 | — | ≥15 | ≥8.0 | — | ≥4.5 | ≥2.0 | 直升机、运输机、蜂窝结构 |

| 胶黏剂 | 组成 | 性状 | 长期使用温度/℃ | 固化条件/(℃/h) | 压缩强度/MPa | | | 剪剪强度/MPa | | | 应用情况 |
|---|---|---|---|---|---|---|---|---|---|---|---|
| | | | | | −60℃ | 室温 | 高温 | −60℃ | 室温 | 高温 | |
| J-60 | B阶环氧树脂、铝粉、石棉粉、发泡剂 | 粉状 | −60～175 | 175±5/2～3 | — | ≥15 | ≥8.0 | — | ≥4.5 | ≥2.0 | 歼击机蜂窝结构 |
| J-59 | B阶环氧树脂、铝粉、发泡剂 | 粉状 | −60～150 | 130/2～3 | ≥32 | ≥25 | ≥5.6 | — | ≥8.0 | ≥4.0 | 直升机、运输机、蜂窝结构 |
| SLP-1 | 环氧树脂、固化剂、发泡剂 | 胶膜颗粒 | −120～175 | 175±5/2 | — | — | — | ≥4.9 | ≥7.8 | ≥2.9 | 直升机、卫星、火箭导弹蜂窝结构 |
| J-29 | 环氧树脂、聚酚氧树脂、B阶酚醛树脂、铝粉、发泡剂 | 带状 | −60～175 | 165±5/3 | — | — | — | ≥6.0 | ≥3.5 | ≥0.8 | 飞机、卫星、火箭导弹蜂窝结构 |
| SY-P2 | 聚砜改性环氧树脂、潜伏性固化剂、发泡剂 | 带状 | −55～100 | 125±5/2 | — | ≥9.8 | ≥4.9 | — | ≥3.9 | ≥1.9 | 无人侦察机、直升机、轰炸机蜂窝结构 |
| SY-P1 | 聚砜改性环氧树脂、丁腈橡胶、发泡剂 | 带状 | −55～100 | 165±10/2 | — | ≥14.7 | ≥1.5 | — | ≥5.0 | ≥0.8 | 轰炸机蜂窝结构 |
| ZWD-1 | 聚氧树脂、酚醛树脂、聚酚氧树脂、铝粉、发泡剂 | 带状 | −60～130 | 125±5/2～3 | — | — | — | ≥5.0 | ≥5.0 | ≥2.0 | 飞机蜂窝结构 |

以上结果表明不同表面处理方法均能起到提高粘接强度的效果，而各种方法处理所形成的表面（膜）性质却不同，磷酸阳极化处理后形成的氧化膜强度好，更耐水的侵蚀。

表 5-27　表面处理方法对铝合金粘接结构耐久性影响

| 表面处理方法 | 剪切强度/MPa | 45℃水浸泡后剪切强度/MPa | | 疲劳强度/MPa | | 无应力腐蚀后剪切强度/MPa | 应力腐蚀断裂时间/h | 备注 |
|---|---|---|---|---|---|---|---|---|
| | | 浸 500h | 浸 1000h | — | 45℃水浸 500h | | | |
| 碱洗除油 | 32.4 | 17.6(46%) | — | 9.81 | 0 | — | — | 双搭接试样 |
| 化学氧化 | 39.4 | 37.0(6%) | 30.2(23%) | 18.6 | 14.7 | — | — | |
| 铬酸阳极化 | 31.8 | 29.4(7%) | — | 13.2 | 12.7 | — | — | |
| 铬酸阳极化 | 28.4 | 26.7(6%) | 25.4(10.6%) | — | — | — | — | 单搭接试样 |
| 磷酸阳极化 | 31.6 | 31.8(0%) | 31.0(1%) | — | — | — | — | |
| 化学氧化 | 32.9 | — | — | — | — | 35.2 | ≥140 | |
| 磷酸阳极化 | 34.4 | — | — | — | — | 35.0 | ≥605 | |

　　制造铝蜂窝芯时，为提高其抗腐蚀能力和蜂窝芯粘接的节点强度，印制芯条时除采用耐久性好的表面处理工艺外，并涂以底胶。底胶有偶联剂型、抑制腐蚀型、沉积型等多种类型。由表 5-27 可看出，不同表面处理后涂以底胶所制蜂窝芯性能均有改善，但仍以磷酸阳极化表面处理后涂以底胶所制蜂窝芯耐久性最好。

### 5.5.2.3　点焊结构粘接

　　在飞机制造中，为了克服高强度铝合金点焊结构中因阳极化处理引起的腐蚀问题而采用的新工艺，便是粘接点焊，它是电阻点焊加中间胶层的联合工艺，即焊点位于一定厚度的胶层内。胶焊结构中胶层承担相当部分应力，且由于应力重新分布，大大减少了焊点周围的应力集中，从而使接头强度提高，尤其提高了焊接结构的疲劳强度。由于焊点是承力的基础，改善了粘接结构在承受不均匀扯离载荷时的工作能力。实验结果表明：胶焊结构壁板极限设计强度可提高 10%，在声振环境中抗裂纹能力提高 3～4 倍，工艺方面可避免大量型架等装置，自动化程度提高，因而制造费用可降低 15%～25%，且胶焊结构密封性好，从而成为飞机制造中的重要工艺之一，广泛用于航空工业。甚至有的飞机制造公司认为飞机上的铆接结构，有可用胶焊结构代替，歼击机采用胶焊工艺后，工作量较铆接工艺减少了 15%～17%。

　　胶焊工艺有两种制作方法。一种是先涂胶后点焊，即涂胶后用夹具定位或点焊定位，然后再在普通点焊机上通过胶层点焊。对这种工艺所选用胶黏剂其起始黏度应适中，固化后具有高的热变形温度，耐热老化，这类胶黏剂多为环氧胶黏剂。另一种是先点焊后灌胶，即点焊后将胶注入点焊件的缝隙内。由于点焊与灌胶可分别进行，因而便于采用机械化操作。这种灌注粘接度宜低，便于流动充满间隙，不需加压固化，固化时仅施以接触压，且固化温度不高，最好能常温固化，不需纯粘接所需要的复杂工序。这类胶黏剂多为加一定增韧剂的环氧胶，其性能见表 5-28。

**表 5-28** 几种粘接点焊用胶黏剂

| 胶黏剂 | 425 胶 | | KH-120 |
|---|---|---|---|
| 基本组成 | 环氧树脂、增韧剂改性胺类固化剂、偶联剂 | | 环氧树脂、端羧基丁腈橡胶、混合芳香胺助剂 |
| 长期使用温度/℃ | −60～60 | | −55～120 |
| 固化条件/(℃/h) | 130±5/2 | | 150/4 |
| 剪切强度/MPa | −60℃ | ≥19 | ＞15 |
| | 室温 | 27.4(18.6) | ＞20 |
| | 60℃ | 24.6(19.6) | 14 |
| 不均匀扯离强度/(kN/m) | 53.9 | | ≥30 |
| 应用情况 | 歼击机、轰炸机、运输机、教练机 | | 歼击机 |

注入点焊胶时应注意排尽气泡,并采用适当的预固化条件,防止固化加温时胶液流淌。425 胶的预固化条件,根据环境温度不同,可选择以下之一:15～20℃下 72h,20～25℃时 72～48h,25～30℃时 42～24h。使用 KH-120 胶灌注时,宜在室温下晾置至粘手后再进行固化。为保证灌注胶完全充满间隙,宜保持胶的流出量为 2～5mm。

### 5.5.2.4 飞机机械部位的密封、锁固

(1) 发动机减速器密封 飞机发动机内减速器密封面积较大,介质是润滑油。要求密封胶除了耐介质性好之外,对变速器本体材质(镁合金)应无腐蚀作用,可选用双组分聚氨酯密封胶。

(2) 发动机内压气机机匣与燃烧室匣的结合面密封 如不密封会因漏气使发动机功率下降。采用双组分有机硅密封胶进行平面密封,效果良好。

(3) 螺栓紧固密封 在飞机装配中,有许多螺栓、螺丝连接点,飞机在起落和飞行中都要经受剧烈振动,单靠螺纹啮合的摩擦力是很难保证螺栓不松动的。经对尼龙自锁螺母、金属自锁螺母、弹簧垫圈和厌氧胶紧固等 7 种防松方法进行实验对比,结果发现,尼龙自锁螺母和厌氧胶紧固防松效果最好,连续 10h 振动100 万次以上无松动。所以在飞机的紧固螺栓、开口销等均使用了厌氧胶紧固。厌氧胶除了防松动,还兼具防腐蚀及密封功能。

(4) 管路接头螺纹密封 飞机上也有油、气等许多管路,管路接头密封对飞机性能及飞行安全也至关重要,管路接头螺纹均可选用单组分厌氧胶进行密封。可根据螺纹间隙大小、是否经常拆卸等因素,选用不同黏度、不同强度的厌氧胶。

(5) 有机玻璃粘接密封 有机玻璃是飞机上的重要透明材料,由于对其透明

度要求高，本身材质易开裂，因此对有机玻璃的粘接密封是航空工业中重要的粘接密封技术之一。例如歼击机的座舱有机玻璃与涤纶带间的粘接密封，要求所用胶黏剂的粘接强度应优于有机玻璃和涤纶带，适应高低温交变和日光曝晒，且不增大有机玻璃所受内应力。选用端羧基丁腈橡胶与环氧树脂在催化剂作用下低于100℃反应的预聚体，与甲基丙烯酸及烯类单体聚合而成得的胶黏剂剂——SYT-2胶黏剂能满足上述要求，且其性能优于通常用的丙烯酸酯胶黏剂。

### 5.5.3 工程胶黏剂在火箭、导弹中的应用

用于火箭导弹和卫星等航天器上的粘接材料，除需要满足一般工业用胶黏剂的性能要求外，还需满足它们处于发射状态和发射、在轨道上运动及重返大气层等所经历的各种特殊环境要求。根据胶黏剂使用部位不同，要求各异，归纳起来主要有以下几方面特殊的要求。

① 耐特殊的热环境特性。导弹弹头再入大气层时的环境特点是经受瞬时高焓商热流和高驻点压力。根据导弹射程不同，其弹头再入速度达十几至几十马赫，驻点温度达数千摄氏度。要求所用胶黏剂需具有超高温下优良的耐烧蚀特性。而当卫星和载人飞船等航天器再入大气层时，其再入环境特点是高焓、低热流、低驻点压力和长时间，用于相应部位的胶黏剂必须具有优越的耐烧蚀和绝热特性。

② 耐复杂的空间环境特性。卫星、飞船及其它航天器在轨道上运行，其环境交变温度的范围达几百摄氏度（例如在地球同步轨道上运行的航天器，其环境交变温度为 $-157\sim120℃$）。用于有关部位的胶黏剂不仅需具有适应严酷的交变温度特性，还必须具有耐高能粒子及电磁波辐射特性，并且在高真空环境下没有或极少有挥发物及可凝性挥发物释放出来（例如挥发物量$<1\%$，可凝性挥发物$<0.1\%$），以免污染航天器上的高精度的光学仪器和有关部位。例如：阿波罗飞船勤务舱的观察窗上曾出现云状花纹，便是由于窗结构的密封材料所释放出的挥发物凝聚造成的。

③ 耐超低温特性。用于液氢液氧发动机系统的胶黏剂，必须具有耐超低温（$-253\sim-183℃$）的优良特性。

④ 良好的工艺特性和与被粘材料间的匹配性。火箭导弹和卫星等航天器采用粘接构件的被粘材料种类多，既有多种金属材料，也有各种无机材料、有机材料和复合材料，经常是不同材料间的粘接。而且由于被粘接部位的结构特殊，因此要求所用胶黏剂与被粘材料有优良的匹配特性和良好的工艺特性，能室温或中温固化，适应复杂的结构特点，避免粘接过程产生内应力，并能在使用过程中消除或减小粘接构件内的应力。

⑤ 具有在苛刻环境条件下耐介质特性。火箭导弹和卫星等航天器上的粘接件，多处于各种各样的苛刻环境条件下，例如舰-地导弹必须具有长期耐海水和盐

雾侵蚀能力；用于伺服机构的胶黏剂，需满足 120～180℃ 高温下耐航空液压油的要求；用于陀螺稳定平台系统的胶黏剂必须具有在真空条件下耐氟氯油的特性。

### 5.5.3.1 热防护层的粘接与防热密封粘接

导弹弹头为抵抗载入时的恶劣环境，在结构层（一般为轻金属合金材料，铝合金或无进复合材料，如碳纤维复合材料制成）外加上热防护层（通常是树脂基复合材料或无机基复合材料）。热防护层本身的粘接既需要有很多好的粘接强度，又必须具有良好的耐烧蚀性能。这类耐高温耐烧蚀胶黏剂最典型的是以酚醛树脂为基料，以少量环氧树脂改性，并加入固化剂、填料和抗氧剂所组成，具有中温固化（100℃）特点。粘接玻璃/酚醛复合材料，300℃ 剪切强度＞20MPa，短期可耐温度达 500℃，在 1500～1700℃ 静态烧蚀约 15s，胶缝完好无裂纹；在 2000℃ 左右的动态烧蚀下，胶缝不裂不凹陷。

结构层金属材料与热防护层非金属复合材料间采用粘接工艺组装。由于它们之间的热膨胀系数相差很大，固化温度高会引起较大热应力，而且铝合金在高于 120℃ 处理后存在晶间腐蚀，导致强度降低，因而粘接热防护层与金属结构层时所选用的胶黏剂，其固化温度以室温为好，最高以不超过 80℃ 为宜，而其性能却应满足 100～120℃ 下使用要求。其次，由于防热层与结构层间的粘接面积大、配合间隙较大且不很均匀，不宜采用胶膜型胶黏剂，只能采用不含溶剂的胶液。要求该胶液既能保证完全充满粘接缝隙，却不致流淌，还应具有较长的适用期。能综合满足上述要求的胶黏剂是半刚性系统胶黏剂。

室温固化的半刚性胶黏剂，是以低黏度环氧树脂为主、加入室温固化剂、增塑剂及填料所组成的胶黏剂。对局部需控制流动性的部位，可在上述组分基础上加入催化剂以满足一定的不流淌性要求。这种室温固化环氧胶黏剂对多种金属和非金属均具有良好粘接性能，其剪切强度室温时为 22MPa 左右，－40℃ 时为 13MPa 左右，100℃ 时为 4.5MPa 左右。

中温固化（固化温度为 70℃）的半刚性胶黏剂是由低黏度环氧树脂为主，加入增韧剂、填料、触变剂和中温固化剂所组成。该胶黏剂具有良好的应变性能，其拉伸应变：室温下＞3％，110℃ 下＞2.2％；压缩应变：室温下＞2.5％，110℃ 下＞2％～3％。对多种金属和非金属材料具有良好的粘接性能，铝合金-树脂基复合材料间粘接其剪切强度室温下大于 19MPa，110℃ 下大于 11MPa 拉伸强度室温下大于 30MPa，110℃ 下大于 19MPa。粘接铝合金-铝合金时，剪切强度室温下＞15MPa，110℃ 下大于 13MPa；拉伸强度室温下 53MPa，110℃ 下大于 20MPa。

室温固化能在 120℃ 下使用的半刚性环氧胶黏剂，是以低黏度环氧为主，加入具有增韧作用的室温固化剂及促进剂与填料所组成。例如 HysolEA934 便是此类典型胶黏剂之一。室温下，其剪切强度为 22.7MPa，120℃ 下为 11.3MPa；拉伸强度室温下为 39.5MPa，120℃ 为 16.1MPa。该胶黏剂室温不均匀剥离强度为 27.1kN/m，200℃质量损失为 1.08%，热膨胀系数（21～100℃范围）为 34.1× $10^{-6}℃^{-1}$，因此粘接铝合金-树脂基复合材料于 120℃使用是较满意的。

对于再入大气层飞行器上多种不同材料的粘接有两个主要的难点。

① 克服不同材料之间热膨胀系数悬殊（例如铝合金与介电防热材料间的热膨胀系数相差达 40 倍）所带来严重热应力，为此选用的胶黏剂应具有弹性且能室温固化。

② 由于被粘的各种材料抗烧蚀性能不同，再入过程中因烧蚀速率差别引起台阶效应，从而造成局部热流增大，进一步恶化烧蚀环境。因而胶黏剂必须具有优良的耐烧蚀性能，避免台阶效应产生。能同时解决上述问题的胶黏剂是柔性系统胶黏剂，如室温固化硅橡胶。

据 C. L. Walpple 等以氧乙炔焰、石英灯及等离子喷枪等方法，对各种室温硫化硅橡胶的耐烧蚀性能进行了系统的研究，并提出以值"PI"作为判断材料耐烧蚀性能好坏特性的指标。

$$PI = \frac{100}{d \cdot P_r}$$

式中　$d$——材料密度，$g/cm^3$；

　　　$P_r$——材料的线性烧蚀率，$\mu m/s$。

不难看出，$PI$ 值高，表示材料的耐烧蚀性能好。Walpple 的试验结果见表 5-29。

由表 5-29 可看出：甲基硅橡胶不宜在高焓、高热流条件下使用，在中焓、中热流条件下，其烧蚀性能也不如苯基硅橡胶。不过如选用烧蚀性能好的增强纤维或其织物（如高硅氧纤维、碳纤维等）对室温硫化硅橡胶予以增强，即使选用甲基硅橡胶，也能经受中焓、中热流条件，保持被粘接的不同防热材料间胶缝无开裂及烧穿现象。甲基硅橡胶性能见表 5-30。

室温固化硅橡胶中苯基含量增加，烧蚀性得到明显提高，与此同时，其粘接性能却下降。作为防热密封用的室温固化苯基硅橡胶，应选择适当苯基含量的硅橡胶，以兼顾耐烧蚀性能和粘接性能两方面的要求。由表 5-31 可看出，苯基硅橡胶中的苯基含量，以 20% 为宜。

表 5-29　各种类型硅橡胶烧蚀性能比较

| 硅橡胶类型 | 密度/(g/cm³) | 中热流 PI 值 | 中剪切力条件碳化物特性 | 高热流 PI 值 | 高剪切力条件碳化物特性 |
|---|---|---|---|---|---|
| 双组分低密度 RTS-S | 0.87 | 48 | 硬、黏性好、适度膨胀 | 1.9 | 碳易被吹走 |
| 双组分无机填料 RTS-S | 1.45 | 41 | 片形碳、黏性不好、高度膨胀 | 1.53 | 碳易被吹走 |
| 双组分氧化铁填料 RTS-S | 1.45 | 35 | | 1.64 | 薄、乌黑碳 |

| 硅橡胶类型 | 密度/(g/cm³) | 中热流PI值 | 中剪切力条件碳化物特性 | 高热流PI值 | 高剪切力条件碳化物特性 |
|---|---|---|---|---|---|
| | 1.40 | 38 | 粒状炭，黏性好，略有膨胀 | 5.5 | 硬、黏性好 |
| 双组分苯基甲基 RTS-S | 1.47 | 31 | | — | — |
| 单组分氧化铁填料 RTS-S | | | 硬,柱状碳黏性好 | | |
| | | | 柱状碳，黏性好，有些膨胀 | | |

注：中热流 3048kW/(m²·h)，高热流 11723kW/(m²·h)。

**表 5-30** 双组分室温固化甲基硅橡胶性能

| 性能指标 | 数值 | 性能指标 | 数值 |
|---|---|---|---|
| 拉伸强度/MPa | 2.2~2.5 | 邵氏硬度 | >35 |
| 伸长率/% | >120 | 体积电阻率/(Ω·cm) | >10 |
| 永久变形/% | 0 | 介电强度/(kV/mm) | >17 |

**表 5-31** 室温硫化苯基硅橡胶中苯基含量的影响

| 苯基含量/% | 质量烧蚀率/(g/s) | 剪切强度/MPa |
|---|---|---|
| 10 | 0.21 | 1.37 |
| 20 | 0.22 | 1.24 |
| 30 | 0.19 | 1.02 |
| 30 | 0.12 | 0.57 |

### 5.5.3.2 蜂窝夹层结构的粘接

蜂窝夹层结构是重要的粘接结构之一。无论是金属蜂窝芯材、非金属蜂窝芯材的制造，还是由蜂窝芯材与面板制成蜂窝夹层结构，均是用胶黏剂粘接而成。由于蜂窝夹层结构具有高的比强度、比刚度，没有铆钉及缝隙，表面光滑，抗疲劳和声振疲劳及优良的气密性和隔热性、阻尼减振性及高透波性，不仅可用于非承力结构件和承力结构件，还用于各种功能结构件，如耐主温结构（阿波罗飞船返回舱的结构层和烧蚀层）、耐超低温（土星器Ⅳ、通讯卫星运载火箭的液氢液氧箱共底）、透波（雷达罩）阻尼减振（仪器支架）等重要结构件。蜂窝夹层结构根据制造用材料可分为金属蜂窝夹层结构（蜂窝芯材和面板均为金属材料）、非金属蜂窝夹层结构（蜂窝芯材和面板均为非金属材料）及复合蜂窝夹层结构（蜂窝芯材为非金属材料或金属材料，面板为金属材料或者非金属材料）3 种，在火箭导弹上均被采用。非金属蜂窝芯材使用最多的有玻璃布蜂窝芯材、芳纶纸蜂窝芯材和纸蜂窝芯材，制造工艺通常采用粘接拉伸法，典型工艺流程为：

原料纸或布→胶黏剂印胶→叠合→加压加热固化→切割→拉伸→浸渍树脂→晾置→挤接→固化→蜂窝芯

未经浸渍树脂并固化的蜂窝芯材缺乏刚性，而其刚性的大小取决于所选浸渍树脂的类型，通常多浸渍酚醛树脂。所浸树脂溶液的浓度，浸渍时间和浸渍次数决定蜂窝芯中的树脂含量并影响蜂窝芯的性能。

非金属蜂窝夹层结构可采用一次成型法或多次成型法制造，前者是蜂窝芯材和面板均为湿态，装配后于 0.03～0.06MPa 压力下加热一次固化。其优点是成型方便、生产周期短，适于面积大而形状不太复杂的非承力或次承力结构件；后者是蜂窝芯材和面板单独成型后组装，其优点是制件表面光滑，便于质量检查并及时排除故障，但成型周期较长。根据蜂窝结构件的具体情况，这两种成型方法在航天工业中均有应用。

选择不同蜂窝芯材、面板和胶黏剂，可制成不同特性的蜂窝夹层结构。液氢液氧箱共底，既需承载和绝热，又要绝对密封。为此选择玻璃布蜂窝芯和铝合金面板，而确保粘接质量的关键是所用超低温结构胶性能和蜂窝芯材的型面加工质量。

超低温胶黏剂需具有高的室温强度和超低温下的粘接强度，能制成胶膜，热膨胀系数与被粘材料接近，并能经受二次加温固化等。NHJ-44 尼龙-环氧胶能满足上述要求。以粘接经硫酸阳极化处理后的铝合金为例，其剪切强度为：－253℃，10.3MPa；－196℃，26.1MPa；室温，45.7MPa；120℃，25.9MPa。90°板-板剥离强度（室温）10.3kN/m；T 型剥离强度（室温）4kN/m。耐自然老化性好，经自然老化 5 年，室温剪切强度下降 19%。因此 NHJ-44 胶不仅可用作超低温的面板胶，也适用于超低温板-板胶及其它金属与非金属间的超低温粘接。

### 5.5.3.3 超低温粘接与密封

超低温粘接与密封系指温度在－253℃～室温范围的有关粘接与密封，在以液氢液氧为推进剂的高推力先进运载系统中是必须解决的重要问题。涉及超低温的结构件和部位很多，除前述的直接在超低温下工作的结构件液氢液氧箱共底外，还有液氢液氧箱箱体与绝热层及绝热层粘接，以及其它与超低温结构相连接的零部件间的粘接等。这些粘接密封所用胶黏剂，既需要具有室温和超低温下的足够粘接强度，又必须具有与不同被粘材料间匹配良好的热膨胀系数。

超低温胶黏剂有多种，其中以聚氨酯胶黏剂和改性环氧胶黏剂较好。聚氨酯胶黏剂中如双组 DW-1 胶、DW-4 胶性能均很好（见表 5-32）。

表 5-32　超低温聚氨酯胶黏剂

| 胶黏剂牌号 | 胶黏剂组成 | 固化条件/(℃/h) | 剪切强度/MPa | | |
| --- | --- | --- | --- | --- | --- |
| | | | 室温 | －196℃ | －253℃ |
| DW-1 | 甲：三羟基聚氧化丙烯醚<br>乙：MOCA | 室温或 60/4 | 7 | 20 | 20 |

| 胶黏剂牌号 | 胶黏剂组成 | 固化条件/(℃/h) | 剪切强度/MPa | | |
|---|---|---|---|---|---|
| | | | 室温 | −196℃ | −253℃ |
| DW-4 | 甲：环氧改性聚氨酯<br>乙：MOCA | 60/1＋100/2～4 | 15 | 20 | — |

注：MOCA 即 3,3′-二氯,4,4-二氨基二苯基甲烷。

由于 DW-1 胶 DW-4 胶贮存期和使用期较短，不宜在大面积粘接中使用。聚氨酯胶黏剂中，聚醚型聚氨酯胶黏剂较聚酯型聚氨酯胶黏剂的耐水性为好。

改性氧超低温胶黏剂中，有尼龙改性环氧胶黏剂，如前述有超低温结构胶黏剂 NGJ-44 及四氢呋喃等改性的弹性环氧为主要成分的胶黏剂 DW-3 胶，该超低温胶黏剂由三组分组成：甲组分为弹性环氧，乙组分为固化剂，丙组分为 $\gamma$-氨丙基三乙氧基硅烷。固化条件为 60℃、4h 或 80℃、2.5h，粘接强度见表 5-33。

**表 5-33** DW-3 胶粘接性能

| 测试温度/℃ | −253 | −183 | 室温 | 60 |
|---|---|---|---|---|
| 剪切强度/MPa | 17.6 | 20.0 | 19.2 | 7.65 |
| 不均匀扯离强度/(kN/m) | 18 | 10 | 17 | — |

由于 DW-3 胶是改性环氧，其固化收缩率较低。即使如此，在粘接塑料件与铝合金时，由于它们之间及它们与 DW-3 胶间的热膨胀系数相差大，在超低温下粘接件会自行脱落，以−196℃～室温及−253℃～室温范围的平均热膨胀系数相比，DW-3 胶是铝合金的 3.4～4 倍，是塑料件的 1.7 倍，而塑料件为铝合金的 2.4～4 倍。为了改善三者间热膨胀系数间的匹配性，而加入适量热膨胀系数低的填料，以降低 DW-3 胶和塑料件的热膨胀系数。

超低温结构件密封性要求很高，解决难度大。为保持液氢液氧箱蜂窝共底结构的真空度，在有关连接处必须采取特殊的密封措施，以 DW-3 胶为胶黏剂，在大面积密封措施中应用，超低温下密封效果良好。

### 5.5.3.4 复合固体火箭推进剂用胶黏剂

复体固体火箭推进剂是指为火箭提供高速向前运动的能源而在火箭发动机中燃烧的一种高能固态推进剂，它是以胶黏剂将氧化剂和金属燃料等固体颗粒结合在一起。复合固体推进剂是不依赖大气中的氧而能稳定燃烧并产生大量高温气体的致密物质，其中胶黏剂用量约占 10%～20%，除具备将氧化剂与金属粘在一起成为整体，保持一定几何形状，并提供一定力学性能以随火箭在装配、运输、贮存、点火、燃烧及飞行期间的巨大应力和应变，同时还作为产生气体和能量的燃料。因此复合固体火箭推进剂中所用胶黏剂其黏度应低（通常为几至几十帕·

秒），以便充分浸润氧化剂和金属颗粒，并与它们有良好的化学相容性，能组成连续致密的推进剂药柱；固化时反应速度适当，不产生挥发物，放热量小，固化收缩轻微；与固体火箭发动机壳体内壁的绝热层紧紧相粘；还能提高易燃性和成气性。

作为这种特殊目的使用的胶黏剂，多为高分子预聚物，并加入固化剂的胶黏剂体系。最早采用的复合固体火箭推进剂中的胶黏剂是聚硫胶黏剂，例如以98%摩尔分数二氯乙基缩甲醛与2%摩尔分数二氯丙酮与多硫化钠反应而成的聚硫化物。其力学性能和粘接性能良好，工艺简单，但含硫量多，使提供的能量不理想，且固化温度高，使用上受到限制。20世纪60年代多采用端羧基丁二烯，以它作胶黏剂的推进剂力学性能明显提高。为满足大型火箭发动机的推进剂要求，又研制成功了端羟基型胶黏剂，如端羟基酯、端羟基醚、端羟基醚三醇聚氨酯等。

### 5.5.3.5 其它粘接与密封

（1）粘接点焊 在火箭导弹和卫星等的粘接点焊结构件中，主要是采用先点焊后灌胶工艺，要求固化温度低于80℃，最好为室温，而使用的温度在−45～200℃，为满足上述要求，选用了新型的加成有机硅凝胶GH-522。其黏度为4～5Pa·s，适于灌注工艺，可室温或80℃下固化，由于固化为加成反应，无低分子物逸出，收缩率小，对金属无腐蚀，粘接性能好，低温下粘接强度有明显提高，而高温上直到200℃粘接强度无变化（见表5-34），适于大型薄壁承压结构的粘接点焊及密封。

GH-522有机硅凝胶为无色透明胶液，电绝缘性能良好，因此也适于其它零部件，包括要求透明的绝缘性良好的零部件的密封灌注。

GH-522有机硅凝胶为三组分分装胶黏剂，按比例混合均匀后，于<0.1MPa下排除气泡后灌注使用。如所制工件大，可采用分段灌注办法，以利排除气泡，有效地填满灌注间隙。

表 5-34　GH-522 有机硅凝胶性能

| 固化条件 | 室温 3d | 80℃，4h |
|---|---|---|
| 剪切强度/MPa | 3.8 | 3.9 |
| 拉伸强度/MPa | 5.5 | 6.5 |
| 伸长率/% | 136 | 104 |
| 硬度（邵氏） | 47 | 56 |
| 永久变形/% | 1.6 | |
| 体积电阻率/（Ω·cm） | $2.6\times10^{14}$ | |
| 表面电阻率/Ω | $5.4\times10^{14}$ | |
| 相对介电常数（1MHz） | 2.9 | |

（2）耐压密封　火箭导弹上有不少部件要求在一种工作状态下满足−40～200℃温度，并具有一定压力条件下的密封性能。而当其处于另一工作条件下时，又要求能及时拆开或于一定压力拆卸。因此要求所选用胶黏剂具有良好的工艺性、耐热性、耐压强度及其它强度。

W-95 环氧胶是双（2,3-环氧戊基）醚树脂为主要成分，并加入固化剂、促进剂和增韧剂所组成的胶黏剂。其黏度小，适于灌注，如表 5-35 所示，具有良好粘接性和耐热性及压缩强度和压缩模量，并具有相当的韧性。用 W-95 胶所灌注的零、组、部件，经过振动、冲击及压力载荷等条件作用后，胶缝无开裂或泄漏现象，并能按要求条件顺利脱卸。

**表 5-35**　W-95 胶黏剂性能

| 测试温度/℃ | 剪切强度/MPa | 拉伸强度/MPa | 压缩强度/MPa | 压缩模量/GPa | 不均匀剥离强度/(kN/m) |
|---|---|---|---|---|---|
| 室温 | 24.7 | 62.0 | 144 | 4.72 | 29 |
| 150 | 19.8 | 22.1 | — | — | — |
| 200 | 2.8 | 5.0 | — | — | — |

注：固化条件为 100℃/2h＋150℃/4h。

（3）耐油密封　用于火箭导弹上的伺服机构内部件，要求能耐航空液压油，并在−40～＋135℃范围内具有足够粘接强度、气密性、耐冲击和耐振动性能。在环氧树脂中加入耐油性能好的组分，如聚硫橡胶及其它材料所组成的胶黏剂，可以满足上述要求。其粘接剪切强度−40℃时为 21MPa，室温时为 28MPa，135℃时为 3.4MPa。

如果工作温度提高到 200℃，则可选用耐热性好的四官能环氧，如 AG-80 环氧树脂（二氨基二苯基、四缩水甘油醚）及耐热性好的固化剂所组成的胶黏剂，其粘接剪切强度室温时为 16.8MPa，200℃时为 15.5MPa，不均匀扯离强度（室温）为 13kN/m，用该胶黏剂所粘接的部件在航空液压油中工作，密封性良好，无渗油现象。

（4）导电粘接　在火箭导弹上某些需要形成特殊电通路的部位，采用导电粘接代替传统的锡焊工艺，如在有导电膜的玻璃上粘接电极，在防热石英玻璃处粘接无线引信等。航天工业用导电胶主要是填料型导电胶，即以树脂（一般为环氧树脂、改性环氧树脂或硅橡胶）为基础组分，加入导电填料（如银粉、铜粉、铝粉、炭黑等）及固化剂所组成的胶黏剂。聚合物树脂本身是绝缘材料，上述导电胶的导电机理是通过导电填料颗粒接触所形成的通路而呈现导电特性。因此导电胶的导电性能不仅与导电填料的种类有关，同时与如何使导电填料粒子间获得最大界面接触有关，是提高导电胶的导电性能并保证其导电性稳定的重要工艺技术。从增大导电填料粒子接触面的角来要求，胶黏剂包覆导电粒子的程度越大固化后导电粒子互相接触的概率越小，导电胶的导电性则差。因此除恰当选择胶黏剂种类，使其能多加入导电填料，并选择适当的导电填料粒度大小和用量外，对配制导电胶和应用导电胶中的工艺技术还应妥善加以控制，如调配导电胶的时间不宜过长，混入导电填料后最好立即使用，固化时不宜慢慢升温或台阶式升温，而应迅速升至最高固化温度，使胶黏剂很快胶凝而不及进一步增加对导电粒子的充分润湿就已包覆等。

### 5.5.4 工程胶黏剂在人造卫星及其它航天飞行器中的应用

#### 5.5.4.1 热防护层的粘接与防密封粘接

人造卫星、载人飞船等航天器的返回舱，为抵抗再入时的恶劣环境，同导弹弹头一样，必须在金属结构层或其它材料结构层上粘接热防护层。而这类飞行器所经历的轨道环境更为复杂，不仅再入段期间经受高焓低热流作用，还要经历更长时间运行轨道环境：高真空、大温度差频繁的高低温交变。W. L. Wangham 等对人造卫星回收舱热防护层与结构层间的粘接力集中区进行研究，因热防护层所受拉应力大于热防护层材料本身的拉伸强度，从而导致严重龟裂。而使用柔性硅橡胶粘接时，因其韧性所致使其低温下所产生的拉应力低于热防护层的拉伸强度，故未出现任何龟裂现象。因此人造卫星等返回式航天器的热防护与结构层间的粘接所选用的胶黏剂，必须是模量低的柔性良好的柔性系统胶黏剂。常用的柔性胶黏剂，其粘接强度和高低温特性比较见表 5-36。可以看出，低温柔性、$-150℃$ 剪切强度和不均匀扯离强度均以硅橡胶为好。这与其分子结构有关，硅-氧键容易自由放置同时分子间作用力较弱，与硅原子相连的基团低温下仍能运动，故其结晶温度较低，玻璃化转变温度（$T_g$）$-100\sim-120℃$，因而其低温柔性等性能保持良好。加上其它能缓冲热防护层与结构层间热应力的措施，采用硅橡胶粘接，完全可满足卫星回收舱热防护层的粘接要求。

表 5-36　几种柔性胶黏剂性能比较

| 性　能 | | 胶黏剂 | | |
|---|---|---|---|---|
| | | 环氧-丁腈胶 | 聚氨酯胶 | 硅橡胶 |
| 柔性比较 | 脆裂温度/℃ | 40 | $-70$ | $-100$ |
| | 脆裂时试片弯曲角/(°) | 30 | 73 | 85 |
| 剪切强度/MPa | $-150℃$ | 8.8 | 19.5 | 29.8 |
| | 室温 | 16.0 | 5.1 | 4.8 |
| | 120℃ | 12.9 | 0.68 | 2.9 |
| | ±150℃交变三次后室温测 | 12.3 | 3.4 | 3.9 |
| 不均匀扯离强度/(kN/m) | 室温 | 2 | 12.6 | 22.4 |
| | ±150℃交变三次后室温测 | 11.9 | 19.5 | 19.1 |

航天飞机的热防护系统与一次性使用的热防护系统完全不同，是可以重复使用100次的独特热防护系统。为了适合铝合金机身复杂的轮廓型面并吸收在轨道飞行状态期间表面冷温低至−112℃而再入时温度高达约1300℃这样悬殊的温差所引起的变形，覆盖航天飞机轨道器所采用的热防护材料，是由31000块形状尺寸均不相同的防热陶瓷片以室温固化胶黏剂粘接组装而成。这是由于防热陶瓷片如果采用机械连接方法或加高温粘接固化的方法与铝合金机体壳相连，防热陶瓷片本身的许用应力远低于铝合金蒙皮结构所产生的应力，从而导致陶瓷防热瓦破坏。粘接此种特殊结构所选用的室温固化胶黏剂，同样必须是柔性系统胶黏剂，而且其脆化温度应低于−110℃。如前所述，只有硅橡胶胶黏剂能满足以上要求。美国航天飞机轨道器中所选用的硅橡胶为 RTV-560，其性能见表 5-37。为了提高粘接强度，采用通用电器公司生产的水解碳酸盐耦合剂 SS-4155 作为与之配套使用的表面处理剂。

**表 5-37** RTV-560 室温硫化硅橡胶

| 使用温度/℃ | −110～250 |
|---|---|
| 拉伸强度/MPa | 3.31 |
| 粘接铝合金-铝合金剪切强度/MPa | |
| 加载速率/(cm/min) | |
| 0.13 | 4.61 |
| 0.64 | 5.81 |
| 1.27 | 5.9 |
| 组分 | 双组分 |
| 外观 | 红色糊状物 |
| 相匹配的表面处理剂 | SS-4155(通用电气公司生产的水解碳酸盐耦合剂) |

卫星等航天飞行器的返回舱上的热防护层，有许多部位是数种不同材料间的粘接，需要解决防热密封问题。要求所选用的胶黏剂除具有耐烧蚀、耐高低温交变、具有良好弹性外，还必须适应现场短时间内操作的条件，即不仅必须具备可于室温或低温固化，而且能快速固化的特点。如前所述，苯基含量为20%的苯基硅橡胶具有良好的前三项要求的特性，在此硅橡胶中加入很少量的促进剂，即可满足最后一项特性的要求。

卫星在轨道上运行期间，为保证其内各种仪器正常工作，则必须保持仪器舱内的压力，为此许多部位需要密封。由于大温差交变温度的影响，单纯采用橡胶密封圈予以密封，在较低温度下仍出现泄漏现象。而适当增加室温固化的硅橡胶胶黏剂，低温密封效果很好。

综上可以看出，无论火箭导弹或卫星及其它航天飞行器中所采用的热防护层粘接、民防热密封粘接，所采用胶黏剂的共同特点是：就其粘接强度而言不算高，而其耐高低温性能、对不同材料间粘接的匹配性能及耐烧蚀和防、隔热性能优良是首要具备的特性。

### 5.5.4.2 重要结构的粘接

蜂窝夹层结构在卫星及其它航天飞行器中具有突出的重要性，不只是采用了各种蜂窝结构，包括金属蜂窝夹层结构、非金属蜂窝还将有层结构及复合型蜂窝夹层结构，用途广，几乎各处航天飞行器上均有蜂窝结构件，还由于所制蜂窝结构件具有特殊的重要作用。例如双子星座飞船（载宇航员 2 人）和阿波罗飞船（载宇航员 3 人）的热防护层是以金属和非金属蜂窝结构为骨架，灌注烧蚀材料组成的。卫星的能源系统有的由安装太阳能电池的太阳翼供应，有的将太阳能电池安装在蜂窝结构制成的卫星体外壳面板上。通信卫星的通信舱板、服务舱板和天地板等不仅采用先进复合材料面板-铝蜂窝芯，且面积大、预埋件很多，粘接工艺要求高，需要采取确保粘接质量的相应措施。

复合材料在卫星及其它航天飞行器上应用，具有特殊重要性，除其质量轻、比强度和比刚度高外，还由于热膨胀系数小，能在太空温度急剧变化条件下保持结构的尺寸稳定性。以卫星承力筒为例。该件为波纹薄壳结构，为制造方便起见，由四块波纹结构板件粘接组合而成。此纵向粘接处及端框（铝合金）与波纹圆筒壳间的粘接，均采用中温固化剂粘接，即胶膜粘接，其性能见表 5-38。

**表 5-38** J-47A 胶膜性能

| 温度/℃ | 性能 | |
| --- | --- | --- |
| | 剪切强度/MPa | 剥离强度/(kN/m) |
| −120 | 21.4 | — |
| 室温 | 36.4 | 7.16 |
| 100 | 24.4 | 3.1 |
| 120 | 19.9 | — |

### 5.5.4.3 光、电器件及构件等的粘接与密封

航天飞行器上有许多特殊的光、电构件，需要适合各种环境下使用要求的胶黏剂。如以下几例所表明，对这类胶黏剂的要求仍然是很苛刻的。

① 太阳能电池的粘接。卫星等航天飞行器上使用的能源，以采用太阳能最为先进。为保证卫星等航天飞行器能量的需要，粘贴太阳能电池的面积很大。为确保在空间环境中高真空、强紫外光、高能电子及质子辐射和大温差的高低温频繁交变温度等条件下有效、可靠地工作，通常在硅光电池表面粘贴一层透明保护片（如石英薄片），要求所选用的胶黏剂不仅粘接性能好，且透光率高。影响胶黏剂透光率变化的最重要因素是紫外光辐射。太阳光的辐射一般可分为：真空紫外光区，其波长为 $0.1\sim0.2\mu m$；普通紫外光区，其波长为 $0.2\sim0.4\mu m$；中见光区，

波长在 $0.4 \sim 0.8 \mu m$，红外光区，波长 $> 0.8 \mu m$，它们相对应的能量分别是：$1192 \sim 607 kJ/mol$，$607 \sim 307 kJ/mol$、$307 \sim 151 kJ/mol$ 和 $< 151 kJ/mol$。由此可看出普通紫外光区的光能量与化学键能相似，因而受紫外光能量的作用可打开化学键引起化学变化。不少高分子材料受紫外光影响所发生的光降解反应，随光线的波长减小而增强。许多高分子材料的光降解波长在普通紫外光区范围，这对高分子材料的稳定性影响极大。

经试验表明，能满足上述各项空间环境要求及透光率的胶黏剂，主要有硅橡胶等少数几类，而且以甲基硅橡胶（如 RTV-107 胶等）最耐真空紫外辐射，且能保持无色透明，这是因为甲基硅橡胶分子中不含易受光作用而发生能量跃迁的分子结构所致，故其受光的作用后性能的稳定性较好。同时，经真空紫外和高能电子辐射后粘接强度不降低。

而将太阳能电池粘在基板上所采用的胶黏剂，应是粘接强度较高的硅橡胶胶黏剂等。

② 面阵、线阵固体摄像传感器粘接密封。面阵、线阵器件（简称 COD 器件）是中大规模集成电路的光电器件。要求光的转移效率达 99.9%，气密性达 $10^{-8} mL/s$，而且封装窗口尺寸大，还要满足机械振动试验、机械冲击试验、高频振动试验、温度交变试验、高温贮存试验等要求。加成型 RTV 有机硅密封胶胶黏剂能综合满足这些要求，其使用温度为 $-65 \sim 200℃$，电性能、力学性能良好，抗潮湿、抗自氧、抗紫外线辐射，化学性能稳定，是很好的粘接密封剂。

加成型 RTV 有机硅密封胶的优点是体积收缩率小，对金属材料无腐蚀，固化时不产生挥发物，光学透明性好，可耐高温 $250℃$，电性能好等。以 KH-80-30 硅橡胶为例，其拉伸强度为 $4.9 \sim 5.9 MPa$，粘接铝合金剪切强度 $5.5 \sim 6.4 MPa$，剥离强度为 $5.9 kN/m$，$1000V$ 下体积电阻率为 $7.5 \times 10^{13} \Omega \cdot cm$，表面电阻为 $1.5 \times 10^{14} \Omega$。但使用中应注意不能与缩合型 RTV 有机硅密封胶混合，并防止接触重金属化合物，含硫促进剂等毒化铂催化剂，从而抑制加成型 RTV 有机硅密封胶的硫化反应。

③ 钽电容器密封。钽电容器中钽丝与氟塑料间如不密封，易引起其内 $H_2SO_4$（浓度 38%）的泄漏。而氟塑料是很难粘接的材料，以由甲基硅树脂和 120-1 硅橡胶组成的 FS-203 胶予以粘接，可有效地满足钽电容器在 $-55 \sim 125℃$ 交变温度下的粘接与密封。

④ 灌注粘接密封。如 CTKM 型密封式插头座的密封，被粘接材料为铝合金、镀金铜和塑料，要求在 $-45 \sim 150℃$，气密性保持 $10^{-4} \sim 10^{-3} Pa$，并能经受电子辐射和 X 射线辐射。

### 5.5.4.4 其它粘接与密封

（1）导热粘接与密封 航天飞行器内有众多电子器件，工作过程中会产生一定热量，同时存在许多接头，也会产生接触热阻。这些热量的积累，将影响航天器内的正常工作环境温度，因而必须及时疏散这些热量并减小热量的产生。

接触热阻

$$Q = \frac{\delta}{\lambda s}$$

式中　$\delta$——传热途径的长度；

　　　$\lambda$——热导率；

　　　$s$——热传导面积。

由上式可看出，减小热阻 $Q$ 的办法是选用热导率高的材料，增大热传导面积及缩短传热途径。而固体表面之间的实际接触面积总是小于表面的名义接触面积，在非接触区所形成的空隙为空气所填充，空气是热导率最小的物质，因此实际接触面小的接头处热阻值 $Q$ 必然增加。为此可采用导热胶黏剂或导热脂，使接触面充分接触，排除非接触部位夹入的空气，并起密封作用，增大热导率。

导热胶黏剂是加有热导率高的填料所组成的胶黏剂。以导热硅橡胶为例，其热导率在 $0.116\sim0.346$W/（m·K），与较好的导热脂相当，其表面电阻≥1×$10^{14}\Omega$，体积电阻≥1×$10^{14}\Omega$·cm，相对介电常数为 3，tan$\delta$＜0.01，介电强度为 40kV/mm，拉伸强度＞4.9MPa，可在$-70\sim250℃$长期工作。

导热密封胶黏剂必须同时具备电绝缘性，而高分子材料作为基料，其本身具有良好绝缘性和密封性，因此导热密封胶黏剂的导热性与绝缘性的高低，与所加入填料导热性、绝缘性及其净化程度有密切关系，也与添加量有关。常用的导热绝缘填料有氮化硼、氧化镁、H-L 型填料等。其中氮化硼的热导率较高，在 $0.48\sim0.49$W/（m·K），但表面吸附力强，密度低，加入胶黏剂中后导致黏度迅速增大，从而使加入量受到限制，影响最终胶黏剂热导率的提高。氧化镁价廉，热导率较好，在 $0.46\sim0.49$W/（m·K），但它是橡胶型高分子材料硫化剂，将缩短橡胶类粘接或以橡胶作增韧剂的胶黏剂使用寿命。H-L 型填料经过严格的酸洗和磁选，再经高温灼烧净化处理，可加入量大，因而所制导热绝缘密封胶黏剂，其热导率可达 $0.837$W/（m·K），表面电阻＞1.2×$10^{16}\Omega$·cm，体积电阻率＞5.0×$10^{14}\Omega$·cm，介电强度＞20kV/mm，粘接剪切强度室温时为 14.8MPa，150℃时为 9.8MPa，200℃时为 4.9MPa。

（2）低温粘接密封　航天飞行器在轨道运行期间，飞行器舱内必须保持一定的压力，以保证各种仪器仪表正常工作。而航天飞行器的运行轨道环境处于高真空，低温及大温差高低温交变状态，具有许多插头孔，各种舱门等的飞行器舱，需要密封的部位多，面积及长度均不小。单纯采用耐低温的橡胶，以通常的静密封形式，如"O"型圈进行密封，当温度低于$-67℃$以下，出现的微少泄漏已不能满足飞行器舱内的工作压力要求，而采用耐低温性好的硅橡胶为主要成分，并加环氧树脂改性的胶黏剂，室温固化，并与上述"O"型密封圈结合使用，低温下密封性能良好，甚至在"O"型密封圈受到损坏情况下，由于上述低温密封胶黏剂的作用，仍保证了飞行器舱的密封性要求。

## 5.6 工程胶黏剂在医疗行业中的应用

### 5.6.1 概述

胶黏剂在医疗卫生领域中的应用其实在很久以前就开始了，例如用于跌打损伤和内病外治的膏药（俗称狗皮膏药）在我国医学中数千年前就有了，随着医药科学的进步，胶黏剂在医疗领域的应用越来越多，例如橡皮膏、粘接牙齿、血管及人造血管的粘接，人工角膜、人造器官的生产及其与周围组织的粘接等。医疗卫生用胶黏剂应与人体组织适应，对人体无毒副作用或即使有副作用，其危害性也远小于其有益性，例如不能有异物反应、过敏反应、疼痛反应、炎症反应，不能致畸、致癌等，粘接细胞组织的胶黏剂应对水有良好的湿润性，即具有一定的亲水性，固化的速度应可调节并尽可能快，一般要求常温快速固化，固化时热效应小，另外要求使用方便，固化后胶层的机械性能，例如硬度、强度、弹性能与所粘接的组织相适应，易灭菌，用于机体内部的胶黏剂固化物在粘接使命完成后可应迅速被机体代谢分解且分解物不影响细胞组织愈合、不形成血栓等。医疗行业中应用胶黏剂有很多种，这里只介绍工程胶黏剂。

#### 5.6.1.1 医疗行业应用的工程胶黏剂种类

医疗行业应用的工程胶黏剂主要有以下几类。

① α-氰基丙烯酸酯医用胶黏剂。α-氰基丙烯酸酯胶黏剂是一种单组分室温快固胶，基本上符合前述医用胶黏剂的各项要求，这种胶黏剂在外科手术中代替缝合应用较多。

② 甲基丙烯酸甲酯系。常将甲基丙烯酸甲酯单体与其聚合物加常温引发剂、抗生素、颜填料混合后用于粘牙齿或修补和填充牙齿，其生物学特性显示其固化物有相当稳定性，不易分解。

③ 紫外线固化胶黏剂（UV胶）。固化快，常用于齿科修补和医疗器械粘接。

常用医用工程胶黏剂见表5-39中。

表 5-39 医用工程胶黏剂的种类

| 工程胶黏剂种类 | 应用部位 |
|---|---|
| 氰基丙烯酸酯 | 代替缝合、结扎进行软组织的粘接；出血、渗出液的封闭，血管的吻合，欠损组织的修补，瘘孔的封闭 |
| 改性丙烯酸酯 | 骨的修复、人工膝关节和骨的修复 |

| 工程胶黏剂种类 | 应用部位 |
|---|---|
| UV 胶 | 牙科义齿软衬材料与义齿基托树脂 PMMA 的粘接；龋齿填充治疗；龋齿填充治疗用，粘接牙质；把治疗牙齿的材料直接粘接在牙的表面，涂布在龋蚀的好发部位 |

### 5.5.1.2 医疗行业工程胶黏剂的用胶点

医疗行业工程胶黏剂的用胶点见表 5-40。

**表 5-40** 医疗行业工程胶黏剂的用胶点

| 应用领域 | 应用部位 |
|---|---|
| 外科手术 | 氰基丙烯酸酯胶代替缝合；出血、渗出液的封闭，血管的吻合，欠损组织的修补，瘘孔的封闭 |
| 牙科 | 骨的修复、人工胯关节和骨的胶黏；牙科义齿软衬材料与义齿基托树脂 PMMA 的粘接；龋齿填充治疗；龋齿填充治疗用，粘接牙质；把治疗牙齿的材料直接粘接在牙的表面，涂布在龋蚀的好发部位 |
| 整形外科 | 甲基丙烯酸酯胶 |
| 计划生育 | 氰基丙烯酸酯胶结扎进行软组织的粘接 |
| 医疗器械 | UV 胶、环氧胶、SGA 用于一次性针头、氧气面罩、导尿管等粘接 |

## 5.6.2 工程胶黏剂在外科手术中的应用

胶黏剂在外科的应用粘接对象主要是由细胞及结缔组织所构成的软组织，它的主要成分是胶原纤维等蛋白质，含有许多体液，并且不断地进行新陈代谢活动。对于这种极为特别的被粘接表面，采用的几乎都是 α-氰基丙烯酸酯胶黏剂。也曾试用过异氰酸酯及环氧树脂等反应型的胶黏剂，但尚未获满意的结果。

在外科领域试用过胶黏剂的病例很多，譬如食道、胃、肠、胆道等的吻合，胃肠穿孔部位的封闭，动脉、静脉的吻合，人工血管移植，皮肤、腹膜、筋膜等的粘接，皮肤移植，神经的粘接与移植，输尿管、膀胱、尿道的粘接，气管、支气管的吻合，气管、支气管穿孔部位的封闭，自发性气胸的肺粘接，肝、肾、胰等切离片的再吻合，瘘孔的闭锁，防止脑脊髓液漏出，痔疮手术，移动肾固定，中耳膜再造，角膜穿孔封闭，实质性脏器止血，后腹膜及骨盆止血，消化道溃疡出血等。上述的许多应用根据其使用目的大致分为代替缝合、止血、管状组织吻合、补修物的固定四个方面。

### 5.6.2.1 粘接代替缝合

（1）粘接代替缝合的优点　过去，对于切开软组织的再吻合几乎都是采取缝合法。其缺点是操作繁琐并易留下瘢痕。采用胶黏剂粘接代替缝合，操作简单、迅速、可靠，而且只要伤口两边整齐对合就不会形成瘢痕。因不必拆线，不必换药，缩短了病人住院的时间，特别适用于儿童及大量出血的伤员。实验表明，若发生个别病例的感染，往往是创口消毒不彻底造成的。应该注意，对于口腔、舌等有较多分泌液的部位，不宜采用粘接方法。对于脂肪层较厚的粘接部位，或有内腹膜的部位，其脂肪层、内腹膜的接合仍应采用缝合法，粘接法只用于皮肤的接合。对于一般性创面浅且不大的伤口，其中最常见的胶黏剂是 α-氰基丙烯酸酯医用胶黏剂。

（2） α-氰基丙烯酸酯医用胶黏剂代替缝合的使用方法　在用胶黏剂粘接伤口法代替缝合法临床中，实践中采用 α-氰基丙烯酸酯对皮肤等组织进行粘接时，并不使用将胶黏剂涂于伤口接合面的直接粘接法，因为这种方法中胶黏剂会妨碍胶层两面受伤组织的愈合，造成伤口开裂的可能性很大。一般采用的是间接粘接法，即在清创消毒后，使创面两端靠拢在一起，然后薄薄地涂上一层胶黏剂，再覆上一块比伤口稍大一点的消毒涤纶布片，进行常规包扎，若伤口长度在 3～4cm 以下，则不必用涤纶布片。

关于直接粘接法、间接粘接法与缝合法三种方法的效果与时间的关系，国内的研究结果表明：直接法虽初粘与后粘强度都很好，但伤口愈合不好，间接法虽初粘强度不如直接法，但第五天后的拉伸强度则逐渐与直接法和缝合法相接近，且伤口愈合很好。

（3）灭菌手术胶黏膜粘接法　成都有机硅研究中心研制的 BC-I 型医用压敏胶黏膜，以可透气的特制塑料薄膜为基材，用 $^{60}$Co 照射消毒后，用作皮肤切口的粘接带，180°剥离强度≥30N/25mm，避免了缝合手术。

### 5.6.2.2　血液及其它体液渗漏的封闭

医用胶黏剂的一个用途是血液及其它体液渗漏的封闭。某些实质性脏器如肝、胰、脾、肾因肿瘤或其它病变而部分切除或因外伤而发生出血的时候，仅采用缝合法要完全阻止出血或阻止体液的渗漏流出是不可能的，有胶黏剂则可以比较顺利地解决这个手术关键。对于小面积的出血可以采用涂布法，大面积出血则以用气雾剂进行喷雾的方法效果更佳。在肝脏外伤及胰腺癌和血吸虫病胰部分切除的手术中获得比较多的应用。把 α-氰基丙烯酸正丁酯用于肿瘤剥离面和切除面的渗血止血，肝、肾、胆及肺切除术、扁桃体摘除术、子宫切除术、甲状腺切除术的渗血止血等，止血效果按病例计，完全止血的达 90％ 以上。

医用胶黏剂用于瘘管的封闭获得比较满意的效果，瘘孔的粘接见图 5-46。在消化道发生瘘孔时，消化液从孔中流出，周围的皮肤发生糜烂、污染，这对患者及医生都是令人讨厌的并发症。消化道的瘘管有在瘘孔的皮肤开口部位为黏膜所覆盖的黏膜瘘及为肉芽组织所覆盖的肉芽瘘，胶黏剂能发挥封闭作用的是后一种瘘。治疗时首先从皮肤开口部插入导管进行瘘孔造影及消化道透视以证实瘘孔是否与消化道连通，并检查瘘孔至肛门一段的消化道是否有狭窄部位，以排除盲管及肠管狭窄的病例。

细瘘孔，可在胶黏剂容器连接一支聚四氟乙烯细管，插入到瘘孔中，插入深度 5～10mm 左右。然后边注入胶黏剂边抽出聚四氟乙烯细管。大多数细瘘孔经过这么一次治疗就闭塞而治愈。对于 5mm 以上的粗瘘孔，可以在表面皮肤用胶黏剂粘上致密的布片、橡胶片，以防止内容物的漏出。如此反复进行，瘘孔逐渐缩小，最后就可以借滴入胶黏剂使之完全闭锁。对于其它类型的瘘孔，例如高位肠瘘及回肠、小肠部位的粪瘘，其疗效基本相同。

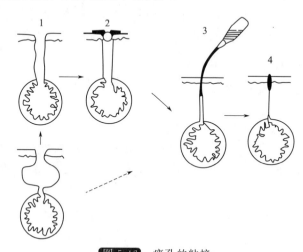

图 5-46　瘘孔的粘接

1—粗瘘孔；2—覆盖粘接等待瘘孔变小；3—注入胶黏剂；4—治愈

### 5.6.2.3　管状组织的吻合

（1）血管的吻合　用于血管吻合（包括人造血管的移植）的胶黏剂，除了满足一般医用胶黏剂的要求外，还必须具备难以漏入血管内腔形成血栓、有良好的耐组织液性能等。曾在狗的腹部大动脉进行试验，结果无论是形成血栓还是耐组织液性能，烷基链长的氰丙烯酸酯都比烷基链短的为优。

在进行血管粘接吻合的时候，必须注意保持血管有足够大的管腔，其强度必须能耐受 27～33kPa 的压力。为此，可以像下面将叙述的那样，插入支持管以保持一定的管腔，或采用与缝合结合使用，用缝合固定法提高耐压性能。或采用翻转血管法使内膜紧密接触再进行粘接以防止产生血栓。具体操作时可采用如下四种方法，见图 5-47。

① 直接粘接法。可以分为只在表面上涂布胶黏剂的最简单的方法一，或用钳子夹住血管壁再对准切口涂胶黏剂的方法二。此法耐压及抗张力，仅适用于静脉及间隙小于 5～10mm 左右的动脉纵向切口的粘接，其余的情况就不大适用。

② 重叠粘接法。这是在直接粘接基础上进行的改良，以期能紧密地粘接内膜并增大粘接面。具体操作是先在血管的一端插入一支持管，或把血管插入支持管

的内腔，然后进行血管端的翻转，涂上胶黏剂，最后把另一血管与它重叠粘接。此法粘接强度尚低，操作也比较复杂，尤其是对病情严重的血管施行的难度更大，只适用于小动脉及静脉的末端吻合。

③ 覆盖粘接法（间接粘接法）。先在血管或人造血管的内腔插入支持管，使切断的末端紧密接触，在它上面覆盖上涂有胶黏剂的涤纶布片。此法的优点是粘接面积大，并且不会妨碍端部组织的愈合，强度也比直接法高。但由于需要插入支持管，不如直接法方便，而且对于小血管，由于内膜与外膜的错动、内膜间的粘接不十分牢固以致容易发生血栓。本法适用于大血管的修复及吻合、人造血管的移植等。

④ 缝合固定法。这种方法可采用或不采用支持管。方法一是在插入支持管后在末端处缝 3～4 针使之固定，然后在吻合部位涂以胶黏剂。方法二不插入支持管，只是先用缝合法固定使切口紧密接触，再在吻合部位直接涂上胶黏剂。这实际上是用缝合线补强的直接粘接法，可以在所有的血管手术中应用。

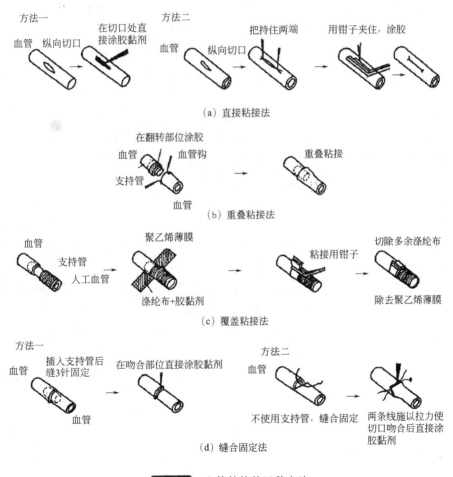

图 5-47　血管粘接的四种方法

采用上述几种方法在外径为 3～5mm 的狗颈动脉进行试验，结果列于表 5-41。

表 5-41　各种粘接法的动物试验效果

| 粘接方法 | 血管数 | 通畅 | 狭窄 | 闭塞 | 出血 | 假动胶瘤 | 感染 | 通畅率/% |
|---|---|---|---|---|---|---|---|---|
| 覆盖粘接法 | 26 | 4 | 0 | 22 | 0 | 0 | 5 | 15.4 |
| 重叠粘接法 | 28 | 12 | 4 | 12 | 4 | 1 | 5 | 57.1 |
| 缝合固定法一 | 26 | 15 | 3 | 8 | 0 | 0 | 2 | 69.2 |
| 缝合固定法二 | 68 | 53 | 7 | 8 | 0 | 0 | 3 | 88.2 |
| 普通缝合法 | 38 | 29 | 4 | 5 | 0 | | 1 | 86.8 |

通畅率（通畅与狭窄的血管数与手术血管总数之比）以不使用支持管的缝合固定法最好，可达到 88.2%，覆盖粘接法的效果最差，仅达 15.4%。重叠粘接法虽然也有直接粘接法一些优点，但由于需要翻转而引起血管收缩，操作也比较复杂，往往失败。例如涂胶黏剂后，往往来不及重叠就已经发生固化，吻合效果较差，只有出血现象采用这种方法时才能体现出优点，手术也比较简单，血管发生变窄的情况也比较少，是一种比较好的方法，适用于所有可以进行缝合（包括有病变）的血管。

在血管外科，吻合部位的出血、血栓的形成都会直接危及患者的生命，对此必须十分慎重。传统的血管缝合法需要的时间较长，在缝合部位往往因有间隙及针眼而发生出血。这时为抑制血栓形成而使用肝素抗凝剂使压迫止血已不可能实现。若在吻合部位涂以胶黏剂就可以迅速止血。临床应用于右大腿动脉、右膝动脉、胸部大动脉、中指桡骨动脉、脾前动脉、断指后吻合桡侧指动脉、肱动脉、股动脉等证实可以减少缝合针数，缩短止血时间，减少出血数量。

此外，胶黏剂还可用于动脉瘤部位的补强，以增大变薄而脆弱的血管壁强度。

（2）消化道的吻合　消化道的粘接吻合也分直接粘接法、覆盖粘接法及缝合粘接。在狗的食道及肠进行吻合试验发现，直接粘接法愈合不良，往往引起腹膜炎而死亡。用切好的片材在吻合部位进行覆盖粘接，疗效较好。也有把肠管稍加以内翻，缝合数针，其后把两端的浆膜面密合，再用胶黏剂粘接。Matsumoto 等采用的是套叠法，即先除去近肛门一端肠子的黏膜及近口腔一端肠子的浆膜，两边各缝合数针加以固定，最后用胶黏剂进行粘接密封。关于食道的吻合，用心膜或筋膜进行覆盖粘接比单纯缝合两针的效果要好，但效果最好的还是在缝合的基础上再涂以胶黏剂进行粘接密封。

由于采用缝合法已经可以比较安全顺利进行消化道的修复及吻合，因此在临床上实际采用胶黏剂的还不多。对于食道与胃的吻合及胆囊与空肠的吻合，在进行两层缝合之后再用胶黏剂密封，疗效比较好并有效地防止内容物的漏出。

在消化道吻合中所用的胶黏剂并不一定必须具有良好的耐组织液性能。一般能在两星期内保持其粘接力就可以了。应当注意不要在一个部位用太多的胶黏剂，以免坚硬的聚合体妨碍传递蠕动，食物可能发生积滞而难以通过。

用胶黏剂经内窥镜滴到胃的溃疡部位又取得良好的治疗效果。

（3）气管的吻合与封闭 在肺切除或切开、切除气管时，仅采用缝合法难以阻止发生空气泄漏。若采用胶黏剂粘接，不仅手术简单，还能有效地阻止空气漏出。例如对狗进行肺切除时，用胶黏剂进行支气管断端的封闭及气管的吻合效果很好。用胶黏剂封闭支气管断端可耐受 $9\sim11kPa$ 的压力，术后 $3\sim7d$ 可耐受 $16kPa$ 的压力，术后 2 个月可耐受的 $40kPa$ 压力。若与缝合法结合使用，效果更佳。临床上已用于肺癌切除时封闭支气管断端，也用于单纯缝合法所难以治愈的支气管皮肤瘘。

### 5.6.2.4 补修物的固定

由于外伤、畸形、癌切除往往会造成人体的组织缺损。为了把它加以填补修复，应当以胶黏剂把人工材料补修物粘接在这些部位的适当位置上，以期再建。

缺损部位有很大一部分是软组织，软组织的修复原则是自然治愈。因此，胶黏剂并不必要在软组织内永久地存在下去，只在自然治愈之前起到粘接固定的作用就可以了。所以，胶黏剂最好在经一定的时间之后，能完全代谢排出体外。

有时，为了把缺损组织的补修物和周围的软组织较长时间地粘接在一起，要把补修物的表面处理成多孔状，起到机械镶嵌作用。例如，气管壁缺损部位的修复就是采用筛网状的涤纶织物，而不能使用涤纶薄膜。

有的补修物本身就是一种胶黏剂，使用就更为方便。例如，因外伤、热伤皮肤受到损害就采用一种人造皮肤，它能与软组织发生牢固地粘接并与机体组织生长在一起，水分能透过它的表面进行蒸发，还能防御外界细菌的感染。这种人造皮肤的主成分是聚甲基丙烯酸羟乙酯与黏稠状聚醚化合物。

## 5.6.3 工程胶黏剂在眼科手术中的应用

眼睛是人体中一个比较娇嫩的组织器官，所采用的胶黏剂必须是刺激性最小、固化后聚合体又比较柔软的胶黏剂，适用的有 $\alpha$-氰基丙烯酸高级烷基酯及氟代烷基酯。$\alpha$-氰基丙烯酸甲酯、乙酯等低烷基酯因刺激性大，固化后聚合体较硬不能用于眼科。

为把胶黏剂安全而有效地用于眼科临床，必须满足下面几点要求。

① 在使用前必须除去眼球表面的上皮层及疏松组织，以免胶黏剂只粘住易于与其下边组织分离的上皮细胞，导致粘接失败。

② 粘接部位必须预先干燥，以免聚合太快，粘接强度降低。

③ 在保证足够粘接强度的前提下，胶黏剂的用量应尽量少，胶层尽量地薄，以减少刺激反应，并避免流散到不必要的部位。

④ 操作要准确、迅速，必要时可采用特殊器械。

下面举出一例说明眼科使用胶黏剂的具体方法。取一大小能盖住角膜空孔部位的聚乙烯小片作为对胶黏剂施加轻微压力的媒介物。选用聚乙烯片是因为在聚合之后，它很容易由粘接表面分离。使用时，用涂有眼膏的玻璃棒顶端将聚乙烯片粘住，而聚乙烯片的另一面涂有一层胶黏剂。先使角膜干燥，然后把涂有胶黏剂的聚乙烯片迅速而轻巧地与角膜伤口直接接触，角膜表面若有多余的胶黏剂，可以用丙酮擦去，此时应严防丙酮进入眼内前房以免并发角膜浑浊、虹膜睫状体发炎、角膜坏死以及青光眼等。

在眼科手术中可采用胶黏剂粘接的有：

① 眼睑手术，即把眼睑与下眼睑粘接以达眼睑闭合目的；

② 在角膜手术中，对于不整齐的伤口在缝合后再用胶黏剂进行封闭；

③ 在白内障手术中，角膜的缘切口可以用胶黏剂粘接，也可以在缝合之后再用胶黏剂补强；在白内障手术中，可用胶黏剂摘除脱位的晶体；

④ 巩膜手术中用于缝合后补强及巩膜意外穿孔的封闭。

## 5.6.4 工程胶黏剂在牙科中的应用

### 5.6.4.1 龋蚀治疗

用合金、陶瓷、高分子材料等来修复牙质的缺损部分以治疗龋齿的时候，必须进行上述材料与牙质的粘接。曾经采用以正磷酸溶液和氧化锌为主成分的磷酸锌水门汀来进行粘接，但耐唾液性能差，往往因溶解而使修复物离脱，引发了二次龋蚀。

作为一种牙用的胶黏剂，除满足一般医用胶黏剂的要求外，还必须具备下面列出的性能。

① 能耐受 6MPa 以上的咬合压力；

② 能耐受唾液的侵袭；

③ 能耐受因吃冷热食物、饮料所引的温度变化（4～60℃）；

④ 能经受长期使用不脱落。

1955 年 Buomocore 用磷酸腐蚀牙釉质表面，水洗干燥后用常温固化的甲基丙烯酸甲酯糊状物发挥机械镶嵌作用而牢固地进行粘接。

20 世纪 60 年代初期，增原等把常温聚合引发剂三正基硼（TBB）加到甲基丙烯酸甲酯单体中，发现它对象牙质有特异的粘接力，这可能是甲基丙烯酸甲酸单体在象牙质胶原进行浸透并与之发生接枝共聚合。应用时，先用 60%正磷酸水溶液腐蚀牙釉质，水洗干燥之后再进行粘接，这样可增加其机械镶嵌作用。为提高粘接部位的耐水性，在甲基丙烯酸甲酯单体中加入 5%甲基丙烯酸羟基萘丙基酯，效果比较明显。

竹山中林等将偏苯三酸与甲基丙烯酸羟乙酯的反应物（甲基丙烯酸、偏苯三酸乙二醇酯）溶解在甲基丙烯酸甲酯中并加入 TBB 引发剂而制得的混合物，对釉质及象牙质均有很高的粘接力，平均达 10MPa。

用三亚乙基甘油二甲基丙烯酸酯稀释的双 A-双甘油丙烯酸酯（bis-GMA），因具有亲水基及疏水基，故对用磷酸表面处理形成的齿面细微结构能良好的浸润，产生较高的粘接力。

上面所介绍的牙用胶黏剂在结构上的共同点是分子内具有亲水基及疏水基。亲水基增大可增加釉质的浸润性，但只有亲水基时，胶层易吸收水分反而易发生脱落，所以应当存在一定量的疏水基，例如导入苯基、联苯基、萘基等以提高其耐水性。总之，亲水基及疏水基二者必须有例行的比例。和牙釉质有较高粘接力的甲基丙烯酸酯衍生物有：甲基丙烯苯（2-羟基 3-N-苯基甘氨酸）丙酯（MPG-GMA）二醇酯、甲基丙烯酸偏苯三酸乙二醇酯、甲基丙烯酸磷酸乙二醇酯、甲基丙烯酸-2-羟基-3-苯氧丙酯、（HPPM）甲基丙烯酸-2-羟基-3-苯氧丙酯（HNPM）。

值得提出的是用氰基丙烯酸酯胶黏剂预防臼齿的小裂缝龋蚀，取得比涂氟化物或镀银等传统方法更好的效果。具体操作时应先将齿面清洁干燥，以 50％的磷酸处理小裂缝部位，水洗、干燥。最后以 α-丙烯酸甲酯与有机玻璃粉混合物填入裂缝内达到封闭的目的。对龋蚀的抑制率可达到 77％，通过病理组织学检查没有发现问题，但 α-氰基丙烯酸甲酯不耐水，经过半年左右就会脱落，故应当采用 α-氰基丙烯酸高级烷基酯进一步试验。

### 5.6.4.2 充填龋齿窝洞

义齿软衬材料又称弹性义齿衬扩建材料，用于牙科义齿基托组织面的粘接，它可以缓冲咬合力，使咬合力均匀地传递到牙槽嵴上，从而减轻或消除牙痛。义齿基托树脂为 PMMA，是刚性的有机树脂，采用端羟基于二烯聚氨酯的甲基丙烯酸甲酯溶液加入引发体系和光敏引发剂制成，制成的可见光固仪胶黏剂可在涂胶后用可见光固化机照射约 90s，即可使软衬材料和胶黏剂固化，使之粘牢。

充填龋齿窝洞的甲基丙烯酸系充填材料近些年有较快的发展，出现了许多新的性能更好的品种。这一类充填胶黏剂的特点是固化物与齿面的色调一致，压缩强度高（约 200～300MPa），不溶于唾液，和牙质有较大粘接强度等。缺点是抗磨性能差，因有残余单体而对牙髓有一定的危害作用。此外，往往因加入常温聚合引发剂而引起颜色变化也是存在的一个问题。

充填用的医用胶黏剂有两类。其一是甲基丙烯酸甲酯系的复合树脂，系由甲基丙烯酸酯单体及其聚合物与细玻璃粉所组成，用三正丁基硼及氧化还原体系常温聚合引发剂使之固化。其二是双酚 A 和甲基丙烯酸缩水甘油酯的缩合物，于其中加入 70％～80％质量份的石英粉末或特殊玻璃粉，调成高黏度的糊状物，用过氧化苯甲酰或叔胺氧化还原体系常温聚合引发剂使之固化。由于黏度很高，故其使用方法为事先在用磷酸处理并经水洗干燥的齿面上涂以低黏度的预处理剂，形成一个薄的涂层，再涂上双酚 A 和甲基烯酸缩水甘油酯的缩合物。这种预处理剂有加入螯合物的甲基丙烯酸酯单体、用双甲基丙烯酸酯单体稀释的双酚 A 甲基丙烯酸缩水甘油酯的缩合物。

牙齿窝沟封闭技术（ART）防龋齿的效果已得到大家公认，尤其对磨合面窝沟龋有显著的预防作用，且弥补了氟化物对窝沟龋作用的不足，两种共同作用效果更加显著。操作过程如下：洗净窝沟中残渣，用清洁液涂洗，再用清水擦洗，干棉球擦干，按 1∶1 比例调拌玻璃离子粘固粉（Katac-motar，ESPE），充分搅匀后用手指压入合面点隙和裂沟内，用手持器械除去多余的玻璃离子材料，注意整个操作中都要用棉卷隔湿。

应用聚羟基丁酸酯支架构建组织工程软骨的方法用于人体组织工程骨的构建，软骨缺损的修复也已有研究报道。

### 5.6.4.3　矫正治疗中的应用

在齿牙排列不齐，进行矫正治疗使之恢复到正常位置的过程中，过去都是在牙的周围装上环形金属带进行矫正治疗的。装这种环形金属带时，要采用磷酸水门汀固定。但该水门汀会发生部分溶解、沉积、龋蚀，而环形金属带还有损于口腔的舒适及美观。现已研究在牙的表面直接粘上透明塑料制的托架以进行矫正治疗的新技术，就能克服上述的缺点。所采用的胶黏剂有甲基丙烯酸甲酯-三正丁基硼系胶黏剂和双甲基丙烯酸乙二醇酯系胶黏剂。

### 5.6.4.4　粘接修复治疗

在口腔缺损牙齿时，传统的治疗方法是把两相邻的牙齿进行磨削，再套上金属冠以镶套固定人造义齿。最近国内外都在大力进行研究，用胶黏剂把人造义齿与两个相邻的真牙进行粘接固定。如果这个设想能够实现，则无疑将会简化医疗操作，并具有迅速、美观等优点。但在臼齿部位应考虑粘接处将受到往复作用的强大嚼合力，而高分子胶黏剂的机械强度目前还暂时达不到耐受这么高的压力，所以有发展与金属加固并用的趋势。

## 5.6.5　工程胶黏剂在整形外科中的应用

在整形外科所采用胶黏剂主要是骨水门汀，它是以甲基丙烯酸甲酯为主体的常温聚合骨胶黏剂，可用于补强及修复骨组织的缺损和用于人工关节置换的粘接。

自从 1941 年 Zander 把聚甲基丙烯酸酯用于人头盖骨的缺损部位以来，这种胶黏剂也在脑外科获得广泛的应用。据应用报告称，该水门汀对人体组织并无危害，以后就把它用于整形外科。1951 年 Haboush 在人工胯关节固定时采用了甲基丙烯酸甲酯骨水门汀，但有易磨损的缺点。1964 年 Charmley 采用常温聚合的甲基丙烯酸甲酯骨水门汀把金属制的人工胯关节粘接在骨骼上。

起初，引发聚合体系是过氧化苯甲酰-叔胺氧化还原体系，即在甲基丙烯酯甲酯中加入约 0.5% 的二甲基对苯胺，再加入聚甲基丙烯酸甲酯微细粉末，调成糊状使用。这种糊状物在室温下左右或体温上左右聚合固化，借机械镶嵌作用把金属与骨加以固定。

1973 年出现了改良的和骨组织有粘接性的骨水门汀，其主要成分为甲基丙烯酸甲酯与三正丁基硼。经确认其优点是聚合反应温升较低，对组织危害性小，未反应的残留单体数量少等。

为预防临床使用时发生感染，还可以在氧化还原引发的骨水门汀中加入抗生素。

聚氨酯系的骨水门汀虽也曾进行过研究，但对组织有剧烈的毒害作用，尚未在实际中应用。

### 5.6.6 工程胶黏剂在医疗器械制造中的应用

在医疗应用中，一次性用品成为 UV 结构胶用量增长的推动力之一，技术扩展到将皮下注射针头与注射器和静脉注射管粘接上，以及在导尿管和医用过滤器的使用（见图 5-47）。一次性医疗用品粘接主要是塑料和金属、塑料与塑料的粘接，要求粘接强度高，有医学认证一般用 UV 胶、环氧胶、SGA 等。

医疗器械的用胶点主要有：

① 一次性注射器；

② 氧气面罩，麻醉面罩；

③ 导尿管、导液管、静脉输液管；

④ 内窥镜；

⑤ 血液氧合器；

⑥ 助听器；

⑦ 探测、监控以及图像器械；

⑧ 生物芯片。

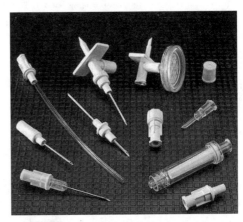

图 5-48 一次性医疗用品粘接示意图

# 参 考 文 献

[1]  翟海潮.工程胶黏剂.北京:化学工业出版社,2005.

[2]  翟海潮.实用胶黏剂配方与生产技术.北京:化学工业出版社,2000.

[3]  翟海潮.建筑黏合与防水材料应用手册.北京:中国石化出版社,2000.

[4]  翟海潮等.实用胶黏剂配方手册.北京:化学工业出版社,1997.

[5]  翟海潮.胶黏剂的妙用.北京:化学工业出版社,1997.

[6]  翟海潮等.粘接与表面粘涂技术.北京:化学工业出版社,1993.

[7]  王孟钟等.胶粘剂应用手册.北京:化学工业出版社,1987.

[8]  张开等.粘合与密封材料.北京:化学工业出版社,1996.

[9]  黄应昌等.弹性密封剂与胶黏剂.北京:化学工业出版社,2003.

[10]  陆企亭.快固型胶粘剂.北京:科学出版社,1992.

[11]  周一兵等.汽车粘接剂密封胶应用手册.北京:中国石化出版社,2003.

[12]  王德海等.紫外光固化材料.北京:科学出版社,2001.

[13]  宋健等.微胶囊化技术及其应用.北京:化学工业出版社,2001.

[14]  北京粘接学会编译.胶粘剂技术与应用手册.北京:宇航出版社,1991.

[15]  李健民等.粘接密封技术.北京:化学工业出版社,2003.

[16]  Loctite Worldwide Design Handbook. Loctite Corporation,1997.

[17]  E. Schindel-Bidinilli. Konstruktives Kleben. VCH mbH Deutschland,1988.

[18]  E. Schindel-Bidinilli. Industrial Adhesive. 高立图书有限公司（中国台湾）,1998.

[19]  翟海潮等.聚合金属粘涂层及其耐磨机理研究.中国粘接技术研讨会论文集.1998.

[20]  翟海潮等.厌氧胶固化速度与贮存稳定性的研究.中国粘接技术研讨会论文集.1998.

[21]  翟海潮等.胶粘剂、密封剂在机械设备制造、装配与维修中的应用.北京国际粘接技术研讨会论文集.2001.

[22]  翟海潮等.后固化具有膨胀性的耐高温厌氧胶粘剂的研究.北京国际粘接技术研讨会论文集.2001.

[23]  翟海潮等.可油面使用厌氧胶的研究.北京国际粘接技术研讨会论文集.2004.

[24]  翟海潮等.结构型紫外线固化胶粘剂的研究.北京国际粘接技术研讨会论文集.2004.

[25]  康富春.环氧树脂潜伏性固化剂的研究.北京国际粘接技术研讨会论文集.2004.

[26]  H. ZHAI. Polymer/Metals Composite and Its Adhesive. WCARP-2 论文集.2002.

[27]  M. PROBSTER. 一种基于 MS 聚合物新型弹性密封剂和胶黏剂.北京国际粘接技术研讨会论文集.2001.

[28]  W. MISTY. 硅烷封端聚氨酯密封剂和胶黏剂的新进展.北京国际粘接技术研讨会论文集.2001.

[29]  中国胶粘剂和胶粘带工业协会.2005～2016 年度中国胶粘剂和胶粘带行业年会论文集.

[30]  北京粘接学会.2001～2016 年度 CIB 北京国际粘接技术研讨会论文集.

[31]  WAC 组委会.2004、2008、2012、2016 年度 WAC 国际胶粘剂大会论文集.

[32]  WCARP 组委会.2002、2006、2010、2014 年度 WCARP 国际粘接大会论文集.

[33]  ARAC 组委会.2006、2010、2014 年度 ARAC 亚洲地区胶粘剂大会论文集.

[34]  汽车相关工业分会.2000～2016 年度汽车胶粘剂/密封胶行业会议论文集.